高等职业教育机电类专业“十二五”规划教材
国家示范性高等职业院校精品教材

电机与电气控制

陈　群　主编
陈伟卓　副主编
陆冬明　曹　莹　参编

中国铁道出版社有限公司
CHINA RAILWAY PUBLISHING HOUSE CO., LTD.

内容简介

本书以“工学结合、行动导向”为编写原则，理论知识介绍简明扼要，内容紧密联系工程实际，强调知识的实际应用，重视职业技能训练和职业能力培养。

全书共6个项目：变压器运行与维护、三相异步电动机运行与维护、直流电动机运行与维护、三相异步电动机基本控制电路安装与调试、常用机床设备的电气控制、常用纺织设备的电气控制。

本书适合作为高职院校电气自动化技术、机电一体化技术等专业的教材，也可供相关工程技术人员参考。

图书在版编目（CIP）数据

电机与电气控制/陈群主编. —北京：中国铁道出版社，2013.10(2024.7重印)
高等职业教育机电类专业“十二五”规划教材
ISBN 978-7-113-16620-5

Ⅰ.①电…　Ⅱ.①陈…　Ⅲ.①电机学-高等职业教育-教材②电气控制-高等职业教育-教材
Ⅳ.①TM3②TM921.5

中国版本图书馆CIP数据核字（2013）第212644号

书　　名：电机与电气控制
作　　者：陈　群

策　　划：吴　飞　　　　编辑部电话：（010）63560043
责任编辑：何红艳
封面设计：付　巍
封面制作：白　雪
责任印制：樊启鹏

出版发行：中国铁道出版社有限公司（100054，北京市西城区右安门西街8号）
网　　址：https://www.tdpress.com/51eds/
印　　刷：北京铭成印刷有限公司
版　　次：2013年10月第1版　　2024年7月第3次印刷
开　　本：787 mm×1 092 mm　1/16　印张：11.25　字数：261千
书　　号：ISBN 978-7-113-16620-5
定　　价：24.00元

前　言

FOREWORD

教材建设是高职院校教育教学工作的重要组成部分，高职教材作为体现高等职业教育特色的知识载体和教学的基本工具，直接关系到高职教育能否为一线工作岗位培养符合要求的应用型人才。根据高等职业教育人才培养目标，结合高等职业学校的教学改革和课程改革实际，本着“工学结合、行动导向、教学做一体化”的原则，我们编写了本教材。

全书共分6个项目，主要内容包括变压器运行与维护、三相异步电动机运行与维护、直流电动机运行与维护、三相异步电动机基本控制电路安装与调试、常用机床设备的电气控制、常用纺织设备的电气控制，其中项目1、项目2、项目3安排了相关的技能训练，项目4、项目5、项目6因涉及电路接线、多种设备等，就不专门设置训练内容。全书理论知识介绍力求简明扼要，强调知识应用，重视职业技能训练和职业能力培养。书中图例采用了最新的《电气简图用图形符号》国家标准。

本书由南通纺织职业技术学院陈群担任主编，陈伟卓担任副主编，参加编写的还有陆冬明、曹莹。具体编写分工：陈群编写项目2、项目4、项目5，陈伟卓编写项目6及附录，陆冬明编写项目1，曹莹编写项目3。全书由陈群负责统稿工作。

在本书的编写过程中，得到了江苏东源电器集团股份有限公司、南通富士特电力自动化有限公司、南通凯特机床有限公司等多家企业相关人员的大力支持，他们对本书的整体设计和内容选择提出了许多宝贵意见和建议，提供了大量的资料和无私的帮助，在此表示衷心的感谢。在本书的编写过程中，编者还参考了大量相关文献和资料，在此对相关作者表示感谢。

由于编者水平有限，书中难免存在疏漏与不足之处，敬请广大读者批评指正。

编　者

2013年8月

目录

CONTENTS

项目❶ 变压器运行与维护

学习目标

- 了解变压器结构、工作原理、铭牌数据；
- 了解电力变压器常见的联结组别；
- 掌握变压器的正确使用及维护检修方法。

项目引言

变压器是电力系统中不可缺少的设备，它能改变线路电压、电流，对电能的经济传输、灵活分配与安全使用具有重要的意义，在电气测量、电子线路中也有广泛的应用。在使用过程中，由于自身的原因或电源、负载等的不正常变化，有可能发生各种故障。对运行中的变压器进行定期检查和维护，能及时发现事故隐患，从而保证供电的稳定性及设备正常运行。

1.1 认识变压器

变压器是一种静止的电气设备，它利用电磁感应原理，将一种电压等级的交流电能变换成同频率的另一电压等级的交流电能。变压器最主要的用途是在输配电技术领域，在大多数情况下，从发电厂到用电区距离较远，当输送的电能容量一定时，电压越高，则线路电流越小，输电线的用铜量及线路损耗就越小。但发电机受绝缘和制造技术上的限制，难以达到很高的电压，因此发电机发出的电压需经变压器升压后再输送。而从安全用电及设备制造成本方面考虑，均采用低压用电，因此又必须经降压变压器降压后才可供用户使用。图 1–1 所示为常见的变压器。

（a）单相变压器

（b）三相变压器

图 1–1 常见变压器

1.1.1 变压器的分类

变压器种类很多，通常可按用途、绕组结构、相数、冷却方式等进行分类。

1. 按用途分类

（1）电力变压器：用作电能的输送与分配，有升压变压器、降压变压器等，容量从几十千伏安到几十万千伏安，电压等级从几百伏到几百千伏。

（2）控制变压器：容量一般较小，用于小功率电源系统和自动控制系统，如电源变压器、脉冲变压器、隔离变压器等。

（3）特殊变压器：如自耦变压器、仪用互感器等。

2. 按绕组结构分类

变压器按绕组结构分类，有双绕组变压器、三绕组变压器、多绕组变压器和自耦变压器等。

3. 按相数分类

变压器按相数分类，有单相变压器、三相变压器等。

4. 按冷却方式分类

变压器按冷却方式分类，有干式变压器、油浸式变压器、充气式变压器等。

1.1.2 变压器的铭牌

为了便于用户正确使用和维护变压器，生产厂家按照国家标准，在铭牌上标明变压器型号及各种额定数据。

1. 型号

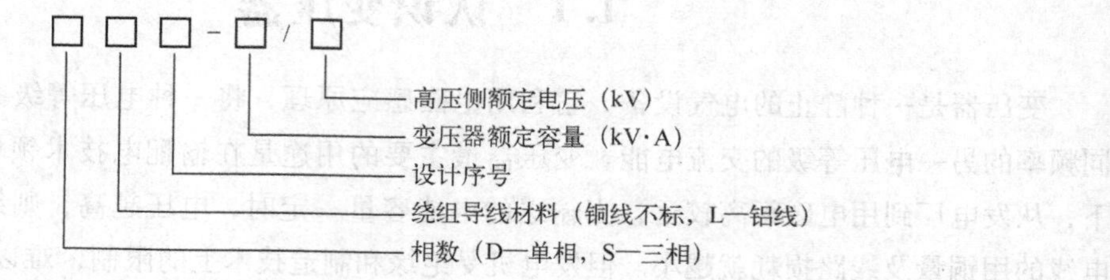

2. 额定值

（1）额定电压 U_{1N} 和 U_{2N}：一次侧额定电压 U_{1N} 是指规定加在一次绕组上的电压值；二次侧额定电压 U_{2N} 是指变压器一次侧加额定电压、二次侧空载时绕组两端的电压值。在三相变压器中，额定电压均指线电压。

（2）额定电流 I_{1N} 和 I_{2N}：额定电流是指根据变压器允许发热的条件而规定的满载电流值。在三相变压器中额定电流是指线电流。

（3）额定容量 S_N：指变压器在额定工作状态下输出的视在功率，单位为 V · A 或 kV · A。通常变压器运行效率很高，忽略损耗时，可认为一、二次侧容量相等。

单相变压器的额定容量为

$$S_N = U_{1N}I_{1N} = U_{2N}I_{2N}$$

三相变压器的额定容量为

$$S_N = \sqrt{3} \cdot U_{1N} I_{1N} = \sqrt{3} \cdot U_{2N} I_{2N}$$

（4）额定频率 f_N：我国规定的标准工业用电频率为50 Hz。

除此之外，电力变压器的铭牌上还有联结组别、短路电压值、冷却方式等参数。

例1.1　有一台三相油浸式电力变压器，额定容量 $S_N = 180\,kV \cdot A$，绕组为Y,yn接法，额定电压 $U_{1N}/U_{2N} = 10\,kV/0.4\,kV$，试求一、二次侧的额定电流。

解：

$$I_{1N} = \frac{S_N}{\sqrt{3} \cdot U_{1N}} = \frac{180 \times 10^3 V \cdot A}{\sqrt{3} \times 10 \times 10^3 V} = 10.4\,A$$

$$I_{2N} = \frac{S_N}{\sqrt{3} \cdot U_{2N}} = \frac{180 \times 10^3 V \cdot A}{\sqrt{3} \times 0.4 \times 10^3 V} = 259.8\,A$$

1.2　单相变压器运行与维护

单相变压器是指接在单相电源上用来改变单相交流电压的变压器，其容量一般都比较小，主要用作控制及照明。

1.2.1　单相变压器的结构

单相变压器主要由铁心和绕组两部分组成。

1. 铁心

铁心是变压器的磁路部分，也作为绕组的支撑骨架。为提高铁心的导磁性能、减小磁滞损耗和涡流损耗，铁心一般用0.35 mm厚、表面涂有绝缘漆的硅钢片叠装而成。铁心分铁心柱和铁轭两部分，铁心柱上套装绕组，铁轭的作用则是使整个磁路闭合。

铁心按其结构形式又分为心式和壳式两种。如图1-2（a）所示，心式变压器是在两侧的铁心柱上放置绕组，形成绕组包围铁心的形式，这种结构比较简单，绕组的装配及绝缘比较容易，国产电力变压器的铁心主要采用心式结构。壳式变压器则是在中间的铁心柱上放置绕组，形成铁心包围绕组的形式，如图1-2（b）所示，这种结构机械强度高，但制造工艺复杂、费料，一般只用于小型单相变压器中。

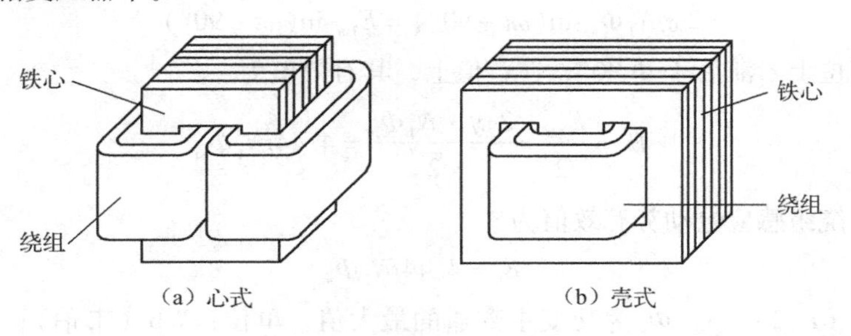

图1-2　心式和壳式变压器

2. 绕组

绕组是变压器的电路部分，通过电磁感应实现交流电能的传递。小型变压器一般用绝缘的漆包圆铜线绕制而成，容量稍大的变压器则用扁铜线或扁铝线绕制。

在变压器中，通常把接交流电源的绕组称为一次绕组，把接负载的绕组称为二次绕组，有时候也把变压器的两个绕组称作高压绕组和低压绕组。

1.2.2 单相变压器的运行

变压器是利用电磁感应原理工作。如图 1-3 所示，在一次绕组加上交流电压 u_1后，绕组中便有电流 i_1通过，铁心中产生交变磁场。磁通按闭合路径不同分为两部分，一部分沿整个铁心磁路闭合，即与一、二次绕组同时交链，称为主磁通 Φ，它是变压器进行能量传递的媒介；另一部分沿空气闭合，或者说仅与各自绕组交链，称为漏磁通 Φ_σ（一次侧漏磁通用 $\Phi_{1\sigma}$表示，二次侧漏磁通用 $\Phi_{2\sigma}$表示）。由于漏磁通路径磁阻很大，故 Φ_σ仅占总磁通的很小一部分。在图 1-3 中按“电工惯例”标出了各电量的参考方向。

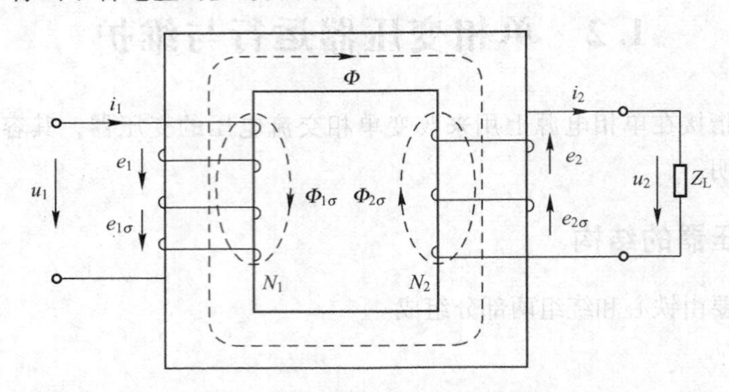

图 1-3 单相变压器运行

1. 变压器电压变换原理

由于主磁通 Φ 同时穿过一次绕组和二次绕组，根据电磁感应原理，将分别在两个绕组中感应出电动势 e_1和 e_2。

设 $\Phi = \Phi_m \sin\omega t$，则

$$e_1 = -N_1 \frac{d\Phi}{dt} = -N_1 \frac{d \cdot (\Phi_m \sin\omega t)}{dt} = -\omega N_1 \Phi_m \cos\omega t$$

$$= 2\pi f N_1 \Phi_m \sin(\omega t - 90°) = E_{1m} \sin(\omega t - 90°)$$

可见，在相位上 e_1滞后于 Φ 90°，在数值上，其有效值为

$$E_1 = \frac{E_{1m}}{\sqrt{2}} = \frac{2\pi f \cdot N_1 \Phi_m}{\sqrt{2}} = 4.44 f N_1 \Phi_m \tag{1-1}$$

同理，二次绕组感应电动势有效值为

$$E_2 = 4.44 f N_2 \Phi_m \tag{1-2}$$

式（1-1）及式（1-2）中，Φ_m为交变主磁通的最大值，单位：Wb（韦伯）；N_1为一次绕组匝数；N_2为二次绕组匝数；f 为交流电频率，单位：Hz 。

而漏磁通 $\Phi_{1\sigma}$只穿过一次绕组，它在一次绕组中产生的感应电动势称为漏抗电动势，用 $e_{1\sigma}$表示。由于漏磁通是沿空气形成闭合回路，磁路不会饱和，故 $e_{1\sigma}$可看成电流 i_1流过漏电抗 $X_{1\sigma}$时

所产生的压降。其相量形式为

$$\dot{E}_{1\sigma} = -\mathrm{j}\,\dot{I}_1 X_{1\sigma} \tag{1-3}$$

同理，二次绕组漏磁通 $\Phi_{2\sigma}$产生的漏抗电动势 $e_{2\sigma}$的相量形式为

$$\dot{E}_{2\sigma} = -\mathrm{j}\,\dot{I}_2 X_{2\sigma} \tag{1-4}$$

设变压器一次绕组的电阻为 R_1，根据图 1-3 所示各量的参考方向，列出一次侧回路的电压方程式

$$\dot{U}_1 = -\dot{E}_1 - \dot{E}_{1\sigma} + \dot{I}_1 R_1 = -\dot{E}_1 + \mathrm{j}\,\dot{I}_1 X_{1\sigma} + \dot{I}_1 R_1 = -\dot{E}_1 + \dot{I}_1 Z_1 \tag{1-5}$$

式中，Z_1为一次绕组的漏阻抗，$Z_1 = R_1 + \mathrm{j}X_{1\sigma}$

由于 R_1、$X_{1\sigma}$均很小，因此在分析变压器时可将压降 $I_1 Z_1$忽略，则有

$$U_1 \approx E_1 = 4.44 f N_1 \Phi_m \tag{1-6}$$

式（1-6）表明，对于一台已制成的变压器（N_1为常数），当频率 f 和外加电源电压 U_1不变时，主磁通 Φ_m也基本不变。

同样，设二次绕组的电阻为 R_2，则

$$\dot{U}_2 = \dot{E}_2 + \dot{E}_{2\sigma} - \dot{I}_2 R_2 = \dot{E}_2 - \mathrm{j}\,\dot{I}_2 X_{2\sigma} - \dot{I}_2 R_2 = \dot{E}_2 - \dot{I}_2 Z_2 \tag{1-7}$$

式中，Z_2为二次绕组的漏阻抗，$Z_2 = R_2 + \mathrm{j}X_{2\sigma}$，$Z_2$也很小，则

$$U_2 \approx E_2 = 4.44 f N_2 \Phi_m \tag{1-8}$$

由式（1-6）及（1-8）可得

$$\frac{U_1}{U_2} \approx \frac{E_1}{E_2} = \frac{N_1}{N_2} = K \tag{1-9}$$

式中，K 为变压器的变比。

由式（1-9）可知，变压器一、二次绕组的电压与一、二次绕组的匝数成正比，也即变压器有变换电压的作用。

2. 变压器电流变换原理

变压器空载（即二次侧不带负载，$I_2 = 0$）时，一次侧的电流称为空载电流，用 I_0表示。空载时主磁通 Φ_m仅由电流 I_0产生，磁动势为 $\dot{I}_0 N_1$；但当变压器负载运行时，Φ_m由 I_1、I_2共同产生，磁动势为 $\dot{I}_1 N_1 + \dot{I}_2 N_2$。从空载到负载，当外加电源电压 $\dot{U}_1$不变时，磁通 Φ_m基本不变，则产生 Φ_m的磁动势也不变，即

$$\dot{I}_0 N_1 = \dot{I}_1 N_1 + \dot{I}_2 N_2 \tag{1-10}$$

将式（1-10）变换后可得

$$\dot{I}_1 = \dot{I}_0 + \dot{I}_2\left(-\frac{N_2}{N_1}\right)$$

通常，空载电流 I_0很小，忽略不计，则

$$\frac{I_1}{I_2} \approx \frac{N_2}{N_1} = \frac{1}{K} \tag{1-11}$$

因此，变压器具有变换电流的作用。

3. 变压器阻抗变换原理

由以上分析可知，虽然变压器的一、二次绕组之间只有磁耦合关系，没有电的直接关系，但实际上一次侧电流 I_1 会随着二次侧负载阻抗 Z_L 的变化而变化。设想将图1-4（a）中虚线框内的电路用一个等效阻抗来替代，如图1-4（b）中的阻抗 Z 所示，即 Z 相当于直接接在一次绕组上，故

$$Z=\frac{U_1}{I_1}=\frac{K\cdot U_2}{\frac{1}{K}\cdot I_2}=K^2\cdot Z_L \tag{1-12}$$

式（1-12）说明，负载阻抗通过变压器接电源后，相当于把阻抗扩大了 K^2 倍，，这就是变压器的阻抗变换作用。

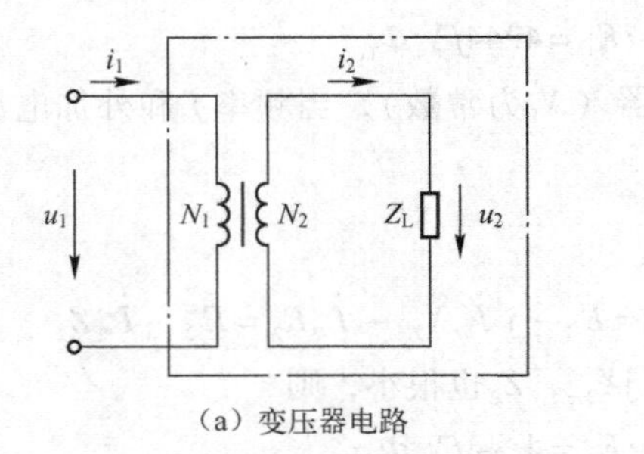

（a）变压器电路

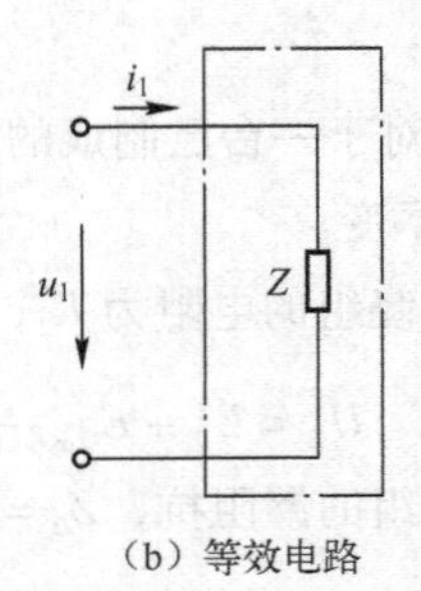

（b）等效电路

图1-4　变压器的阻抗变换

在电子电路中，为了获得较大的功率输出，往往对输出阻抗与所接的负载阻抗之间有一定要求。例如对音响设备来讲，为了能在扬声器中获得最好的音响效果（获得最大的功率输出），要求音响设备输出的阻抗与扬声器的阻抗尽量相等。但实际上扬声器的阻抗往往只有几欧到十几欧，而音响设备等信号的输出阻抗很大，在几百欧、几千欧以上，为此通常在两者之间加接一个变压器（称为输出变压器）来达到阻抗匹配的目的。

例1.2　某交流信号源 $U_S=9\text{ V}$，内阻 $R_S=64\,\Omega$，现有 $R_L=4\,\Omega$ 的扬声器与其连接，用输出变压器使其获得最大功率，求输出变压器的变比应为多少？信号源最大输出功率是多少？如果将扬声器直接与信号源连接，信号源输出的功率又是多少？

解：由电工基础知识可知，当负载阻抗等于电源内阻抗时，负载获得最大功率。

根据 $R_S=K^2R_L$，则输出变压器的变比应为

$$K=\sqrt{\frac{R_S}{R_L}}=\sqrt{\frac{64}{4}}=4$$

则信号源最大输出功率为

$$P_{\max}=I^2\cdot R_S=\left(\frac{U_S}{R_S+K^2R_L}\right)^2\cdot R_S=\left(\frac{9}{64+64}\right)^2\times 64\text{ W}=0.3\text{ W}$$

若扬声器直接与信号源连接，这时信号源输出的功率为

$$P=\left(\frac{U_S}{R_S+R_L}\right)^2\cdot R_S=\left(\frac{9}{64+4}\right)^2\times 4\text{ W}=0.07\text{ W}$$

由上可知，扬声器经过合适的变压器与信号源连接，要比扬声器直接接信号源时信号源输

出的功率大很多。

1.2.3　单相变压器的检测

无论是新制作的、还是修理好的变压器，为保证其性能指标基本符合使用要求，都要对其进行检测。检测前必须先了解变压器的极性、变压器的外特性等相关知识。

1. 单相变压器的极性

变压器绕组的极性是指变压器一、二次绕组在同一磁通作用下所产生的感应电动势之间的相位关系，通常用同名端来表示，在图中可用“·”或“*”做标记。

对两个绕向已知的绕组而言，同名端可这样判定：当电流同时从两绕组的同名端流入时，它们产生的磁通应同方向。如图1-5（a）所示，可判断出1端和3端为同名端，因为当电流从这两个端流入时它们在铁心中产生的磁通方向相同，而2端和4端为另一组同名端。有时把1端和4端及2端和3端称为异名端。同样可确定出图1-5（b）中1端和4端为同名端。

同名端与线圈绕向有关，对于一台已制成的变压器，无法从外部观察到其线圈的绕向，此时可用实验的方法进行测定。

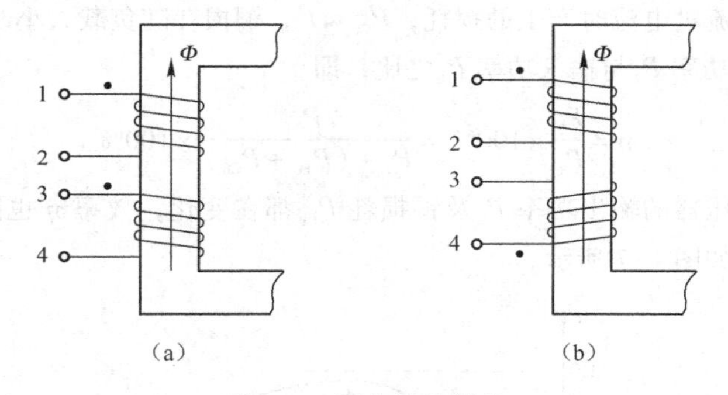

图1-5　同名端的判定

2. 变压器的外特性

变压器外特性是指一次侧加上额定电压，且负载功率因数一定时，二次侧端电压 U_2 随负载电流 I_2 的变化规律，即 $U_2=f(I_2)$ 曲线，如图1-6所示。

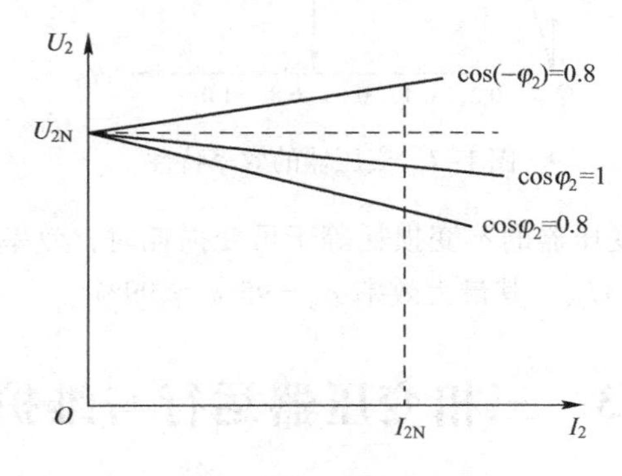

图1-6　变压器的外特性

从图可以看出，在电阻负载（$\cos\varphi_2=1$）和电感性负载（$\cos\varphi_2=0.8$）时，外特性曲线是下降的，且电感性负载时U_2随I_2下降的程度更大，这是因为滞后的无功电流对变压器磁路的去磁作用更为显著，使E_1和E_2有所下降；而容性负载$\cos(-\varphi_2)=0.8$时的外特性是上翘的，这是因为超前的无功电流有助磁作用。由此可见，负载性质对变压器外特性的影响是很大的。

一般情况下，变压器的负载大多是感性的，因此当负载增加时，输出电压U_2总是下降的，其下降的程度常用电压变化率$\Delta U\%$来表示。

$$\Delta U\%=\frac{U_{2N}-U_2}{U_{2N}}\times100\% \tag{1-13}$$

式中，U_{2N}为变压器空载时二次侧的电压（称为额定电压），U_2为带负载时的输出电压。

电压变化率反映了供电电压的稳定性，$\Delta U\%$越小，供电越稳定。

3. 变压器的效率特性

变压器运行时，内部必然有损耗，变压器的损耗包括铁损耗P_{Fe}和铜损耗P_{Cu}两种。

铁损耗是由交变的磁通穿过铁心引起的，包括磁滞损耗和涡流损耗。当电源频率一定时，$P_{Fe}\propto\Phi$，所以只要变压器外加电源电压U_1不变，则磁通Φ基本不变，铁损耗P_{Fe}也基本不变，可看成不变损耗，且近似等于空载损耗。

铜损耗是绕组中流过电流时产生的损耗，$P_{Cu}\propto I^2$，铜损耗随负载大小改变，也称可变损耗。

效率η是指输出功率P_2与输入功率P_1之比，即

$$\eta=\frac{P_2}{P_1}\times100\%=\frac{P_2}{P_2+(P_{Fe}+P_{Cu})}\times100\% \tag{1-14}$$

负载变化时，变压器的输出功率P_2及铜损耗P_{Cu}都在变化，效率η也随之变化，$\eta=f(I_2)$曲线称为效率特性，如图1-7所示。

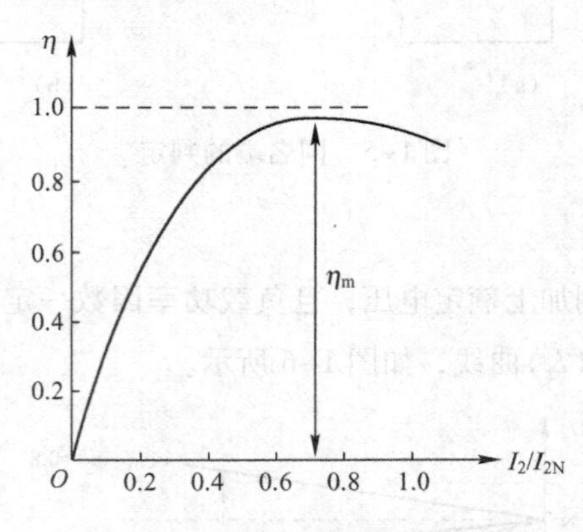

图1-7　变压器的效率特性

通过数学分析可知：当变压器的不变损耗等于可变损耗时，效率最高，通常变压器的最大效率出现在$I_2=(0.5\sim0.75)I_{2N}$，其最大效率$\eta_m=95\%\sim99\%$。

1.3　三相变压器运行与维护

目前的电力系统普遍采用三相制供电，因而广泛采用三相变压器来实现电压的转换。三相

变压器按磁路系统可分为三相组式变压器和三相心式变压器。

三相组式变压器是由三台同容量的单相变压器组成的，其特点是各相磁路彼此独立而互不相关，如图1-8所示。

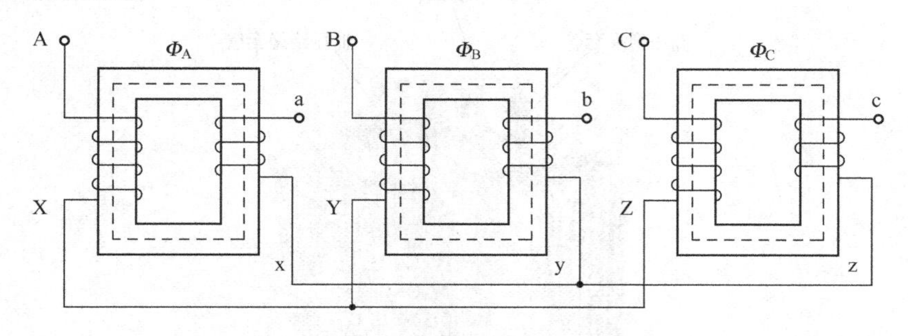

图1-8　三相组式变压器

三相心式变压器是三相共用一个铁心，其特点是各相磁路互相关联，如图1-9所示。当三相电源对称时，总磁通$\dot{\Phi}_A+\dot{\Phi}_B+\dot{\Phi}_C=0$，所以可省去中间的铁心柱，且在实际制造时均采用把铁心柱布置于同一平面上的结构型式。由于三相心式变压器体积小、经济性好，所以被广泛采用。

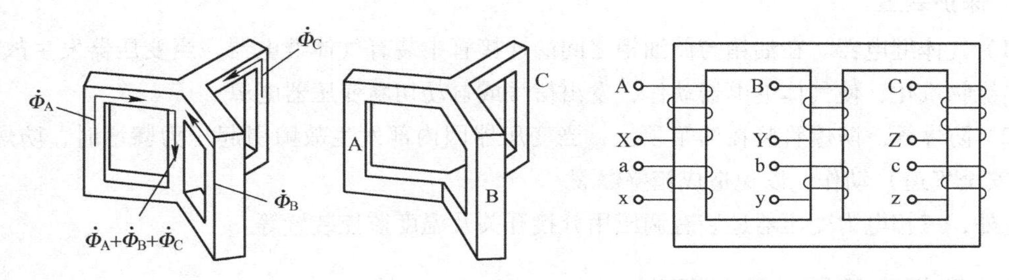

图1-9　三相心式变压器

1.3.1　三相电力变压器的结构

在三相电力变压器中，使用最广泛的是油浸式电力变压器，S系列三相油浸式电力变压器外形如图1-10所示，它的主要部件也是铁心和绕组，但为了解决散热、绝缘、安全等问题，还需要有油箱、绝缘套管和保护装置等。

1. 铁心和绕组

铁心和绕组也是三相变压器的磁路和电路部分，与单相变压器一样，为减小损耗，铁心也是由0.35 mm厚的硅钢片叠压而成，绕组也由漆包线绕制。

2. 油箱

铁心和绕组放置于充满变压器油的油箱中，油起绝缘和冷却的作用。为了增加散热面积，一般在油箱四周加装片式散热器。

3. 绝缘套管

绝缘套管装在油箱顶上。变压器绕组的引线从油箱内穿过油箱盖时，必须经过瓷质的绝缘套管，以保证带电的引线与接地的油箱之间绝缘。为增加表面放电距离，高压绝缘套管外部做成多级伞形，电压越高，级数越多。

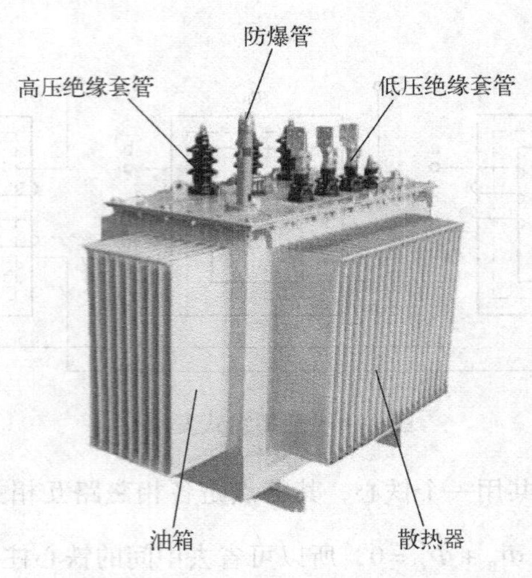

图 1-10　三相油浸式电力变压器

4. 保护装置

（1）气体继电器。在油箱与储油柜之间的连接管中装有气体继电器，当变压器发生故障时，内部绝缘物汽化，使气体继电器动作，发出信号或自动切断变压器电源。

（2）防爆管。防爆管装在油箱顶上，当变压器因内部发生故障引起压力骤增时，防爆装置（又称安全气道）动作，以免造成箱壁爆裂。

此外，三相电力变压器还装有调压用分接开关及温度监控装置等。

1.3.2　三相变压器的联结组别

按照高、低压侧绕组对应的线电动势相位关系，把变压器分成不同的组合，称为三相变压器的联结组别。三相变压器的联结组别不仅与绕组的绕向（即同名端）有关，还与三相绕组的联结方式有关。

1. 三相绕组的联结方式

三相变压器绕组的首、末端标志规定如表 1-1 所示。

表 1-1　三相绕组首端和末端的标志

绕组名称	首　端	末　端	中　性　点
高压绕组	A、B、C	X、Y、Z	N
低压绕组	a、b、c	x、y、z	n

三相绕组有星形和三角形两种联结方式，星形联结是把三相绕组的末端连接在一起；三角形联结是把一相绕组的首端与另一相的末端连在一起，顺次连接成一个闭合回路，如图 1-11 所示。国家标准规定：一次绕组星形联结用 Y 表示，三角形联结用 D 表示；二次绕组星形联结用 y 表示，三角形联结用 d 表示。

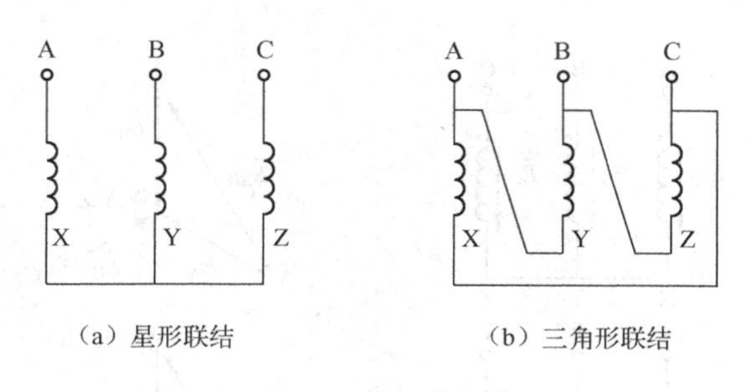

图 1-11　三相绕组联结方式

2. 单相变压器的联结组别

按照高、低压绕组电动势的相位关系，把变压器分成不同组合，称为单相变压器联结组别。如图 1-12 所示，对于套在同一铁心柱上、交链同一磁通的高、低压绕组而言，如果首端是同名端，则它们的感应电动势相位相同，如果首端是异名端，则电动势相位相反。

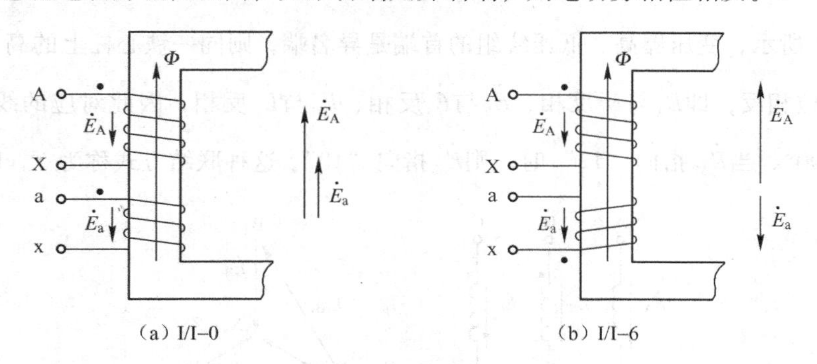

图 1-12　不同绕向时两绕组感应电动势之间的相位关系

为了形象地表示高、低压绕组电动势的相位关系，常采用“时钟法”表示，即把高压绕组电动势相量看成时钟的长针并固定指向 12 点，低压绕组电动势相量看成时钟的短针，它所指的钟点数就是单相变压器的联结组别号。在图 1-12（a）中，高、低压绕组电动势同相位，长、短针均指向 12 点，则联结组别为 I/I－0；在图 1-12（b）中，高、低压绕组电动势反相，则联结组别为 I/I－6。可见，单相变压器联结组别只有这两种。

3. 三相变压器的联结组别

三相变压器的联结组别是按高、低压绕组线电动势的相位关系来区分的。

由于三相绕组有星形和三角形两种不同联结，使得高、低压绕组对应的线电动势的相位关系远非只有同相或反相这两种情况，三相变压器联结组别仍采用“时钟法”表示。

如图 1-13（a）所示，三相变压器高、低压绕组均采用星形联结，且首端为同名端，故同一铁心柱上的高、低压绕组的电动势$\dot{E}_A$与$\dot{E}_a$同相位、$\dot{E}_B$与$\dot{E}_b$同相位、$\dot{E}_C$与$\dot{E}_c$同相位，因此，对应的线电动势$\dot{E}_{AB}$与$\dot{E}_{ab}$相位也相同，如图 1-13（b）所示，若将$\dot{E}_{AB}$指向时钟的“12”，则$\dot{E}_{ab}$也指向“12”，这种联结方式称为 Y,y0 联结组。

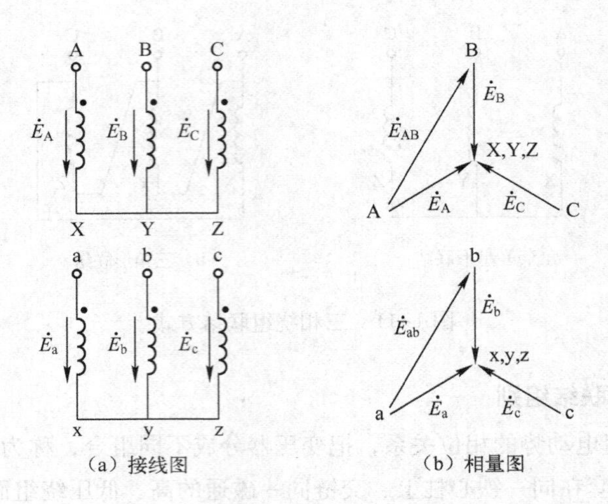

图 1-13 Y,y0 联结组

如图 1-14 所示，变压器高、低压绕组的首端是异名端，则同一铁心柱上的高、低压绕组对应的电动势相位相反，即$\dot{E}_A$与$\dot{E}_c$反相、$\dot{E}_B$与$\dot{E}_a$反相、$\dot{E}_C$与$\dot{E}_b$反相，因此对应的线电动势$\dot{E}_{AB}$与$\dot{E}_{ab}$相位差为 300°，当$\dot{E}_{AB}$指向“12”时，则$\dot{E}_{ab}$指向“10”，这种联结方式称为 Y,y10 联结组。

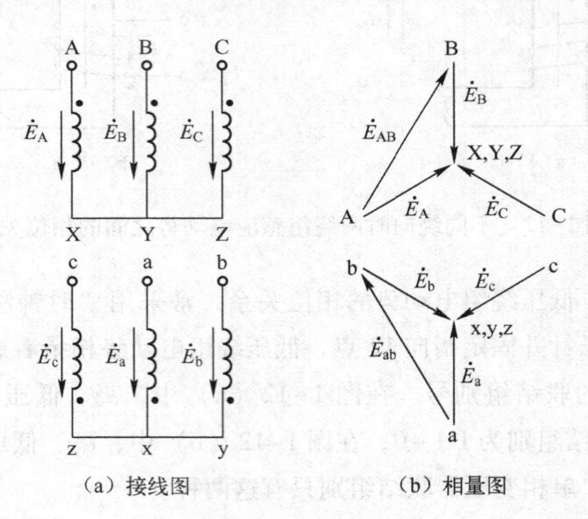

图 1-14 Y,y10 联结组

如图 1-15 所示，三相变压器高压绕组采用星形联结，低压绕组采用三角形联结，首端为同名端，这时高、低压侧对应的相电动势相位也相同，但由相量图可知，线电动势$\dot{E}_{AB}$与$\dot{E}_{ab}$相位差为 330°，当$\dot{E}_{AB}$指向“12”时，则$\dot{E}_{ab}$指向“11”，这种联结方式称为 Y,d11 联结组。

如图 1-16 所示，变压器高压绕组为星形联结，低压绕组为三角形联结，首端为异名端，则高、低压侧对应的相电动势相位均相反，线电动势$\dot{E}_{AB}$与$\dot{E}_{ab}$相位差为 30°，这种联结方式称为 Y,d1联结组。

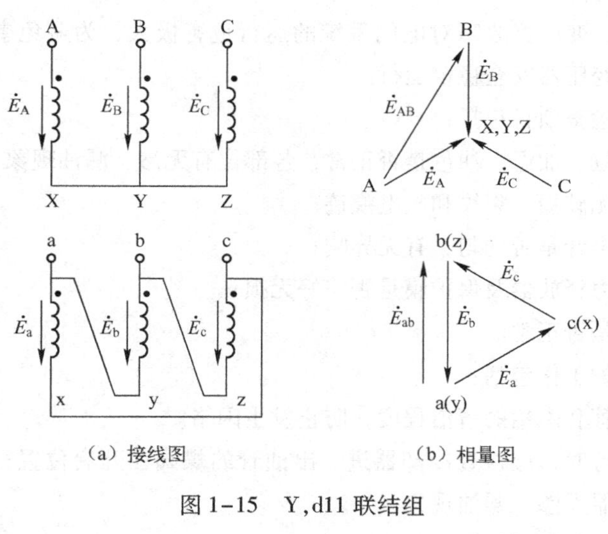

（a）接线图　（b）相量图

图1-15　Y,d11 联结组

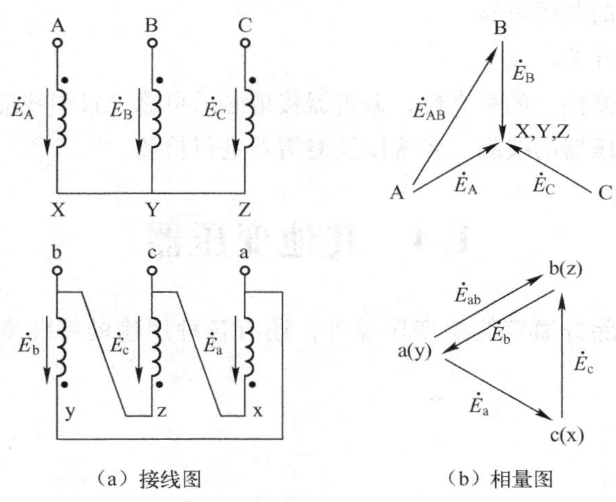

（a）接线图　（b）相量图

图1-16　Y,d1 联结组

可以证明，对于Y,y联结而言，可得0，2，4，6，8，10六个偶数组别，而Y,d联结可得1，3，5，7，9，11六个奇数组别。

为了制造和使用上的方便，国家规定电力变压器的标准联结组别为（Y,yn0）、（Y,d11）、（YN,d11）、（YN,y0）、（Y,y0）五种，其中前三种最常用。

（Y,yn0）联结组的变压器低压侧引出中性线，称为三相四线制，用作配电变压器时可兼供动力和照明负载；（Y,d11）联结组用于高压侧电压在35 kV及以下、低压侧电压超过400 V的配电变压器；（YN,d11）联结组用于高压侧电压在110 kV及以上且中性点接地的大型变压器；（YN,y0）联结组用于高压侧中性点需接地的变压器；（Y,y0）联结组用于只供给动力负载、容量不大的变压器。

1.3.3　三相电力变压器的运行维护

变压器能否正常运行不但取决于变压器结构设计和制造工艺，而且与日常的运行、维护管理等方面有很大关系，变压器故障对电网系统的运行危害极大，为避免事故的发生，应加强日常巡视检查，以保证变压器安全稳定运行。

变压器日常巡视检查项目包括：

(1) 储油柜的油位、油温、油色是否正常，各部位有无渗、漏油现象；

(2) 绝缘套管有无破损、裂纹和放电痕迹；

(3) 变压器内部声音是否均匀，有无异响；

(4) 安全气道压力释放器及保护膜是否完好无损；

(5) 负荷侧情况是否正常。

变压器日常的维护工作包括：

(1) 检查绝缘套管和磁裙的清洁程度，防止发生闪络。

(2) 冷却装置运行时，应检查冷却器进、出油管的蝶阀在开启位置；散热器进风通畅，入口干净无杂物；冷却器无渗、漏油现象。

(3) 保证电气连接的紧固可靠。

(4) 定期检查分接开关。

(5) 每年检查避雷器接地的可靠性，避雷器接地必须可靠，且引线应尽可能短。

(6) 每三年应对变压器的线圈、套管以及避雷器进行检测。

1.4 其他变压器

实际工业生产中，除普通双绕组变压器外，还有各种用途的特殊变压器，如自耦变压器、仪用互感器等。

1.4.1 自耦变压器

普通双绕组变压器，其一、二次绕组之间只有磁的耦合，没有电的联系。而自耦变压器是一种单绕组变压器，其二次绕组取自于一次绕组的一部分，如图 1-17 所示。自耦变压器一、二次绕组之间不但有磁的耦合，还有电的联系。

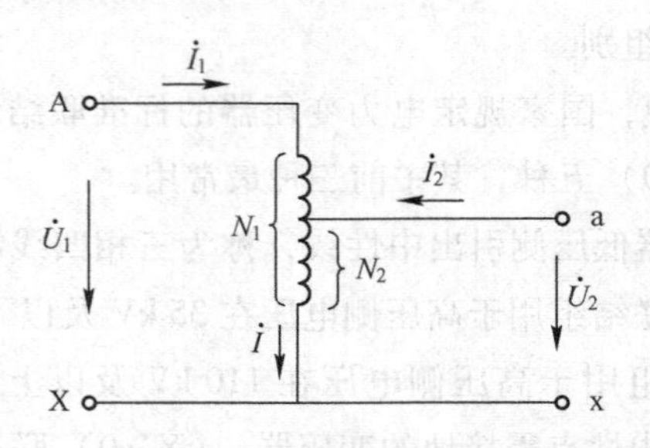

图 1-17 自耦变压器原理图

自耦变压器变比为

$$K = \frac{U_1}{U_2} = \frac{N_1}{N_2}$$

忽略空载时的磁动势，则

$$\dot{I}_1 N_1 + \dot{I}_2 N_2 \approx 0$$

$$\dot{I}_2 \approx -\frac{N_1}{N_2} \cdot \dot{I}_1 = -K \cdot \dot{I}_1 \tag{1-15}$$

则公共绕组中的电流为

$$\dot{I} = \dot{I}_1 + \dot{I}_2 = \left(-\frac{1}{K}\right)\dot{I}_2 + \dot{I}_2 = \left(1-\frac{1}{K}\right)\dot{I}_2 \tag{1-16}$$

由式（1-15）可知，$\dot{I}_2$ 与 $\dot{I}_1$ 相位相反，即当 $\dot{I}_2$ 的实际方向与图1-17中的参考方向相同时，则 $\dot{I}_1$ 的实际方向应与其参考方向相反，因此，根据 $\dot{I}_1$、$\dot{I}_2$、$\dot{I}$ 的实际方向，有

$$I_2 = I_1 + I \tag{1-17}$$

可见，输出电流 I_2 大于公共绕组中的电流 I。当变比 K 越接近于1，I 数值就越小，因而公共部分绕组可用截面积较小的导线绕制，以节约成本。

自耦变压器的输出功率 S_2 为

$$S_2 = U_2 \cdot I_2 = U_2 \cdot I_1 + U_2 \cdot I \tag{1-18}$$

由式（1-18）可看出，自耦变压器的输出功率由两部分组成，其中 $U_2 I$ 部分是依据电磁感应原理传递的，而 $U_2 I_1$ 部分是通过电路的直接联系从一次侧直接传递到二次侧的，这一功率是自耦变压器所特有的，所以相同容量的自耦变压器比双绕组变压器更经济。

如果把自耦变压器的抽头做成滑动触点，就可以成为调压器，转动手柄，即可调节输出电压的大小，调压器外形结构如图1-18所示。

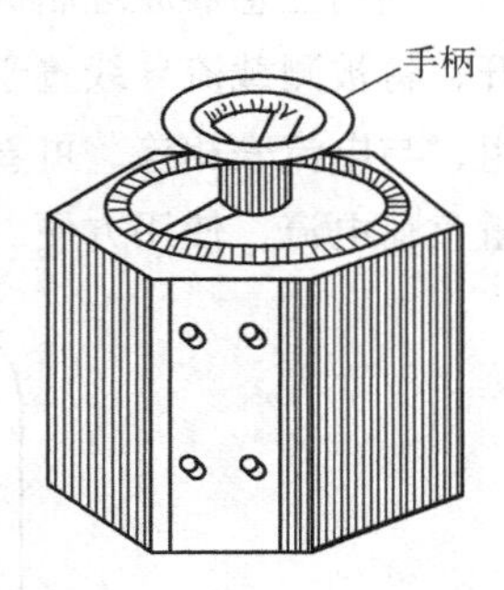

图1-18　单相调压器

1.4.2　仪用互感器

仪用互感器是一种测量用的设备，它包括测量大电流用的电流互感器和测量高电压用的电压互感器。采用互感器后，一方面可扩大仪表（电流表及电压表）的测量范围，另一方面使测量回路与高压电网隔离，以保证测量人员的安全。

1. 电流互感器

电流互感器主要用来将大电流变换为小电流，以便于仪表的测量或作为信号供继电保护、自动装置和控制回路使用。

如图1-19所示是电流互感器原理图，其一次绕组串联在被测的交流电路中，流过的是被测电流，匝数很少，一般只有一匝到几匝，用粗导线绕制；二次绕组匝数较多，与交流电流表（或电度表、功率表的电流线圈）相接，一端接地。由于二次侧所接的电流线圈阻抗很小，因此电流互感器相当于升压变压器的短路运行。

由变压器的工作原理可得

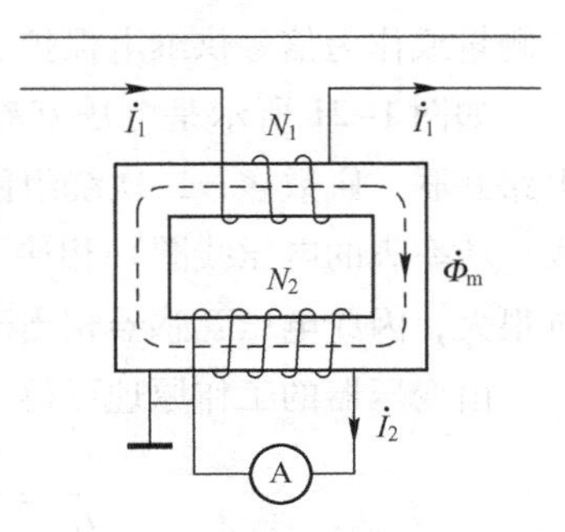

图1-19　电流互感器原理图

$$\frac{I_1}{I_2}=\frac{N_2}{N_1}=K_i$$

故

$$I_1=K_i \cdot I_2 \tag{1-19}$$

式中，K_i称为电流互感器的电流比。

一般电流互感器二次侧电流都设计为 5 A，其额定电流等级有 100 A/5 A、500 A/5 A、2 000 A/5 A等。在实际应用中，与电流互感器配套使用的电流表已换算成一次电流，其标度尺即按一次电流分度，这样可以直接读数，不必再进行换算。

使用电流互感器时必须注意以下事项：

(1) 电流互感器的二次侧绝不允许开路，否则二次绕组感应出很高的电压，可能击穿绝缘并危及人身与设备的安全。

(2) 电流互感器的铁心及二次绕组一端必须可靠接地。

利用互感器原理制成的钳流表如图 1-20 所示，其铁心呈钳口形，测量时捏紧手柄使铁心张开，将被测载流导线置于钳口内，被测导线相当于电流互感器的一次绕组，铁心上绕有二次绕组，与电流表相连，可直接读出被测电流的数值。钳流表的优点是能在不断开电路的情况下测量负荷电流，使用方便。

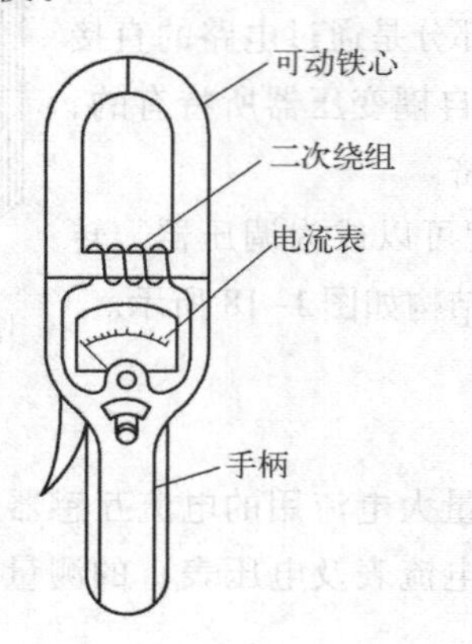

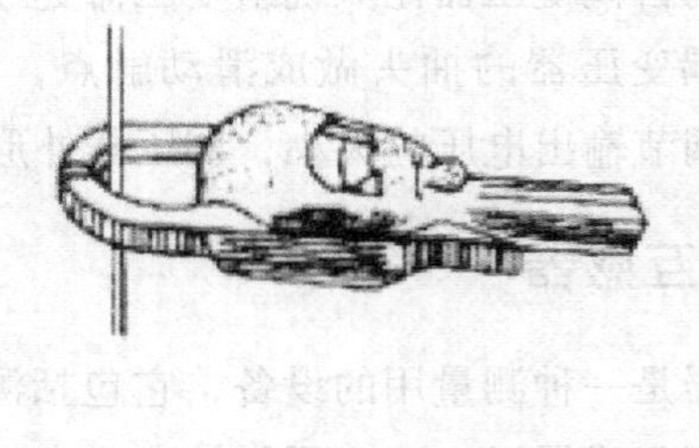

图 1-20　钳流表

2. 电压互感器

电压互感器主要用来将大电压变换为小电压，以便于仪表的测量或作为信号供继电保护、自动装置和控制回路使用。

如图 1-21 所示是电压互感器原理图，其一次绕组与被测电路并联，匝数多；二次绕组匝数少，与交流电压表（或电度表、功率表的电压线圈）相接。由于二次侧所接的电压线圈阻抗很大，因此电压互感器相当于一台降压变压器的开路运行。

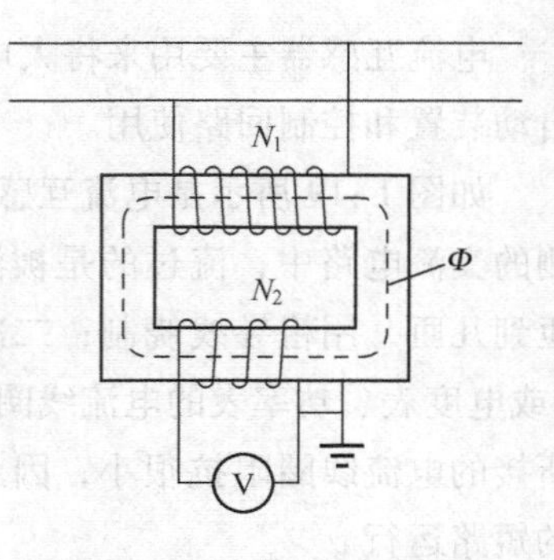

图 1-21　电压互感器原理图

由变压器的工作原理可得

$$\frac{U_1}{U_2}=\frac{N_1}{N_2}=K_u$$

故

$$U_1 = K_u \cdot U_2 \quad (1-20)$$

式中，K_u称为电压互感器的电压比。

一般电压互感器二次侧电压都设计为100 V，其额定电压等级有3 000 V/100 V、10 000 V/100 V等。如果电压表与之配套，则电压表读数就是被测电压实际值，或按式（1-20）进行换算。

使用电压互感器时必须注意以下事项：

（1）电压互感器的二次侧绝不允许短路，否则二次绕组中将产生很大的短路电流，导致线圈烧坏。

（2）电压互感器的铁心及二次绕组一端必须可靠接地。

技能训练　单相变压器的通用测试

测试的目的是为了保证变压器的正常、安全运行。通过测量变压器绕组的直流电阻，可以判断有无开路或短路故障；测量变压器的绝缘电阻，可判定其绝缘性能是否良好。可按以下测试内容及步骤进行。

1. 变压器绕组直流电阻的测定

单相变压器一、二次绕组均由铜导线绕制而成，因此存在一定的直流电阻。如果变压器容量很小，则导线很细，绕组电阻较大，约几十欧，可用万用表电阻挡测量；如变压器容量稍大，则其绕组电阻可能较小，此时须用电桥进行测量（电桥测试精度较高）。

（1）将万用表置于$R\times1$挡，分别测量变压器一、二次绕组的直流电阻R_1、R_2，并记录：R_1 = ________Ω，R_2 = ________Ω。

（2）在使用万用表粗测电阻的基础上，再用电桥进行精确测量，并记录：

R_1 = ________Ω，R_2 = ________Ω。

2. 变压器绕组绝缘电阻的测定

为保证变压器的正常、安全工作，其一、二次绕组之间及绕组与铁心之间均应有良好的绝缘。绝缘电阻须用绝缘电阻表（俗称兆欧表或摇表）进行测量。绝缘电阻表常用的规格有250 V、500 V、1 000 V和2 500 V，选用绝缘电阻表时，其额定电压一定要与被测电气设备的工作电压相适应，对于额定电压在500 V以下的变压器，选用500 V或1 000 V的绝缘电阻表，测得的绝缘电阻阻值应不小于0.5 MΩ。

绝缘电阻表有三个接线柱，分别标有L（线路）、E（接地）、G（屏蔽）。测量前将L、E两接线柱间进行一次开路和短路试验，摇动手柄，开路时指针应指在“∞”处，短路时指针应指在“0”处，以此检查绝缘电阻表是否良好。

测量一、二次绕组间绝缘电阻时只要把接线柱L、E分别接在两绕组上即可；测量绕组对地绝缘电阻时只要把接线柱L接绕组，E接变压器铁心（应清除铁心接触处的漆或锈等），手柄摇动速度约120 r/min，待指针稳定后，表针指示的数值就是所测的绝缘电阻值，并记录数据：

（1）一、二次绕组之间的绝缘电阻值为____________；

（2）一次绕组对铁心的绝缘电阻值为____________；

（3）二次绕组对铁心的绝缘电阻值为__________。

3. 单相变压器变比的测量

变压器一次绕组接到电源上，二次侧开路，分别测出一次绕组电压 U_{AX}、二次绕组电压 U_{ax} 的值：U_{AX} = ________，U_{ax} = ________，由此计算出变比 K = ________。

4. 变压器外特性测试

按图1-22接线，R_1为可变电阻，R_2为固定电阻，变压器一次侧接额定电压且保持不变，调节 R_1时，分别测取二次侧电压、电流的值，并记录于表1-2中。

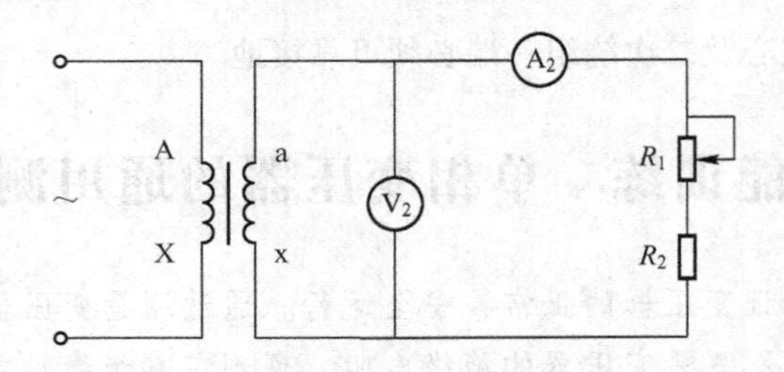

图1-22　变压器外特性测试电路图

表1-2　变压器外特性测试

序　号	1	2	3	4	5	6
I_2/mA						
U_2/V						

5. 单相变压器同名端的测定

同名端与线圈绕向有关，对于一台已制成的变压器，无法从外部观察到其线圈的绕向，通常可用“交流法”实验进行测定。

如图1-23所示，将 X 端与 x 端短接，再把一次绕组接交流电压，再分别测出 U_{AX}、U_{ax}、U_{Aa}的值，并记录：U_{AX} = ________，U_{ax} = ________，U_{Aa} = ________。

若测量结果为：$U_{AX}=U_{Aa}+U_{ax}$，则说明 A 与 a 是同名端；若 $U_{AX}=U_{Aa}-U_{ax}$，则 A 与 a 是异名端。

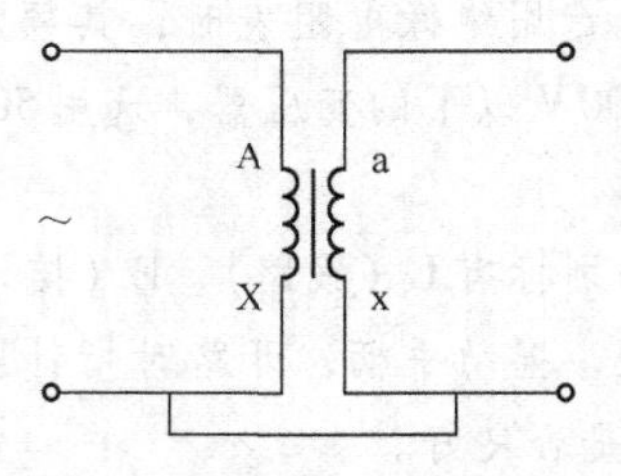

图1-23　交流法测定同名端

思考与练习题

1. 变压器的主要部件有哪些？各有什么作用？

2. 变压器的铁心为什么要用硅钢片叠成？用铸铁做铁心是否可行？

3. 一台单相变压器，$S_N = 2\text{ kV}\cdot\text{A}$，$U_{1N}/U_{2N} = 220/36\text{ V}$，试求一、二次绕组的额定电流。

4. 一台三相变压器，$S_N = 5\,000\text{ kV}\cdot\text{A}$，$U_{1N}/U_{2N} = 10.5\text{ kV}/6.3\text{ kV}$，Y,d 连接，求一、二次绕组的额定电流。

5. 额定电压为220/36 V的单相变压器，若误将一次绕组接到220 V直流电源上，问二次侧会有电压输出吗？为什么？这样接，会有什么后果？为什么？

6. 某额定电压为220/110 V的单相变压器，如不慎将低压侧接到220 V的电源上，问将产生什么后果？为什么？

7. 变压器一、二次绕组之间并没有电的联系，为什么二次绕组电流增加时，一次绕组电流也要增加？

8. 变压器是一种电能变换装置，在变压器中起能量传递作用的是主磁通还是漏磁通？

9. 变压器运行时，在电源电压一定的情况下，当负载增加时，主磁通将如何变化？

10. 用一台电力变压器向某车间的异步电动机供电，当开动的电动机台数增多时，变压器的端电压将如何变化？

11. 一台单相照明变压器，容量为2 kV·A，电压为380 V/36 V，现在低压侧接上36 V、60 W的白炽灯，问最多能接多少盏？此时的I_1及I_2各为多少？

12. 某晶体管扬声器的输出阻抗为250 Ω（即要求负载阻抗为250 Ω时能输出最大功率），接负载为8 Ω的扬声器，求线间变压器变比。

13. 变压器既可以变换电压、电流，又可以变换阻抗，试问还能变换频率和功率吗？

14. 什么叫同名端？如何判定两绕组的同名端？

15. 三相变压器一、二次绕组接线如图1-24（a）、（b）所示，试分别画出相量图并确定其联结组别。

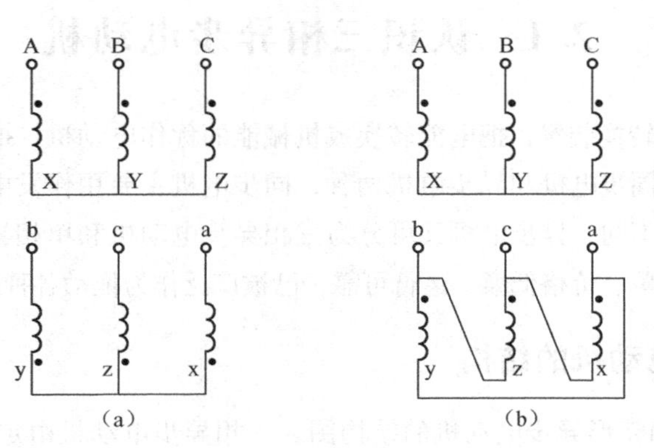

图1-24　习题15

16. 与普通双绕组变压器相比，自耦变压器有哪些特点？

17. 仪用互感器运行时，为什么电流互感器不允许开路？而电压互感器不允许短路？

18. 用电压比为10 000 V/100 V的电压互感器，电流比为100 A/5 A的电流互感器扩大量程，其电流表读数为3.5 A，电压表读数为96 V，试求被测电路的电流、电压各为多少？

项目❷ 三相异步电动机运行与维护

学习目标

- 熟悉三相异步电动机的结构、铭牌数据；
- 会正确使用三相异步电动机；
- 会拆、装三相异步电动机，并能进行常规的维护保养；
- 能对三相异步电动机常见故障进行检修；
- 会正确选用三相异步电动机。

项目引言

要学会正确使用三相异步电动机，或对三相异步电动机进行维护与检修，必须先了解其基本结构、铭牌数据、运行原理等相关知识；通过对机械特性的分析，熟悉三相异步电动机常用的启动、制动及调速方法与适用场合。下面就从认识三相异步电动机开始本项目的学习。

2.1 认识三相异步电动机

电动机是一种能量转换装置，把电能转换成机械能的称作电动机，把机械能转换成电能的称作发电机。交流电机有同步电机和异步电机两种，同步电机主要用作发电机，异步电机主要用作电动机。按供电电源的不同，异步电机又可分为三相异步电动机和单相异步电动机两大类。三相异步电动机因其结构简单、价格低廉、运行可靠，已被广泛作为拖动各种生产机械的动力装置。

2.1.1 三相异步电动机的结构

图 2-1 所示是三相笼形异步电动机的结构图。三相异步电动机由定子（固定不动）与转子（旋转）两大部分组成，定子与转子之间有气隙。

1. 定子

异步电动机的定子主要有定子铁心、定子绕组、机座和端盖等部分组成。

（1）定子铁心：定子铁心是电动机磁路的一部分，为减少铁心损耗，定子铁心由 0.5mm 厚且表面涂绝缘漆的硅钢片冲片叠压而成，铁心内圆上有均匀分布的槽，用于嵌放定子绕组，如图 2-2 所示。

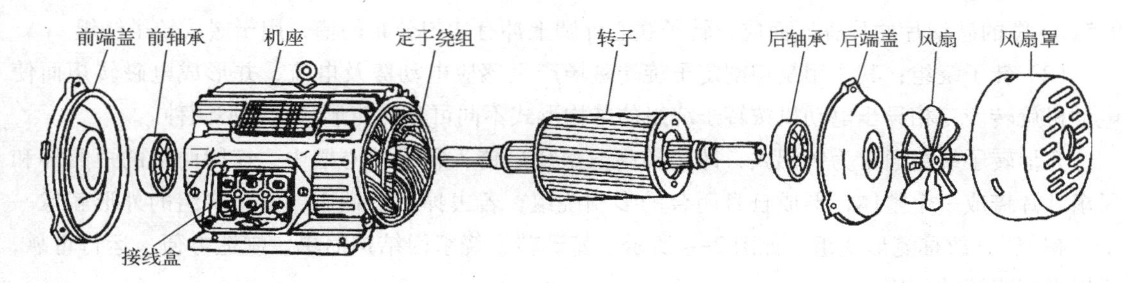

图 2-1　三相笼形异步电动机的结构图

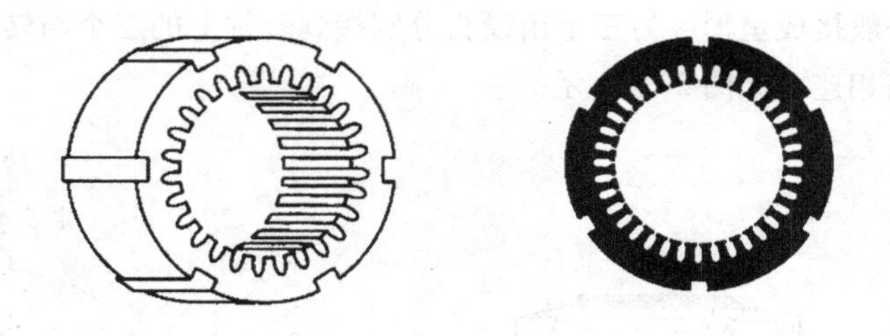

图 2-2　定子铁心及铁心冲片

（2）定子绕组：定子绕组是电动机的电路部分，用漆包线绕制而成、并按一定规律嵌放在定子铁心的槽中。三相绕组的六个接线头固定在接线盒中，根据需要接成星形（Y）或三角形（△），如图 2-3 所示。

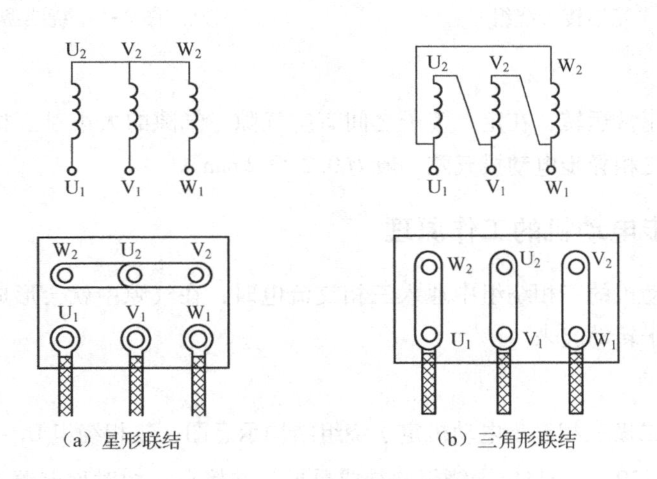

图 2-3　三相定子绕组接法

（3）机座：其作用主要是固定和支撑定子铁心及端盖。另外，它也是电动机磁路的一部分。中小型异步电动机通常采用铸铁机座，大型电动机则用钢板焊接而成。

2. 转子

异步电动机的转子主要有转子铁心、转子绕组、转轴和风扇等部分组成。它的作用是带动机械设备旋转。

（1）转子铁心：转子铁心也是电动机磁路的一部分，所用材料与定子铁心一样，也是由

0.5 mm 厚的硅钢片冲片叠压而成，转子铁心外圆上冲有均匀分布的槽，用于嵌放转子绕组。

（2）转子绕组：其作用是切割定子旋转磁场产生感应电动势及电流，并形成电磁转矩而使电动机旋转。三相异步电动机按转子绕组的结构形式不同可分为笼形和绕线型两种。

笼形转子绕组通常为铸铝式，即将铝高温熔化后铸入转子铁心槽中，连同两端的短路环和风扇叶片铸成一个整体，形成自身闭合的多相绕组。若去掉转子铁心，整个绕组的外形就像一个“鼠笼”，故称笼形绕组，如图 2-4 所示。笼形转子绕组因结构简单、制造方便、运行可靠，所以得到广泛的应用。

绕线型转子绕组与定子绕组相似，由漆包线绕制而成后嵌放在转子铁心的槽中。它也是一个三相对称绕组，一般接成星形，另三个出线头分别接到转轴上的三个与转轴绝缘的集电环上，再通过电刷与外电路相连，如图 2-5 所示。

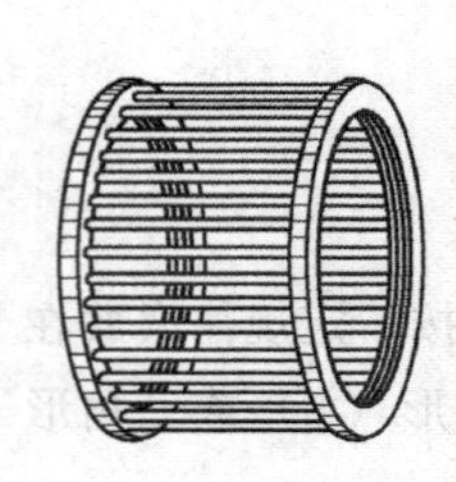
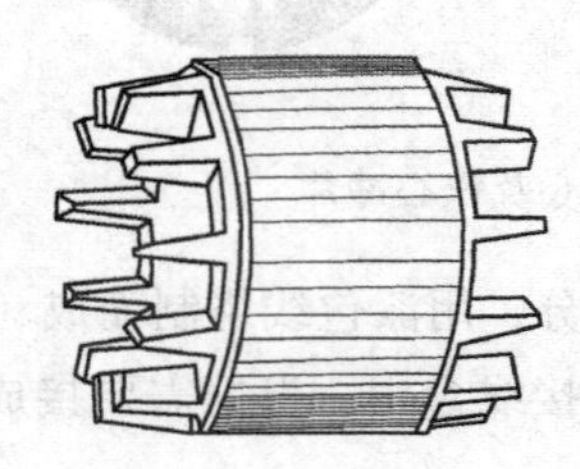

图 2-4　笼形转子绕组

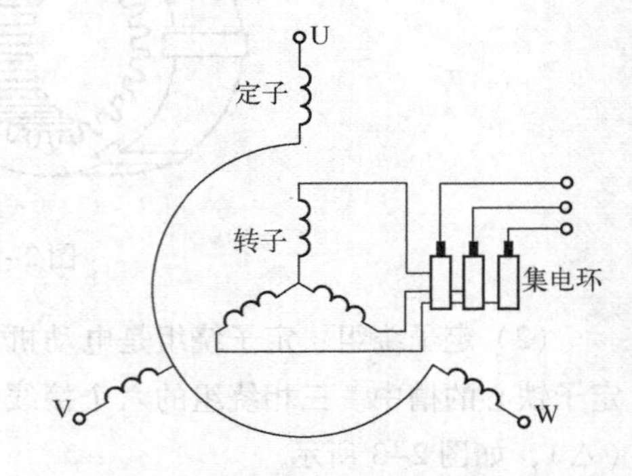

图 2-5　绕线型转子绕组接线方式

3. 气隙

为保证电动机正常运转，在定、转子之间有空气隙。气隙的大小对三相异步电动机的性能影响较大。中小型三相异步电动机气隙一般为 0.2 ～ 2 mm。

2.1.2　三相异步电动机的工作原理

当三相异步电动机的三相绕组中通入三相交流电时，在气隙中就会形成一个旋转磁场，从而产生转矩，使转子转动起来。

1. 旋转磁场

图 2-6 所示为二极三相异步电动机定子绕组结构示意图，三相绕组 U_1-U_2、V_1-V_2、W_1-W_2在空间彼此互隔 120°。若将定子绕组联结成星形，并接在三相对称电源上，绕组中便有三相对称电流流过。

设流入 U 相绕组的电流初相角为零，则各相电流的瞬时表达式为

$$i_U = I_m \sin\omega t$$

$$i_V = I_m \sin(\omega t - 120°)$$

$$i_W = I_m \sin(\omega t + 120°)$$

三相电流的波形图如图 2-7（a）所示。

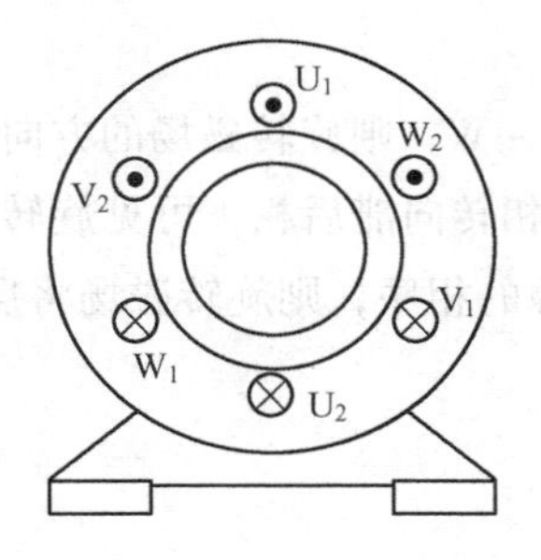

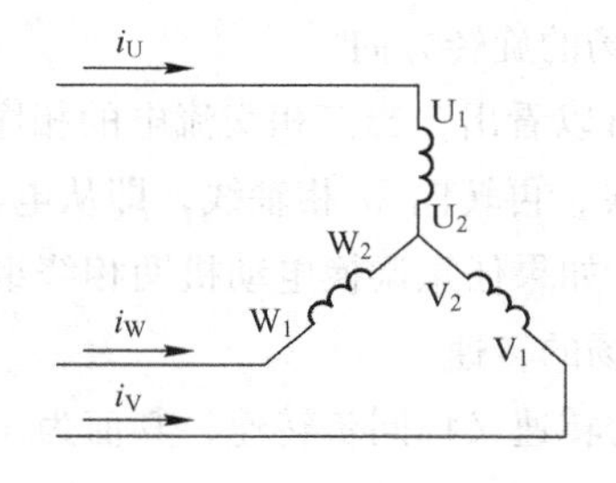

图2-6　二极电动机定子绕组

假设电流为正时，电流从绕组首端流入、末端流出；电流为负时，电流从绕组末端流入、首端流出。电流流入端用符号“⊕”表示，流出端用“⊙”表示。下面选择 $\omega t = 0°$、120°、240°几个时刻来分析旋转磁场的产生情况。

当 $\omega t = 0°$时，$i_U = 0$，U相绕组内没有电流；i_V为负，V相绕组的电流由V_2端流入，V_1端流出；i_W为正，W相绕组的电流由W_1端流入，W_2端流出。此时三相产生的合成磁场如图2-7（b）所示，合成磁场正好位于U相绕组的轴线上，上为N极，下为S极。

当 $\omega t = 120°$时，i_U为正，电流由U_1端流入，U_2端流出；i_V为零，V相绕组内没有电流；i_W为负，电流由W_2端流入，W_1端流出。此时三相产生的合成磁场如图2-7（c）所示，合成磁场的轴线在空间沿顺时针方向转过了120°。

当 $\omega t = 240°$时，i_U为负，U相绕组的电流由U_2端流入，U_1端流出；i_V为正，V相绕组的电流由V_1端流入，V_2端流出；$i_W = 0$，W相绕组内没有电流。此时三相产生的合成磁场如图2-7（d）所示，合成磁场沿顺时针方向又转过了120°。

由此可见，当交流电流变化一个周期时，合成磁场顺时针转过了360°电角度。只要三相交流电周期性地连续变化，则形成连续旋转的磁场。

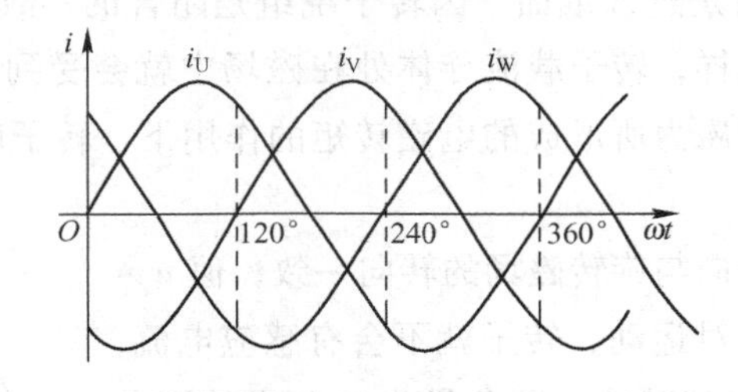

（a）三相电流波形

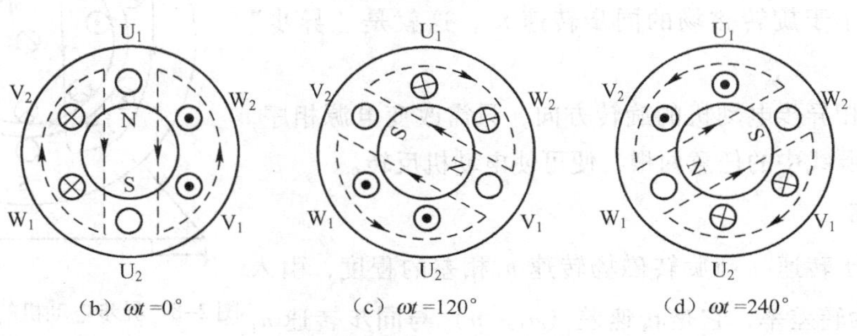

图2-7　定子绕组的旋转磁场（$2P=2$）

1）旋转磁场的旋转方向

由图2–7可以看出，当三相交流电的相序为U–V–W，则旋转磁场的方向是从U相绕组轴线转向V相轴线，再转向W相轴线，即从电流的超前相转向滞后相，可见旋转磁场的转向取决于电流的相序。如果任意调换电动机两相绕组所接电源的相序，则旋转磁场将反方向旋转。

2）旋转磁场的转速

旋转磁场的转速又称同步转速，其值为

$$n_1 = \frac{60f_1}{P}\ \mathrm{r/min} \tag{2-1}$$

式中：f_1为交流电的频率（Hz）；P为电动机的磁极对数。

对已制成的电动机，磁极对数已确定，则$n_1 \propto f_1$，即决定同步转速的唯一因素是交流电的频率。

例2.1 三相交流电网频率$f_1 = 50\ \mathrm{Hz}$，试分别求电动机磁极对数$P=1$、$P=2$、$P=3$、$P=4$时的旋转磁场转速。

解：当$P=1$（二极电动机）：$n_1 = \frac{60f_1}{P} = \frac{60 \times 50}{1}\ \mathrm{r/min} = 3\,000\ \mathrm{r/min}$；

同理，当$P=2$（四极电动机），$n_1 = 1\,500\ \mathrm{r/min}$；

$P=3$（六极电动机），$n_1 = 1\,000\ \mathrm{r/min}$；

$P=4$（八极电动机），$n_1 = 750\ \mathrm{r/min}$。

2. 三相异步电动机的工作原理

如图2–8所示，当定子三相绕组接通三相交流电源后，即在定、转子间的气隙内建立转速为n_1的旋转磁场，假设旋转磁场沿顺时针方向旋转。因转子与磁场间有相对运动，转子导体切割磁力线产生感应电动势，由右手定则可判断出转子上半部导体感应电动势方向是穿出纸面，下半部导体感应电动势方向是进入纸面。因转子绕组是闭合的，故转子导体中就有感应电流，电流方向同电动势方向。这样，转子载流导体处在磁场中就会受到电磁力f的作用，电磁力方向由左手定则确定，在该电磁力所形成的电磁转矩的作用下，转子就随着旋转磁场方向旋转起来，其转速用n表示。

由分析可知，转子的转向与旋转磁场的转向一致，但$n \neq n_1$，否则两者之间就没有相对运动，转子就不会有感应电流，也就没有电磁转矩，转子就将减速。因此异步电动机的转子转速n总是略小于旋转磁场的同步转速n_1，这就是“异步”的由来。

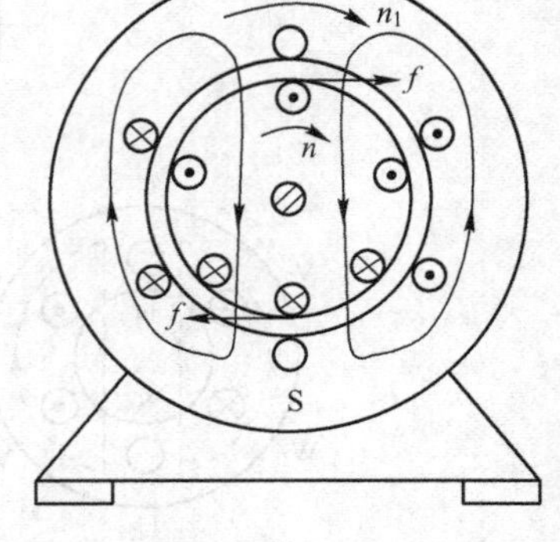

图2–8 异步电动机的工作原理示意图

要改变三相异步电动机的旋转方向，只需改变电源相序，即对调三根电源线中的任意两根，便可使电动机反转。

3. 转差率

为描述转子转速n与旋转磁场转速n_1相差的程度，引入物理量s，称为转差率，它是转速差（$n_1 - n$）与同步转速n_1之比，即

$$s = \frac{n_1 - n}{n_1} \tag{2-2}$$

转差率 s 是异步电动机的一个重要参数。当负载变化时，转差率也随之变化，通常异步电动机的额定转差率 s_N 为 0.02 ～ 0.06。可见，额定运行时，异步电动机的转子转速非常接近于同步转速。

2.1.3　三相异步电动机的铭牌

电动机制造厂按照国家标准，根据电动机的设计和试验数据，规定了电动机长期稳定运行的技术参数，通常称之为额定值。额定值一般都标注在铭牌上，它是正确、合理选用电动机的重要依据。图 2-9 所示为某三相异步电动机的铭牌，铭牌上标出了该电动机的型号和主要技术数据，此外还有产品编号、出厂日期等。

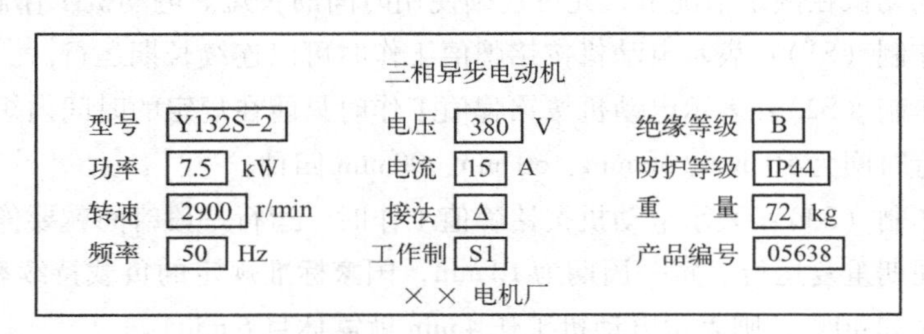

图 2-9　三相异步电动机的铭牌

1. 型号（Y132S－2）

三相异步电动机的型号由汉语拼音和阿拉伯数字组成。型号中第一个字母 Y 表示异步电动机；132 代表机座中心高；字母 S 表示铁心长度代号（短、中、长铁心分别用 S、M、L 表示）；数字 2 表示磁极数。

2. 额定值

额定值是电机制造厂对电动机在额定工作条件下长期工作而不至于损坏所规定的一些量值，是电动机使用和维修的依据。分为额定电压、额定电流、额定功率、额定转速、额定频率等。

额定电压 U_N：表示电动机在额定状态下运行时，定子电路所加的线电压（380 V）。

额定电流 I_N：表示电动机在额定状态下运行时，定子电路输入的线电流（15 A）。

额定功率 P_N：表示电动机在额定状态下运行时，允许输出的机械功率（7.5 kW）

对三相异步电动机：

$$P_N = \sqrt{3} \cdot U_N I_N \cos\varphi_N \eta_N \text{ W} \tag{2-3}$$

式中，U_N、I_N 为额定电压和额定电流；$\cos\varphi_N$ 为额定功率因数；η_N 为额定效率。

额定频率 f_N：表示电动机使用的交流电源的频率（50 Hz）。

额定转速 n_N：表示电动机在额定工作状态下运行时的转速（2 900 r/min）。

3. 接法（△）

表示电动机正常运行时，其定子三相绕组应为△接法。

4. 绝缘等级

绝缘等级决定了电动机中所用的绝缘材料的允许温度。绝缘材料按其耐热性能不同，可分为五个等级，如表 2-1 所示。

表 2-1　绝缘材料耐热性能等级

绝 缘 等 级	A	E	B	F	H
绝缘材料最高允许温度/℃	105	120	130	155	180

5. 防护等级（IP44）

防护等级表示电动机外壳的防护方式，IP11 是开启式，IP44 是封闭式。

6. 工作制

工作制是指电动机在额定情况下，允许连续使用时间的长短。电动机工作制有以下三种：

（1）连续工作制（S1）：表示电动机按铭牌值工作时可以连续长期运行。

（2）短时工作制（S2）：表示电动机按铭牌值工作时只能在规定的时间内短时运行。国家标准规定的短时运行时间为 10 min、30 min、60 min、90 min 四种。

（3）断续工作制（S3）：表示电动机按铭牌值工作时，运行一段时间就要停止一段时间。周而复始地按一定周期重复运行。每一周期为 10 min，国家标准规定的负载持续率为 15%、25%、40%、60% 四种（如 40%，则表示电动机工作 4 min 就需休息 6 min）。

2.1.4　三相异步电动机的定子绕组

定子绕组的作用是产生旋转磁场，它是电动机实现机电能量转换的关键部件。三相异步电动机的定子绕组是由许多结构完全相同、按一定规律嵌放在定子铁心各槽内的线圈连接而成的。

绕组的种类很多，按槽内层数来分，可分为单层绕组、双层绕组；按绕组节距来分，又可分为整距绕组、短距绕组及长距绕组。

1. 绕组的基本概念

1）极距 τ

相邻两磁极轴线之间的距离称为极距，一般用定子槽数来表示，即

$$\tau = \frac{Z_1}{2P} \tag{2-4}$$

式中，Z_1 为定子铁心槽数；P 为磁极对数。

2）节距 y

一个线圈的两个线圈边之间的距离称为节距，一般也用定子槽数来表示。如某线圈的一个边嵌放在 1 号槽，另一个边嵌放在 6 号槽，则节距 $y=(6-1)$ 槽 $=5$ 槽。从绕组产生最大感应电动势的要求出发，线圈节距应接近于极距，即 $y \approx \tau$。

当 $y=\tau$ 时，称为整距绕组；$y<\tau$ 时，称为短距绕组；$y>\tau$ 时，称为长距绕组。

实际应用中，常采用短距和整距绕组，而长距绕组因其端部较长，用铜量多，一般不采用。

3）机械角度和电角度

一个圆周所对应的几何角度为 360°，该几何角度就称为机械角度。而从电磁方面来看，导

体每经过一对磁极，其电动势就变化一个周期，把电动势变化一个周期所经历的角度称为 360°电角度。显然，对于两极电动机（$P=1$），电角度等于机械角度；对于四极电动机（$P=2$），这时导体每旋转一周要经过两对磁极，导体中感应电动势将变化两个周期，对应的电角度为 $2\times360°=720°$。电角度与机械角度的关系为

$$电角度 = P \times 机械角度 \tag{2-5}$$

式中，P 为电动机磁极对数。

4）每极每相槽数 q

每相绕组在每个磁极下所占有的槽数称为每极每相槽数，可由式（2-6）计算

$$q = \frac{Z_1}{2P \cdot m} \tag{2-6}$$

式中，m 为定子绕组相数。

通常，将 q 个槽所占的区域称为一个相带。

2. 三相单层绕组

单层绕组是指每个槽内只有一个线圈边，线圈数等于定子槽数的一半。单层绕组按连接方式不同可分为链式绕组、同心式绕组和交叉式绕组三种。

1）链式绕组

链式绕组是由相同节距的线圈组成，外形如长链。现举例说明如下：

例 2.2　某三相异步电动机，定子槽数 $Z_1=24$，磁极数 $2P=4$，线圈节距 $y=5$，试绘出链式绕组展开图。

解：（1）计算基本参数：

$$\tau = \frac{Z_1}{2P} = \frac{24}{4} = 6$$

$$q = \frac{Z_1}{2P \cdot m} = \frac{24}{4\times3} = 2$$

（2）分极、分相：将定子 24 个槽依次编号，按每相在每个磁极下占 2 个槽（$q=2$）顺序排列，则各相所属磁极和槽号如表 2-2 所示。

表 2-2　例 2.2 分相表

相带 / 槽号 / 磁极	U_1	W_2	V_1	U_2	W_1	V_2
第一对磁极	1、2	3、4	5、6	7、8	9、10	11、12
第二对磁极	13、14	15、16	17、18	19、20	21、22	23、24

（3）标出电流方向：按相邻磁极下线圈边中的电流方向相反的原则进行，如设 N 极下线圈边电流方向向上，则 S 极下线圈边电流方向向下，如图 2-10（a）中箭头方向所示。

（4）连接 U 相绕组：因 U 相绕组包含第 1、2、7、8、13、14、19、20 八个槽中的线圈边，根据线圈边中的电流方向及节距 $y=5$，故可将 U 相的八个槽中的导体组成以下四个线圈：2-7、8-13、14-19、20-1，四个线圈按首、末端顺向串联成为 U 相绕组，如图 2-9（a）所示，取 2

号槽的引出线为首端 U_1，则 20 号槽的引出线为末端 U_2。

（5）连接V 相、W 相绕组：同理，V 相的四个线圈为6-11、12-17、18-23、24-5；W 相的四个线圈为10-15、16-21、22-3、4-9，按照电流流向顺次连接成 V 相、W 相绕组。根据三相绕组对称的原则，各相的电源引出线须彼此互差 120°电角度，所以 V 相的首端 V_1应定在 6 号槽，W 相的首端 W_1应定在 10 号槽，如图 2-10（b）所示。

链式绕组的每个线圈节距相等、制造方便、线圈端部连线较短、省铜。链式绕组主要用于 $q=2$的 4、6、8 极小型三相异步电动机中。

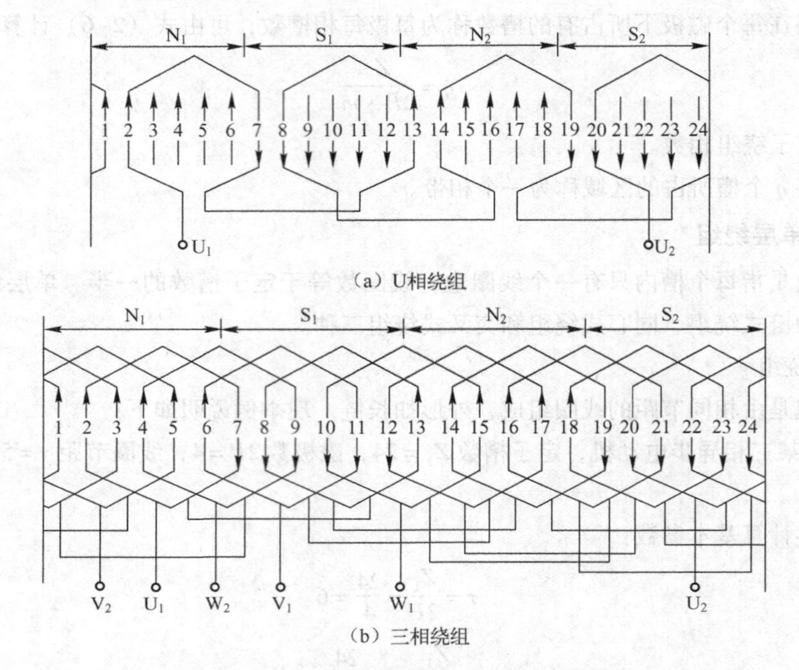

（a）U相绕组

（b）三相绕组

图 2-10　24 槽 4 极单层链式绕组展开图

2）同心式绕组

同心式绕组是由不同节距的同心线圈组成。现举例说明如下：

例 2.3　某三相异步电动机，定子绕组为同心式绕组，定子槽数 $Z_1=24$，磁极数 $2P=2$，大线圈节距为 11，小线圈节距为 9，试绘出 U 相绕组展开图。

解：（1）分极、分相：

$$q=\frac{Z_1}{2P\cdot m}=\frac{24}{2\times 3}=4$$

将定子 24 个槽依次编号，按每相在每个磁极下占 4 个槽（$q=4$）顺序排列，则各相所属磁极和槽号如表 2-3 所示。

表 2-3　例 2.3 分相表

相　带	U_1	W_2	V_1	U_2	W_1	V_2
槽　号	1、2、3、4	5、6、7、8	9、10、11、12	13、14、15、16	17、18、19、20	21、22、23、24
磁　极		N			S	

（2）标出电流方向：同例2.2，如N极下线圈边电流方向向上，则S极下线圈边电流方向向下，如图2-11所示箭头方向。

（3）连接U相绕组：按大线圈节距11、小线圈节距9，并根据线圈边中的电流方向，将U相的八个槽中的导体组成以下四个线圈：3-14、4-13、15-2、16-1，大小线圈相套形成同心式绕组，如图2-11所示。

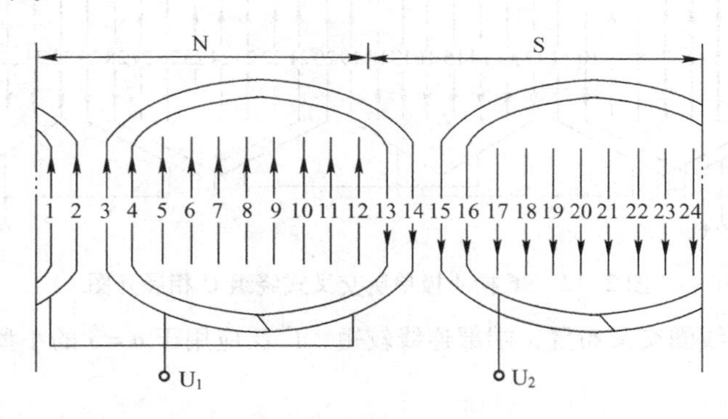

图2-11 24槽2极单层同心式绕组U相展开图

同样，V、W两相绕组的首端依次与U相首端相差120°和240°电角度，可画出V、W两相展开图。

同心式绕组端部连线较长，它适用于$q=4$、6等偶数的2极小型三相异步电动机中。

3）交叉式绕组：交叉式绕组是由线圈个数和节距都不相等的两种线圈组构成的，大线圈、小线圈交替放置。现举例说明如下。

例2.4 某三相异步电动机，定子绕组为单层交叉式绕组，槽数$Z_1=36$，磁极数$2P=4$，大线圈节距为8，小线圈节距为7，试绘出U相绕组展开图。

解：（1）分极、分相：

$$q=\frac{Z_1}{2P\cdot m}=\frac{36}{4\times 3}=3$$

将定子36个槽依次编号，按每相在每个磁极下占3个槽（$q=3$）顺序排列，则各相所属磁极和槽号如表2-4所示。

表2-4 例2.4分相表

槽号 / 相带 / 磁极	U_1	W_2	V_1	U_2	W_1	V_2
第一对磁极	1、2、3	4、5、6	7、8、9	10、11、12	13、14、15	16、17、18
第二对磁极	19、20、21	22、23、24	25、26、27	28、29、30	31、32、33	34、35、36

（2）标出电流方向：N极下线圈边电流方向向上，S极下线圈边电流方向向下，如图2-12中箭头方向所示。

（3）连接U相绕组：因大线圈节距为8、小线圈节距为7，则对U相绕组来说，可将线圈边2与10和3与11连成一个大线圈组；而线圈边12与19组成一个小线圈。再将线圈边20与28

和21与29组成另一个大线圈组，30与1组成另一个小线圈。最后，按电流流向连接成U相绕组，如图2-12所示。

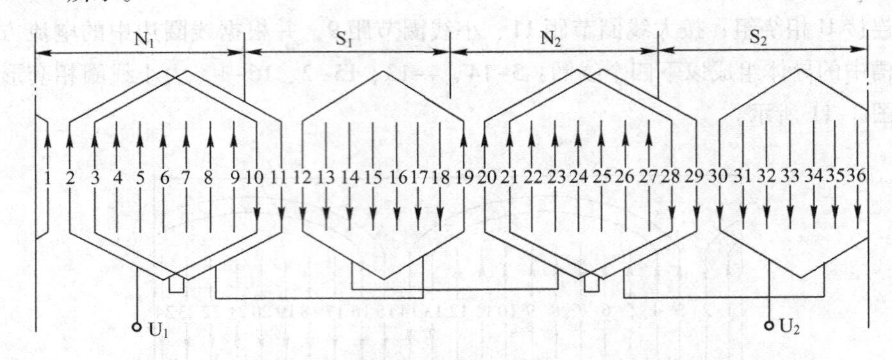

图2-12　36槽4极单层交叉式绕组U相展开图

交叉式绕组大小线圈交叉布置，端部连线较短，广泛应用于 $q=3$ 的小型异步电动机中。

3. 双层绕组

和单层绕组不同，双层绕组的每个槽内放置两个线圈边，每个线圈的一边放在槽的上层，而另一边放在槽的下层，因此线圈数正好等于槽数。

双层绕组的优点是所用线圈规格一致，便于机械化生产；可以选择最佳节距，以改善电动机的电磁性能；可以组成较多的并联支路数，便于制造大容量三相异步电动机。但双层绕组工艺复杂，嵌线困难，在此不详述，读者可参阅其他有关书籍。

2.2　三相异步电动机的运行

三相异步电动机运行时涉及启动、调速和制动等问题。通过分析三相异步电动机的运行原理及机械特性，有助于理解常用的启动方法、调速方法、制动方法的原理，以及在实际中的应用。

2.2.1　三相异步电动机的运行原理

三相异步电动机定子、转子之间只有磁的耦合，而无电的直接联系，这一点与变压器完全相似。异步电动机的定子绕组相当于变压器一次绕组，转子绕组相当于变压器的二次绕组，所以分析变压器内部电磁关系的基本方法也适用于异步电动机，不过由于异步电动机正常运行是旋转的，这将使得转子绕组中感应电动势及电流频率随转速的变化而变化，因而异步电动机的分析计算要比变压器复杂。

1. 旋转磁场对定子绕组和转子绕组的作用

在三相异步电动机的定子绕组中通以三相交流电后，即产生旋转磁场，此旋转磁场将在静止的定子绕组中产生感应电动势，同时也会在旋转的转子绕组中产生感应电动势。

1）旋转磁场对定子绕组的作用

旋转磁场以同步转速 n_1 沿定子内圆旋转，而定子绕组是静止不动的，故定子绕组切割旋转磁场产生的感应电动势的频率与电源频率一样，也为 f_1，且感应电动势的大小为

$$U_1 \approx E_1 = 4.44 f_1 N_1 K_{W1} \Phi_m \tag{2-7}$$

式中，E_1为定子绕组感应电动势的有效值；f_1为交流电源频率；N_1为定子每相绕组的匝数；K_{W1}称为定子绕组的绕组系数；Φ_m为每极磁通量的最大值。

式（2-7）与前面变压器的感应电动势公式相比多了一个绕组系数K_{W1}，K_{W1}是由于电动机中定子绕组采用短距和分散放置，这比变压器绕组集中放置时产生的感应电动势要小，打K_{W1}折扣，这里$K_{W1} \leqslant 1$。

2）旋转磁场对转子绕组的作用

（1）转子感应电动势频率f_2。转子以转速n旋转后，转子导体与旋转磁场的相对速度为(n_1-n)，因此转子中感应电动势的频率为

$$f_2 = \frac{P \cdot (n_1 - n)}{60} = \frac{P \cdot n_1}{60} \times \frac{n_1 - n}{n_1} = s \cdot f_1 \tag{2-8}$$

即转子感应电动势的频率f_2与转差率s成正比。在电动机通电瞬间，因惯性$n=0$，则$s=1$，$f_2=f_1$，转子频率f_2最大；随着转子转速的升高，s减小，f_2也随之减小；当达到额定转速时，$s_N \approx 0.05$，$f_2 = 2.5$ Hz左右，是很低的。

（2）转子绕组感应电动势E_2为

$$E_2 = 4.44 f_2 N_2 K_{W2} \Phi_m = 4.44 \cdot s \cdot f_1 N_2 K_{W2} \Phi_m = s \cdot E_{20} \tag{2-9}$$

式中，E_{20}为转子不转（$n=0$）时的转子绕组感应电动势；K_{W2}称为转子绕组的绕组系数。

（3）转子电流I_2。由于三相异步电动机转子自行闭合，且转子电流是由转子感应电动势产生的，所以I_2的频率与E_2频率相同。I_2为

$$I_2 = \frac{E_2}{\sqrt{R_2^2 + X_2^2}} = \frac{s \cdot E_{20}}{\sqrt{R_2^2 + (s \cdot X_{20})^2}} = \frac{E_{20}}{\sqrt{\left(\frac{R_2}{s}\right)^2 + X_{20}^2}} \tag{2-10}$$

式中，R_2为转子每相电阻；X_2为转子旋转时每相绕组漏电抗；X_{20}为转子不动时每相漏电抗。

由式（2-10）可看出，三相异步电动机启动瞬间，$n=0$，$s=1$，则转子电流I_2很大，约为额定电流的4～7倍；而正常运行时，$s_N \approx 0.05$，则I_2很小。又由于转子绕组中的电流是由定子感应而来的，因此电动机启动时，也会使定子绕组中的启动电流很大。由此也可知电动机堵转时是很容易被烧坏的。

2. 三相异步电动机的功率和转矩

1）功率

任何机械在实现能量转换过程中总有损耗存在，异步电动机也不例外，使得异步电动机轴上输出的机械功率P_2总是小于其从电源输入的电功率P_1。

三相异步电动机输入的电功率P_1为

$$P_1 = \sqrt{3} I_1 U_1 \cos\varphi$$

三相异步电动机运行时的损耗有：

（1）电流流过绕组时产生的铜损耗，包括定子铜损耗P_{Cu1}及转子铜损耗P_{Cu2}。

（2）交变的磁通穿过铁心时产生的铁损耗P_{Fe}。

（3）电动机运转时因机械摩擦产生的机械损耗P_m。

输入功率 P_1 中扣除一小部分定子铜损耗 P_{Cu1} 和定子铁损耗 P_{Fe} 后，余下的大部分功率则通过电磁感应原理传递给转子，这部分功率称为电磁功率 P_{em}，电磁功率中再扣除转子铜损耗 P_{Cu2} 和机械损耗 P_m 后即为输出功率 P_2。

三相异步电动机的功率平衡方程式为

$$P_2 = P_1 - \sum P = P_1 - (P_{Cu1} + P_{Cu2} + P_{Fe} + P_m) \tag{2-11}$$

式中，$\sum P$ 为总损耗。

图 2-13 所示为三相异步电动机的功率流程图。

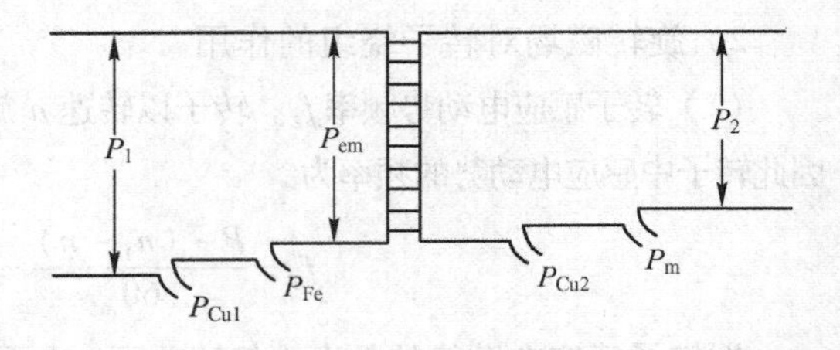

图 2-13　异步电动机的功率流程图

三相异步电动机的效率 η 等于输出功率 P_2 与输入功率 P_1 之比，即

$$\eta = \frac{P_2}{P_1} \times 100\% = \frac{P_1 - \sum P}{P_1} \times 100\% \tag{2-12}$$

2）转矩

因为机械功率等于转矩乘以机械角速度，即 $P_2 = T_2 \cdot \Omega$，当电动机带额定负载运行时，有

$$T_N = \frac{P_N}{\Omega_N} = \frac{P_N}{2\pi \cdot \frac{n_N}{60}} = 9.55 \times \frac{P_N}{n_N} \tag{2-13}$$

式中，P_N 为电动机额定功率（W）；n_N 为电动机额定转速（r/min）；T_N 为电动机额定转矩（N·m）。

2.2.2　电力拖动的基本知识

用电动机作为原动机带动各种生产机械运转，以完成一定的生产任务的过程称为电力拖动。电力拖动系统通常由电源、控制设备、电动机、传动机构、生产机械等几部分组成。

1. 电力拖动系统的运动方程

由动力学知识可知，对于旋转体来讲，运动方程为

$$T - T_L = J\frac{d\Omega}{dt} \tag{2-14}$$

式中，T 为电动机的电磁转矩（N·m），起驱动作用；T_L 为负载转矩（N·m），起阻碍作用；J 为旋转体的转动惯量（kg·m^2）；Ω 为旋转角速度（rad/s）。

由式（2-14）可知，当

（1）$T = T_L$ 时，则 $\frac{d\Omega}{dt} = 0$，电力拖动系统处于静止或匀速运行的稳定状态；

（2）$T > T_L$ 时，则 $\frac{d\Omega}{dt} > 0$，系统处于加速状态；

（3）$T < T_L$ 时，则 $\frac{d\Omega}{dt} < 0$，系统处于减速状态。

2. 负载的机械特性

负载的机械特性是指生产机械的转速 n 与负载转矩 T_L 之间的关系，即 $n = f(T_L)$。不同负载的机械特性大体可分为以下三类：

1）恒转矩负载

恒转矩负载是指负载转矩 T_L 的大小不随转速 n 的变化而变化，即 T_L = 常数，这类负载又可分为反抗性恒转矩负载和位能性恒转矩负载。

（1）反抗性恒转矩负载。其特点是负载转矩大小不变、但方向始终与工作机械的运动方向相反，例如摩擦力形成的转矩。反抗性恒转矩负载的机械特性如图 2-14（a）所示。

（2）位能性恒转矩负载。其特点是不论工作机械的运动方向变化与否，负载转矩的大小和方向始终不变，例如起重装置的吊钩及重物所产生的转矩。位能性恒转矩负载的机械特性如图 2-14（b）所示。

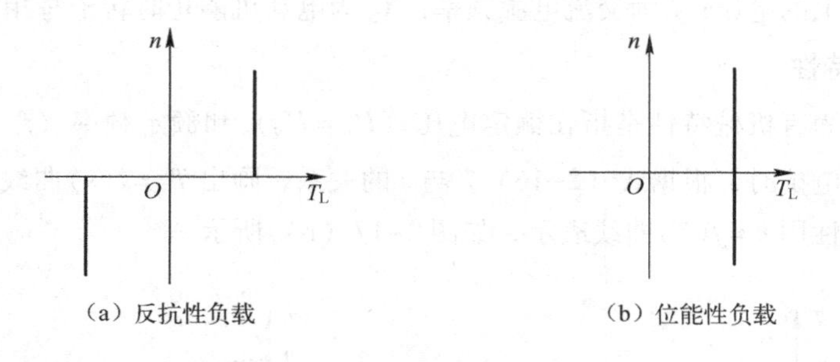

图 2-14　恒转矩负载的机械特性

2）恒功率负载

恒功率负载指负载所需的功率为恒定值。由于功率 $P = T_L \cdot \Omega = T_L \cdot 2\pi \cdot \frac{n}{60}$，所以负载转矩 T_L 与转速 n 成反比。例如车床的切削加工，粗加工时切削量大（T_L 大），则转速低，精加工时切削量小（T_L 小），则转速高。恒功率负载的机械特性如图 2-15 所示。

3）风机、泵类负载的机械特性

鼓风机、水泵、油泵等工作机械，其负载转矩 T_L 与转速的平方成正比，其机械特性如图 2-16 所示。

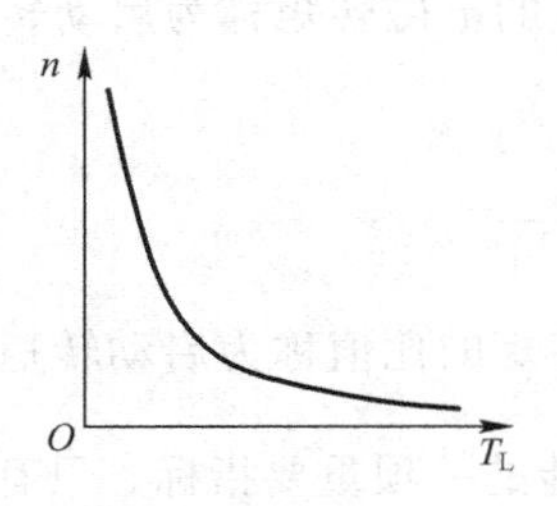

图 2-15　恒功率负载的机械特性

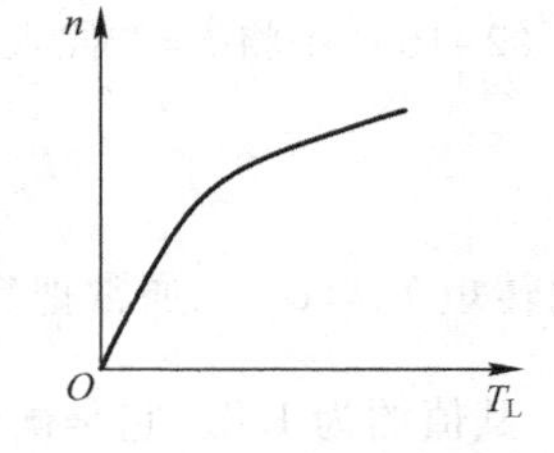

图 2-16　风机类负载的机械特性

2.2.3　三相异步电动机的机械特性

三相异步电动机的机械特性是指在电动机参数一定的条件下，电动机电磁转矩 T 与转速 n 之间的函数关系，即 $n = f(T)$。因为异步电动机的转速 n 与转差率 s 之间存在一定的关系，所以异步电动机的机械特性有时也用 $T = f(s)$ 的形式表示。

由于三相异步电动机的电磁转矩是由载流导体在磁场中受电磁力的作用而产生的，因此电磁转矩 T 的大小与旋转磁场的磁通 Φ_m、转子导体电流的有功分量 $I_2\cos\varphi_2$ 有关，即

$$T = C_T\Phi_m I_2\cos\varphi_2 \tag{2-15}$$

式中，C_T 为三相异步电动机的转矩常数。为分析方便，可将式（2-7）、式（2-9）、式（2-10）代入式（2-15），经整理后可得

$$T = \frac{C_K \cdot s \cdot R_2 \cdot U_1^2}{f_1 \cdot [R_2^2 + (s \cdot X_{20})^2]} \tag{2-16}$$

式（2-16）中，C_K 为电动机的结构常数；s 为转差率；R_2 为转子每相绕组的电阻；U_1 为电动机定子每相绕组上的电压；f_1 为交流电源频率；X_{20} 为电动机静止时转子每相感抗。

1. 固有机械特性

异步电动机的固有机械特性是指在额定电压（$U_1 = U_N$）和额定频率（$f_1 = f_N$）下，定子和转子不外接电阻或电抗时，根据式（2-16）T 与 s 的关系，画出 $T = f(s)$ 曲线，如图 2-17（a）所示。通常机械特性用 $n = f(T)$ 曲线表示，如图 2-17（b）所示。

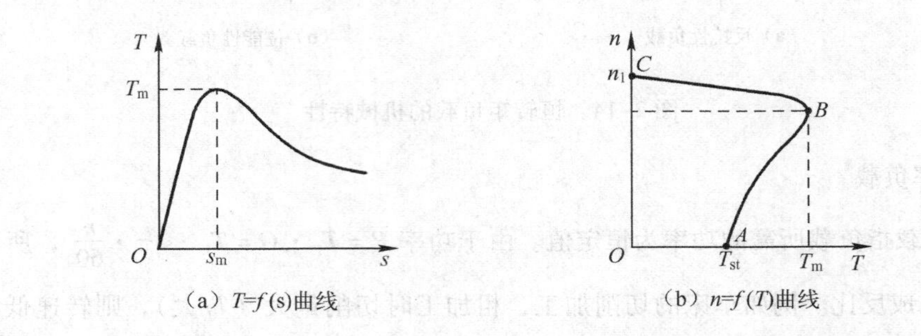

图 2-17　三相异步电动机的机械特性

下面对图 2-17（b）所示的曲线上几个特殊点进行分析。

1）启动点 A

电动机启动瞬间，$n = 0$，$s = 1$，这时电动机轴上产生的电磁转矩称为启动转矩 T_{st}（又称堵转转矩）。在式（2-16）中将 $s = 1$ 代入可得

$$T_{st} = \frac{C_K \cdot R_2 \cdot U_1^2}{f_1 \cdot [R_2^2 + (X_{20})^2]} \tag{2-17}$$

可见，启动转矩 $T_{st} \propto U_1^{\ 2}$。通常把启动转矩与额定转矩的比值称为启动转矩倍数，用 K_{st} 表示，即 $K_{st} = \frac{T_{st}}{T_N}$，其值约为 1.8，它是衡量电动机启动性能的一项重要指标，只有当启动转矩 T_{st} 大于负载转矩 T_L 时电动机才能启动。

2）最大转矩点 B

从机械特性曲线上可看出，B 点的电磁转矩最大，称最大电磁转矩 T_m，这时的转差率称为临界转差率 s_m。

将式（2-16）求导数 dT/ds，并令导数等于零，可求出 s_m，即

$$s_{\mathrm{m}}=\frac{R_2}{X_{20}} \tag{2-18}$$

将式（2-18）代入式（2-16），整理后可得

$$T_{\mathrm{m}}\approx\frac{C\cdot U_1^2}{f_1\cdot X_{20}} \tag{2-19}$$

可见，最大转矩 $T_{\mathrm{m}}\propto U_1^2$，但 T_{m}与转子电阻 R_2无关；而 $s_{\mathrm{m}}\propto R_2$，但 s_{m}与 U_1无关。

为保证电动机的稳定运行，不至于因短时过载而停转，要求电动机有一定的过载能力。三相异步电动机的过载能力 λ_{m}用最大转矩与额定转矩的比值来表示，即 $\lambda_{\mathrm{m}}=\frac{T_{\mathrm{m}}}{T_{\mathrm{N}}}$，其值为 1. 8 ～ 2. 2。

3）同步转速点 C

当三相异步电动机达到同步转速，即 $n=n_1$时，$s=0$，这时转子电流 $I_2=0$，电磁转矩$T=0$。

2. 人为机械特性

人为机械特性就是人为地改变电源参数或电动机的参数而得到的机械特性。

1）降低电源电压 U_1时的人为机械特性

由式（2-17）、式（2-18）、式（2-19）可知，当 U_1降低时，T_{st}、T_{m}将随 U_1^2成正比例下降，而临界转差率 s_{m}不变，且同步转速 n_1不变，则降低电源电压时的人为机械特性如图 2-18 所示。由图可见，降压后电动机的过载能力将大大下降。

2）转子串电阻时的人为机械特性

由于临界转差率 s_{m}与转子回路电阻成正比，因此，若在绕线型异步电动机转子回路中串入三相对称电阻时，则 s_{m}增大，而最大转矩 T_{m}不变，同步转速点 n_1不变，所以转子串电阻时的人为机械特性如图 2-19 所示。可见，绕线型电动机采用转子串电阻可提高启动转矩，当串入合适的电阻，可使启动时获得最大转矩。

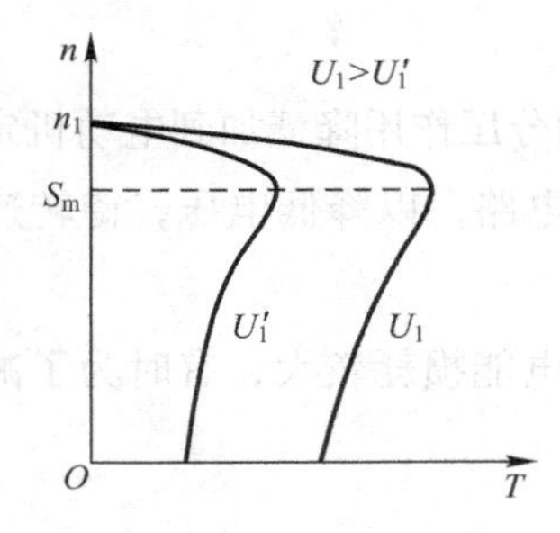

图 2-18　降压时的人为机械特性

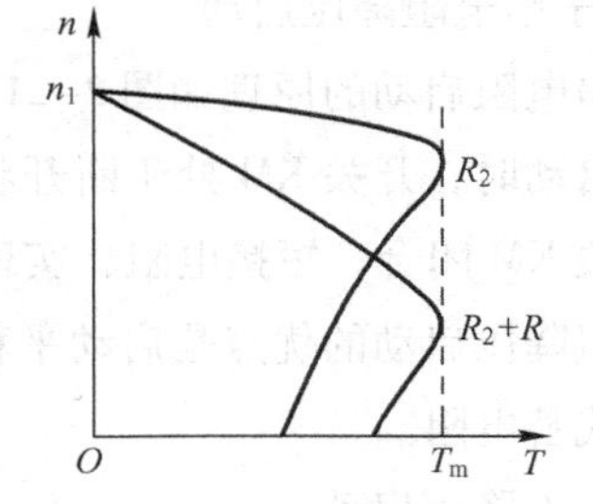

图 2-19　转子串电阻时的人为机械特性

例 2. 5　有一台三相笼形异步电动机，额定功率 $P_{\mathrm{N}}=40\ \mathrm{kW}$，额定转速 $n_{\mathrm{N}}=1\ 450\ \mathrm{r/min}$，过载能力 $\lambda_{\mathrm{m}}=2.2$，求额定转矩 T_{N}、最大转矩 T_{m}。

解：

$$T_{\mathrm{N}}=9.55\times\frac{P_{\mathrm{N}}}{n_{\mathrm{N}}}=9.55\times\frac{40\times10^3}{1\ 450}=263.5\ \mathrm{N\cdot m}$$

$$T_{\mathrm{m}}=\lambda_{\mathrm{m}}\cdot T_{\mathrm{N}}=2.2\times263.5=579.7\ \mathrm{N\cdot m}$$

2.2.4 三相异步电动机的启动

电动机的启动是指接通电源后电动机由静止状态加速到稳定运行状态的过程。对异步电动机启动性能的要求主要有以下两点：一是启动电流要小，以减小对电网的冲击；二是启动转矩要大，以缩短启动时间。

1. 直接启动

所谓直接启动是将电动机定子三相绕组直接接到额定电压的电网上来启动电动机，因此又称全压启动，如图 2-20 所示。这是一种最简单的启动方法，但启动电流很大，约为额定电流的 4 ～ 7 倍，过大的启动电流会在供电线路上造成较大的电压降，从而影响同一电网上的其他用电设备。

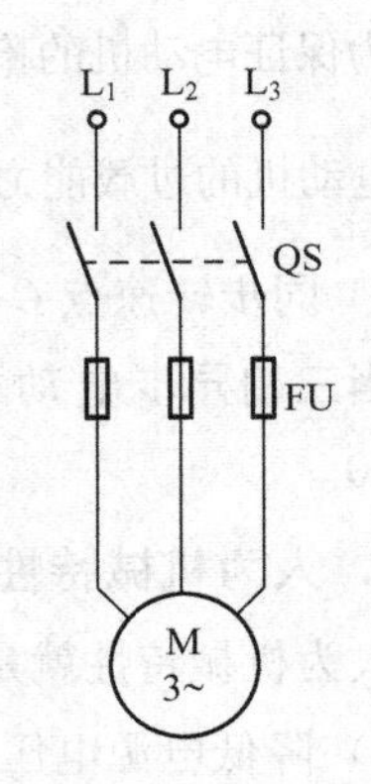

图 2-20 三相异步电动机直接启动原理图

对于某一电网，判断多大容量的三相异步电动机才允许直接启动，可按式（2-20）来确定。

$$K_{\mathrm{I}}=\frac{I_{\mathrm{st}}}{I_{\mathrm{N}}}\leqslant\frac{3}{4}+\frac{\text{变压器容量(kV·A)}}{4\times\text{电动机功率(kW)}}\tag{2-20}$$

若式（2-20）成立，则可采用直接启动。一般而言，10 kW 以下的小容量三相异步电动机都可以采用直接启动。

2. 三相笼形异步电动机的降压启动

直接启动时启动电流很大，可通过降压启动来限制启动电流。启动时，通过启动设备使加到电动机上的电压小于额定电压，待启动结束后加额定电压运行。

降压启动虽能降低启动电流，但由于电动机的电磁转矩 $T\propto U_1^{\ 2}$，因此降压启动时电动机的启动转矩减小较多，故此法适用于空载或轻载启动。常用的降压启动方法有定子串电阻降压启动、Y－△降压启动、自耦变压器降压启动等。

1）定子串电阻降压启动

定子串电阻启动的原理如图 2-21 所示，是利用电阻的分压作用降低加到电动机定子绕组上的电压。启动时，开关 KM 处于断开状态，电阻接入定子电路，以降低电压，待转速升高到一定值时开关 KM 闭合，短接电阻，实现全压运行。

串电阻降压启动的优点是启动平稳，但缺点是启动时电能损耗较大，有时为了减少能耗用电抗器来代替电阻。

2）Y－△降压启动

Y－△降压启动原理如图 2-22 所示，启动时，将开关 QS_2 置于“启动”位置，定子三相绕组的末端 U_2、V_2、W_2 短接，电动机以星形联结启动，待转速升高到一定值时，迅速把 QS_2 置于“运行”位置，电动机定子绕组改接成三角形，使电动机在全压下运行。

由于三相绕组星形联结时，相电压等于线电压的 $1/\sqrt{3}$，而三角形联结时，相电压等于线电压，所以Y－△降压启动时，启动电流为直接三角形启动时的 $\frac{1}{3}$，启动转矩也为直接三角形启动时的$\frac{1}{3}$。因此，这种方法只用于空载或轻载启动，同时Y－△降压启动方法只适用于正常运行时定子绕组做三角形接法的电动机。

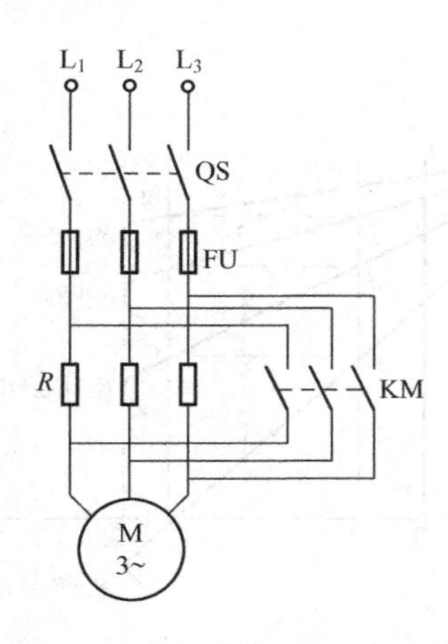

图2-21　定子串电阻降压启动原理图

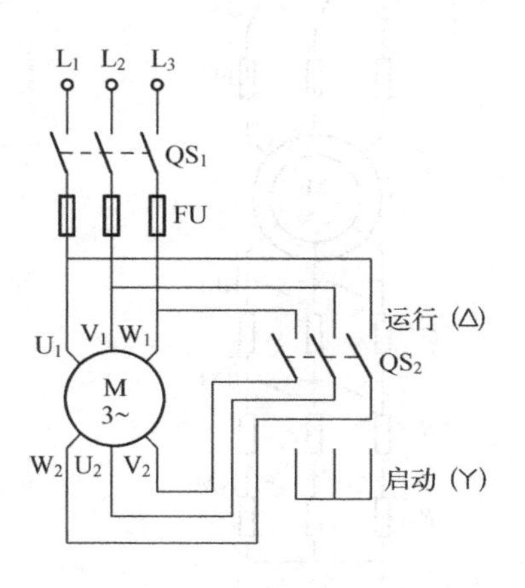

图2-22　Y－△降压启动原理图

3）自耦变压器降压启动

如图2-23所示，启动时，通过自耦变压器把电源电压降低后再加到电动机定子绕组上，以达到减小启动电流的目的。启动完毕后，切除自耦变压器，电源直接加到电动机上，电动机全压运行。

设自耦变压器的变比为K，则启动时加在电动机上的电压$U_1' = \frac{1}{K}U_N$，因此电源供给的启动电流为$I'_{st} = \frac{1}{K^2}I_{st}$，启动转矩为$T'_{st} = \frac{1}{K^2}T_{st}$。

自耦变压器一般有2～3组抽头，其二次侧电压可以分别为电源电压的80%、65%或80%、60%、40%。自耦变压器降压启动的优点是可以按允许的启动电流和所需的启动转矩来选择不同的轴头，而且不论电动机定子绕组采用星形联结或三角形联结都可以使用；其缺点是设备体积大、投资较多。

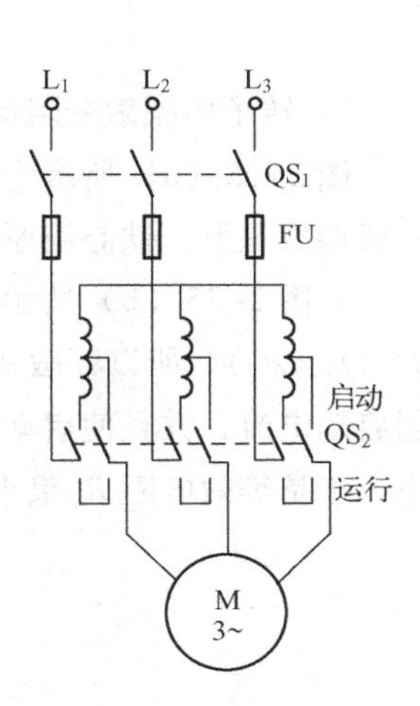

图2-23　自耦变压器降压启动原理图

3. 三相绕线型异步电动机转子串电阻启动

前面章节已讲解，适当增加转子回路电阻可提高启动转矩，所以绕线型异步电动机通常采用转子串电阻方法启动，一般分为转子串电阻分级启动及串频敏变阻器两种启动方法。

1）转子串电阻分级启动

为使电动机在整个启动过程中始终有比较大的启动转矩，一般采用转子串电阻分级启动。如图2-24所示，启动瞬间，KM_1、KM_2、KM_3触点全断开，转子串全部电阻启动，转子回路总电阻为（$R_2 + R_{st1} + R_{st2} + R_{st3}$），电动机由$a$点沿机械特性1升速，当转速升至$b$点、转矩降至$T_2$时，使$KM_1$触点闭合，切除电阻$R_{st1}$，由于机械惯性，电动机转速不能突变，电动机的运行点由b点跃变到曲线2上的c点，转矩增大至T_1，随后电动机沿曲线2加速。这样依次切除电阻R_{st2}、

R_{st3}后，电动机沿固有机械特性继续上升，直至 h 点稳定运行。

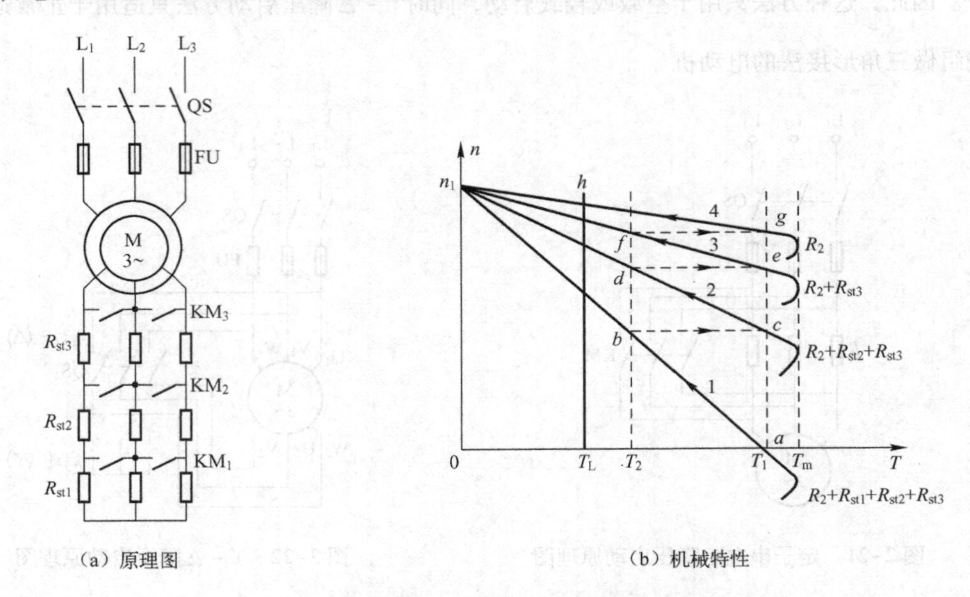

（a）原理图　　　　　　　　　　　　（b）机械特性

图 2–24　绕线型电动机转子串电阻分级启动

2）转子串频敏变阻器启动

图 2–25（a）所示为频敏变阻器结构示意图，它实际上是一个三相铁心电抗器，三相绕组一般接成星形，铁心用厚钢板制成。

如图 2–25（b）所示，频敏变阻器串入转子绕组电路，电动机启动瞬间，因转子频率 f_2 很大（$f_2 = sf_1$），所以频敏变阻器的铁损耗很大，则反映铁损耗的等效电阻 R_m 也很大，可以有效限制启动电流，并且使启动转矩增大了；而电动机正常运行时，转差率 s 很小，转子电流频率 f_2 很小，于是等效电阻 R_m 很小，以减少损耗。

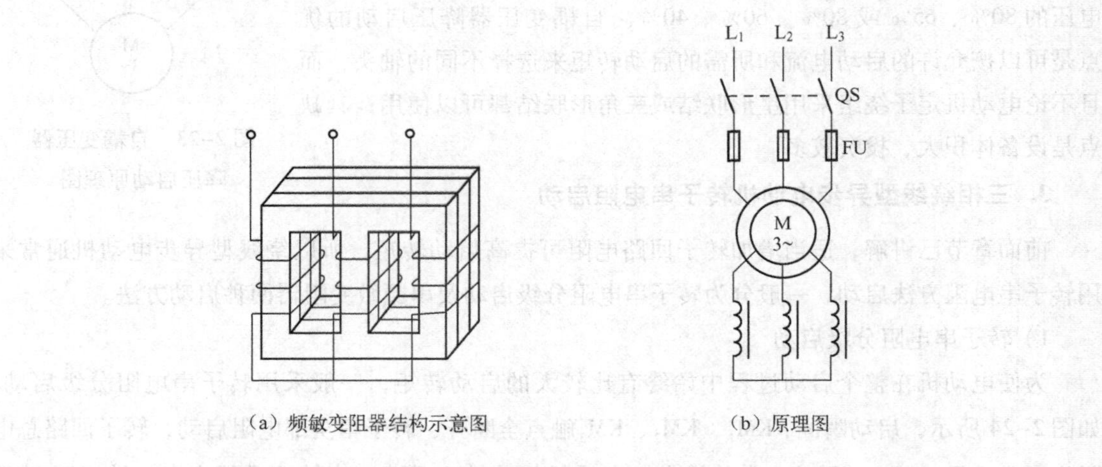

（a）频敏变阻器结构示意图　　　　（b）原理图

图 2–25　绕线型电动机转子串电阻分级启动

例 2.6　某三相异步电动机额定功率 $P_N = 11$ kW，额定转速 $n_N = 970$ r/min，负载阻转矩为

$T_L = 120\ \mathrm{N \cdot m}$，启动转矩倍数 $K_{st} = 1.6$，求：（1）在额定电压下该电动机能否带负载启动？（2）当电网电压降为额定电压的80%时，该电动机能否带负载启动？

解：（1）额定转矩：

$$T_N = 9.55 \times \frac{P_N}{n_N} = 9.55 \times \frac{11 \times 10^3\ \mathrm{W}}{970\ \mathrm{r/min}} = 108.3\ \mathrm{N \cdot m}$$

额定电压下启动时的启动转矩：

$$T_{st} = \lambda_{st} \cdot T_N = 1.6 \times 108.3\ \mathrm{N \cdot m} = 173.3\ \mathrm{N \cdot m}$$

因 $T_L = 120\ \mathrm{N \cdot m}$，由于 $T_{st} > T_L$，故电动机在额定电压下能带负载启动。

（2）因 $T_{st} \propto U_1{}^2$，则

$$T'_{st} = 0.8^2 \cdot T_{st} = 0.64 \times 173.3\ \mathrm{N \cdot m} = 110.9\ \mathrm{N \cdot m}$$

由于 $T'_{st} < T_L$，故电动机无法启动。

例2.7　某三相异步电动机额定功率 $P_N = 15\ \mathrm{kW}$，额定转速 $n_N = 1\ 460\ \mathrm{r/min}$，定子绕组△接法，启动转矩倍数 $K_{st} = 1.5$，启动时负载转矩 $T_L = 60\ \mathrm{N \cdot m}$，问该电动机能否用Y－△降压启动方法启动？

解：额定转矩 T_n 为

$$T_N = 9.55 \times \frac{P_N}{n_N} = 9.55 \times \frac{15 \times 10^3\ \mathrm{W}}{1\ 460\ \mathrm{r/min}} = 98.1\ \mathrm{N \cdot m}$$

直接启动时的启动转矩：$T_{st} = \lambda_{st} \cdot T_N = 1.5 \times 98.1\ \mathrm{N \cdot m} = 147.2\ \mathrm{N \cdot m}$

Y－△降压启动时启动转矩：$T'_{st} = \frac{1}{3} \cdot T_{st} = \frac{1}{3} \times 147.2\ \mathrm{N \cdot m} = 49.1\ \mathrm{N \cdot m}$

由于 $T'_{st} < T_L$，故不能采用Y－△降压启动方法启动。

2.2.5　三相异步电动机的调速

根据三相异步电动机的转速公式

$$n = (1-s) \cdot n_1 = (1-s) \cdot \frac{60 f_1}{P}$$

可知三相异步电动机的调速方法有变极调速、变频调速和变转差率调速三类。

1. 变极调速

在电源频率 f_1 不变的条件下，改变定子绕组形成的磁场极对数 P，就可以改变电动机的转速 n，这种调速方式称为变极调速。

三相异步电动机的磁极数取决于定子绕组中电流的流向，只要改变定子绕组的接线方式，就能达到改变磁场极数的目的。如图2-26所示，设U相绕组由两个线圈组成，图2-26（a）中，两线圈顺向串联，可产生4极磁场；图2-26（b）中，两线圈改为反相串联，这时定子绕组产生2极磁场。由此可以得出：当每相定子绕组中有一半线圈内的电流方向改变时，磁极数成倍变化，即达到了变极调速的目的。凡采用变极方法来调速的异步电动机称为多速电动机，有双速、三速等多种。

双速电动机的绕组接线方式有两种：Y/YY和△/YY。如图2-27（a）所示，是由一个Y改接成两个Y的并联，即两个半绕组由顺向串改成反向并联；图2-27（b）中是由一个△改接成两个

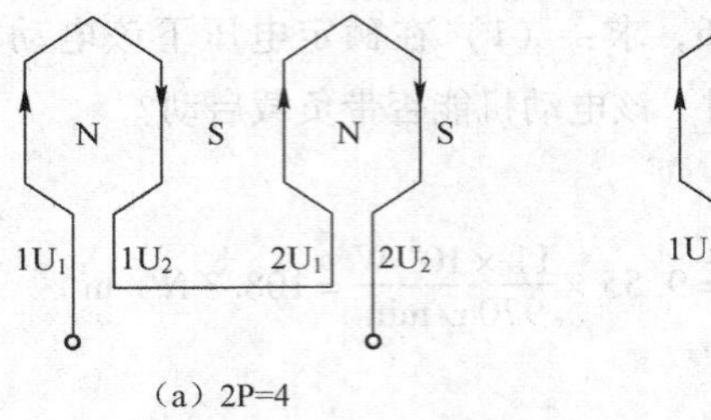

（a）2P=4

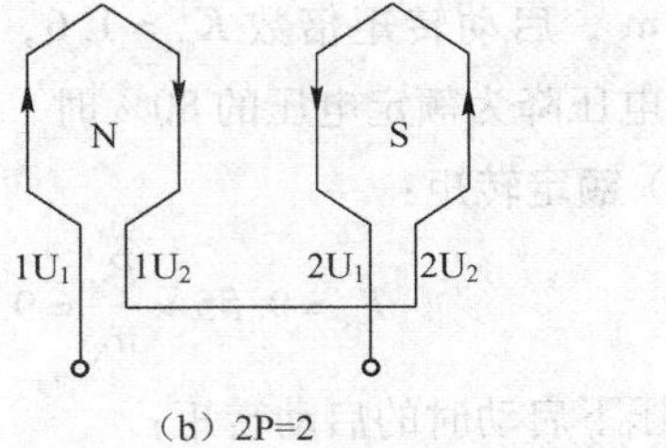

（b）2P=2

图 2-26　变极调速原理

Y的并联。这两种形式都能使电动机磁极数减少一半。由于变极后空间电角度成倍变化，致使相序发生变化，因此，在变极的同时还要将两相电源线对调，以保证变极前后电动机转向不变。

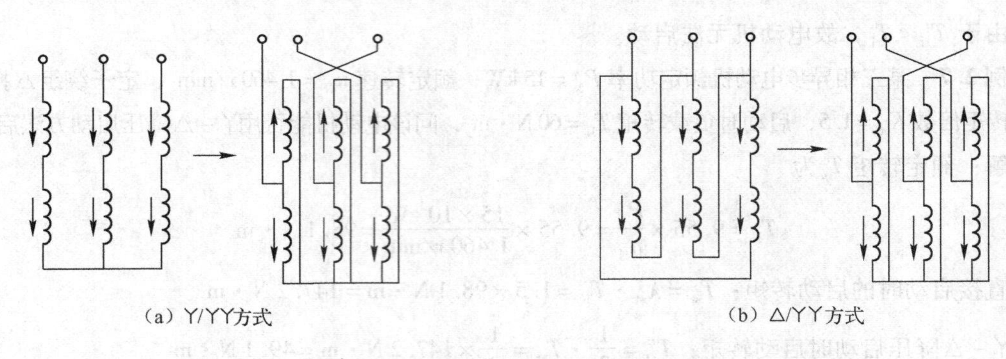
（a）Y/YY方式　　（b）△/YY方式

图 2-27　双速电动机定子绕组连接方式

双速电动机变极调速时的机械特性如图 2-28 所示，对应于一定的负载阻力矩 T_L，若磁极数减少一半（定子绕组由Y→YY或△→YY），则同步转速就提高一倍，电动机的转速几乎升高一倍（$n_B \approx 2n_A$），从而实现调速。

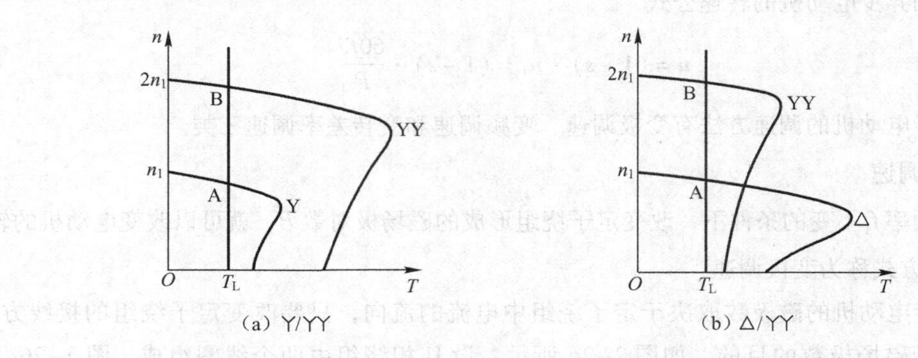

（a）Y/YY　　（b）△/YY

图 2-28　变极调速机械特性

变极调速所需设备简单，但电动机绕组引出头较多，且转速只能成倍变化，主要用于调速性能要求不高的场合，而且只适用于笼形异步电动机。

2. 变频调速

通过变频器把工频 50 Hz 的交流电变换成频率可调的三相交流电供给三相异步电动机，从而使电动机平滑地调速。变频调速可以从额定频率往下调节，也可以从额定频率往上调节。

1）从额定频率往下调速

由定子电势方程式 $U_1 \approx E_1 = 4.44 f_1 N_1 K_{W1} \Phi_m$ 可看出，当降低电源频率 f_1 调速时，若电源电压 U_1 不变，则磁通 Φ_m 将增加，致使磁路更饱和，铁心损耗大量增加，这是不允许的。因此在从额定频率往下调节的变频调速过程中，为保持磁通 Φ_m 基本不变，在频率减小的同时，应使电压随频率同比例下降，即保持 $\frac{U_1}{f_1}=$ 常数。

2）从额定频率往上调速

若仍使 Φ_m 不变，则频率 f_1 上调时，U_1 也增大；但由于电动机的绝缘是按额定电压来设计的，不允许在 U_N 的基础上再提高电源电压，这样变频调速过程中随着电源 f_1 的升高，磁通 Φ_m 在减小，致使电动机过载能力下降，电动机容量得不到充分利用。

变频调速具有调速范围宽、调速平滑性好等优点，是三相异步电动机最理想的调速方法。变频器的工作原理将在有关专业课中详细介绍。

3. 变转差率调速

三相异步电动机变转差率调速包括转子串电阻调速、定子调压调速等。

转子串电阻调速适用于绕线型异步电动机，改变转子回路电阻时的人为机械特性如图2-29所示，当拖动恒转矩负载 T_L，且转子回路不串附加电阻时，电动机稳定运行在 A 点，转速为 n_A，当转子回路串入电阻 R 时，运行点变为 B 点，转速 n_B，显然 $n_B < n_A$，转子所串电阻越大，电动机转速越低。这种调速方法因串入的电阻损耗较大，不经济，且为有级调速，只用于桥式起重机等设备中。

定子调压调速一般用于笼形异步电动机，当加到定子绕组上的电压由额定电压往下调节时，其机械特性如图2-30所示，若电动机拖动恒转矩负载 T_{L1}，不难看出，n_A、n_B、n_C 差距很小，即调速范围很窄，实用价值不大。但若电动机拖动风机类负载 T_{L2} 时，可见调速范围较宽（对应于A′、B′、C′点的转速）。因此，目前大多数的电风扇都采用串电抗器调速或用晶闸管交流调压调速。

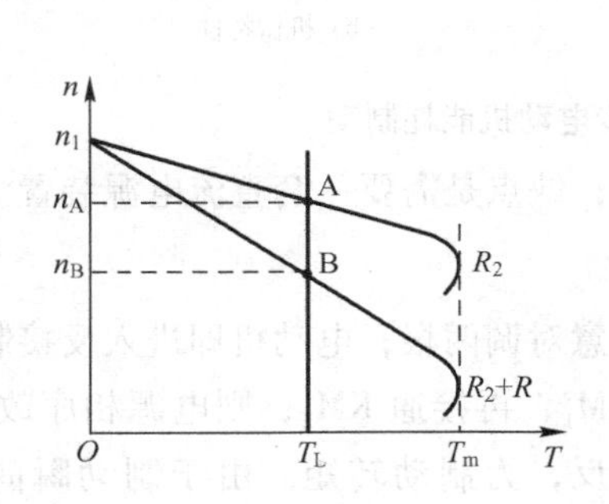

图2-29　转子串电阻调速时的机械特性

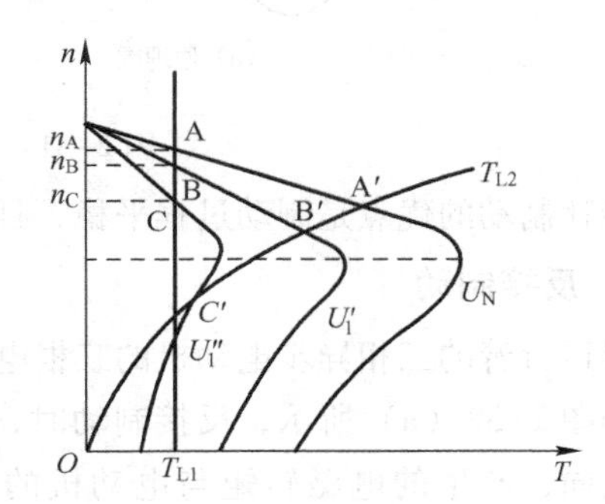

图2-30　调压调速时的机械特性

2.2.6　三相异步电动机的制动

三相异步电动机除了运行于电动机状态外，还时常运行于制动状态。所谓电动机的制动，是指在电动机的轴上加一个与旋转方向相反的转矩，使电动机减速或停转。

根据制动转矩产生的方法不同，可分为机械制动和电气制动两类。机械制动通常是靠摩擦方法产生制动转矩，如抱闸制动。而电气制动是使电动机产生的电磁转矩与电动机转向相反来实现的。三相异步电动机的电气制动分为能耗制动、反接制动、倒拉反转制动和回馈制动等几种。

1. 能耗制动

将运行着的三相异步电动机的定子绕组从三相电源上断开后，立即接到直流电源上，电动机就进入能耗制动状态。

如图2-31（a）所示，断开QS时，迅速闭合KM，定子绕组通入直流电，电动机中将建立一个恒定磁场。转子因惯性仍继续旋转并切割恒定磁场，转子导体中便产生感应电动势和电流，转子感应电流与恒定磁场作用产生的电磁转矩与转速方向相反，为制动转矩。在该制动转矩的作用下，电动机转速迅速下降，当 $n=0$ 时，$T=0$，制动过程结束。改变电阻 R 的值，可改变通入的直流电大小，即可改变电动机的制动时间。这种方法是将转子的动能变成电能，消耗在电阻上，所以称能耗制动。

由于能耗制动时气隙磁场为恒定磁场，所以能耗制动的机械特性过原点，如图2-31（b）中曲线2所示。电动机正常运行时，工作在固有机械特性曲线1上的 A 点，制动瞬间，由于惯性转速来不及变化，运行点由 A 点过渡到 B 点，随后沿曲线2转速下降直到为零。

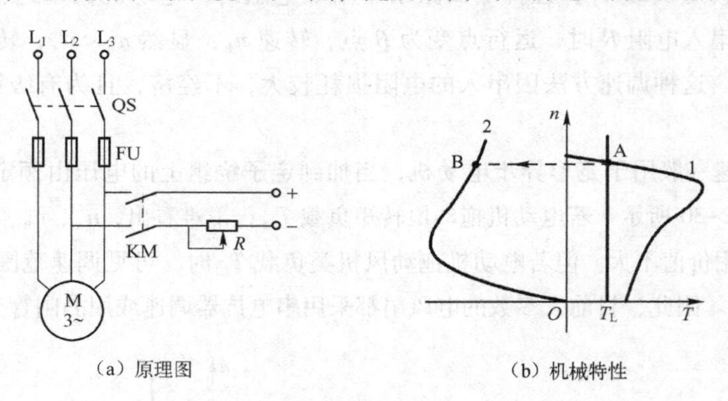

（a）原理图　（b）机械特性

图2-31　三相异步电动机能耗制动

能耗制动的优点是制动过程平稳，且较经济；缺点是需要一套直流电源装置。

2. 反接制动

将运行着的三相异步电动机的三根电源线任意对调两根，电动机即进入反接制动状态。

如图2-32（a）所示，反接制动时，断开 KM_1，再接通 KM_2，则电源相序改变，旋转磁场随即反向，产生的电磁转矩与电动机的转向相反，为制动转矩。由于制动瞬间，转差率 $s=\frac{-n_1-n}{-n_1}\approx 2$，则转子电流很大，故反接制动时还需在定子绕组中串入限流电阻 R。

反接制动时的机械特性过（$-n_1$）点，如图2-32（b）中曲线2所示，当转速降到零时若不及时切断电源，电动机就将反转。

反接制动优点是制动力矩大，制动迅速；但缺点是冲击大，且制动时仍需从电源吸收电能，经济性差。

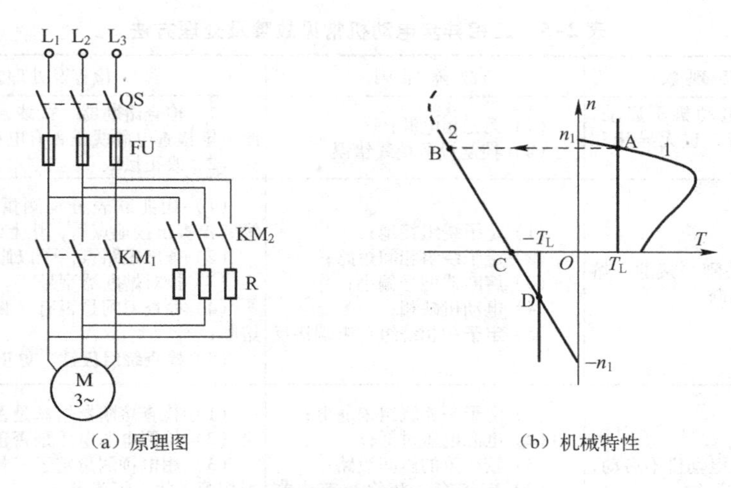

（a）原理图　　（b）机械特性

图2–32　三相异步电动机反接制动

3. 倒拉反转制动

倒拉反转制动是利用外力使电动机的转子倒转，而电源相序不变，这种制动方式主要用于绕线型异步电动机拖动起重设备的系统中。

如图2–33所示，起重机提升重物时工作在机械特性曲线1上的A点，若在转子回路中串入足够大的电阻（如曲线3），运行点进入第四象限，电动机就将反转，重物处于下放状态。图中C点即为倒拉反转运行。倒拉反转具有能低速下放重物、安全性好的优点。

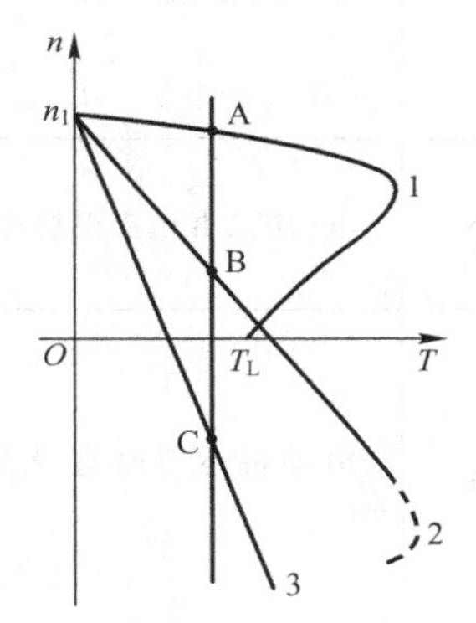

图2–33　三相异步电动机倒拉反转制动时的机械特性

4. 回馈制动

若异步电动机在电动状态运行时，由于某种原因，致使电动机的转速超过了旋转磁场的同步转速，即$n > n_1$，则转子与磁场的相对运动方向改变了，使转子感应电流及电磁转矩方向改变了，此时的电磁转矩起制动作用，这种制动称为回馈制动，也称再生发电制动。此时电动机变为一台与电网并联的发电机，将机械能变为电能回送给电网。

回馈制动可向电网回送电能，所以经济性好，但只有在特定状态（$n > n_1$）时才能实现制动，且只能限制电动机转速，不能制动停车。

2.3　三相异步电动机常见故障及处理方法

三相异步电动机长期运行后，会发生各种故障。及时判断故障原因、进行相应处理，是防止故障扩大、保证设备正常运行的重要工作。表2–5所示列出了三相异步电动机的常见故障现象、故障原因和处理方法，供分析处理故障时参考。

表 2–5　三相异步电动机常见故障及处理方法

序　号	故 障 现 象	故 障 原 因	检查及处理方法
1	通电后电动机不启动，无异常声音，也无异味和冒烟	（1）无三相电源； （2）控制设备接线错误	（1）检查熔断器、接线盒处是否有断点，用测电笔检查电源线是否有电； （2）改正接线
2	电源开关刚一接通，熔断器立即熔断	（1）定子绕组接地； （2）定子绕组相间短路； （3）熔断器型号偏小； （4）电动机缺相； （5）定子一相绕组首末端接反	（1）用兆欧表分别测量每相绕组的对地绝缘，检查出接地点后，垫上绝缘纸； （2）查出短路点，予以修复； （3）核对熔断器型号； （4）检查刀闸是否有一相未合上，熔丝是否熔断； （5）检查绕组极性，更正接线
3	通电后，电动机不启动，但有“嗡嗡”声	（1）定子一相绕组未通电； （2）电源电压过低； （3）较严重的匝间短路； （4）定子有一相绕组首末端接错； （5）负载过大或转子被卡住	（1）检查熔断器熔丝是否烧断； （2）检测电源电压是否正常； （3）用电桥测量定子三相绕组的电阻，其是否相等，找出短路点； （4）检查绕组极性，更正接线； （5）减轻负载，或消除机械故障
4	电动机过热甚至冒烟	（1）电动机严重过载或频繁启动； （2）电源电压过高或过低； （3）电动机缺相运行； （4）电动机风扇故障，通风不畅	（1）查看电动机是否过载，或按规定次数控制启动； （2）检测电源电压是否正常； （3）检查熔断器熔丝有无烧断； （4）检查并修复风扇，必要时更换
5	电动机三相电流相差大	（1）定子一相绕组首末端接反； （2）三相电压不平衡	（1）检查绕组极性，更正接线； （2）检测电源电压是否正常
6	电动机运行时有异常响声	（1）新修理的电动机转子与定子绝缘纸或槽楔相擦； （2）定、转子铁心相擦； （3）轴承缺油； （4）电动机安装基础不平； （5）电动机缺相运行	（1）修剪绝缘纸，或削低槽楔； （2）固定松动的铁心； （3）加润滑油； （4）检查紧固安装螺栓及其他部件，保持平衡； （5）检查定子绕组供电回路，查出缺相原因，作相应的处理
7	电动机外壳带电	（1）将电源线与接地线搞错； （2）电动机的引出线破损； （3）电动机绕组绝缘老化或破损，对机壳短路； （4）电动机受潮，绝缘能力降低	（1）检测相线与地线，纠正接线； （2）修复或更换引出线； （3）用绝缘电阻表测量绝缘电阻，损坏严重时应更换； （4）用绝缘电阻表测量绝缘电阻，需要时进行干燥处理

2.4　三相异步电动机的选择

三相异步电动机的应用非常广泛，因而正确选择电动机显得极为重要。三相异步电动机的选择包括其功率、类型、电压和转速等。

1. 功率的选择

电动机的功率（容量），必须根据生产机械的需要来确定。如功率选得过大，则设备投资增大，且电动机经常处于轻载运行，效率低；反之，如功率选得过小，则电动机容易因过载运行而损坏。决定电动机功率的主要因素有：电动机的发热与温升、允许短时过载能力、启动能力等。因此选择电动机容量时应注意以下几个方面：

（1）电动机的最大转矩、启动转矩应满足机械要求。

（2）电动机的功率应与负载功率匹配，确保既不过载也不轻载。

（3）应注意电压不稳定对电动机产生的不良影响。

2. 类型的选择

一般应用场合应尽可能选用笼形电动机，只有对需要大启动转矩的场合才选用绕线型电动机，例如冶金、起重机设备等。

根据工作环境，选择不同的防护类型，如开启式、防护式、封闭式、防爆式等。

开启式电动机通风散热良好，适用于干燥无灰尘的场所。防护式电动机在机壳或端盖下面有通风罩，能防止水滴、铁屑和其他杂物掉入，但不防尘，适用于干燥灰尘较少的场所。封闭式电动机外壳严密封闭，能防止潮气和尘土侵入，多用于灰尘多、潮湿或含有酸性气体的场所。防爆式电动机的接线盒和外壳全是封闭的，适用于有爆炸性气体的场所，如在矿井中。

3. 电压和转速的选择

电动机的额定电压主要根据使用地点的电源电压来确定，应与供电电压相一致。一般100kW以下的，选择额定电压为380V或220V的电动机；100kW以上的大功率异步电动机应考虑采用3 000V或6 000V的高压电动机。

电动机的额定转速是根据生产机械的要求决定的。功率相同的电动机转速愈高，则极对数愈少，体积愈小，价格愈低，但高速电动机的转矩小，启动电流大。选择时应使电动机的转速尽可能与生产机械的转速相一致或接近，以简化传动装置。

2.5　单相异步电动机的应用

单相异步电动机是利用单相交流电源供电的一种小容量交流电动机，具有结构简单、成本低廉等优点，广泛应用于如电风扇、洗衣机、电冰箱等家用电器及医疗器械中。

单相异步电动机在结构上与三相异步电动机类似，也包括定子和转子两大部分，其转子通常采用笼形结构，定子上有两套绕组，一套是工作绕组，用来建立主磁场；另一套是启动绕组，用于帮助电动机启动。工作绕组和启动绕组空间互差90°电角度，两绕组的匝数和线径可以相同，也可以不同，视不同种类的电动机而定。

2.5.1　单相异步电动机工作原理

1. 单相绕组的脉动磁场

首先分析单相异步电动机仅由工作绕组通电时产生磁场的情况。

如图2-34所示，假设在电流正半周时，电流从绕组首端U_1流入，末端U_2流出，则由电流产生的磁场N、S极如图2-34（b）所示，该磁场的大小随电流而变化；当电流为负半周时，产生的磁场极性改变，如图 2-34（c）所示。由此可见，在单相绕组中通入单相交流电后，产生的磁场大小及方向在不断变化，但磁场的轴线却固定不变，把这种磁场称作脉动磁场。

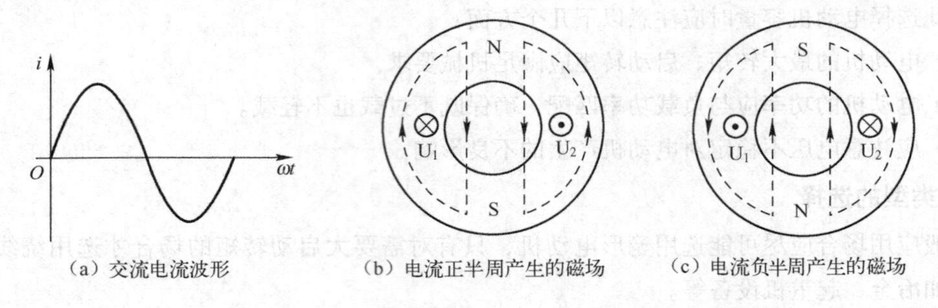

（a）交流电流波形　（b）电流正半周产生的磁场　（c）电流负半周产生的磁场

图 2-34　单相脉动磁场的产生

由于磁场只是脉动而不是旋转，因此单相异步电动机的转子如果原来静止不动的话，则在脉动磁场的作用下，转子导体因与磁场之间没有相对运动，而不产生感应电动势和电流，也就不存在电磁力的作用，因此转子仍然静止不动，即只有工作绕组通电的单相异步电动机没有启动转矩，不能自行启动，这是单相异步电动机的一个主要缺点。如果用手转动一下转子，则转子就切割定子脉动磁场而产生感应电动势和电流，并将受到电磁力的作用，在电磁力矩的驱动下，转子将顺着拨动的方向旋转起来。这种单相异步电动机没有固定的转向，取决于外力方向。因此要使单相异步电动机具有实际使用价值，就必须解决其启动问题。

2. 两相绕组的旋转磁场

如图 2-35 所示，在单相异步电动机定子上放置空间互差 90°的两相绕组 U_1U_2 和 Z_1Z_2，并给两相绕组通入时间上不同相的两相交流电流 i_U 和 i_Z，由图 2-35（b）分析可知，此时产生的是旋转磁场。

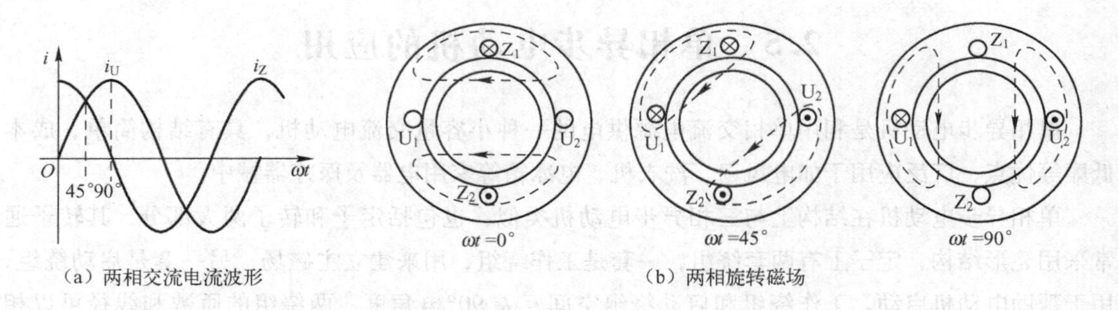

（a）两相交流电流波形　（b）两相旋转磁场

图 2-35　两相旋转磁场的产生

与三相异步电动机的转动原理一样，在旋转磁场的作用下，转子获得启动转矩，从而使电动机旋转。根据获得旋转磁场的方式不同，单相异步电动机可分为分相式和罩极式两种类型。

2.5.2　电容分相式单相异步电动机

如图 2-36 所示，电容分相式单相异步电动机就是启动绕组 Z_1Z_2 支路中串入电容 C 以后再与工作绕组 U_1U_2 并联接在单相交流电源上，适当地选择电容 C 的容量，可以使流过工作绕组中的

电流 I_U 与流过启动绕组中的电流 I_V 相位差为90°，从而满足圆形旋转磁场产生的条件，在该磁场的作用下，电动机获得较大的启动转矩而旋转。

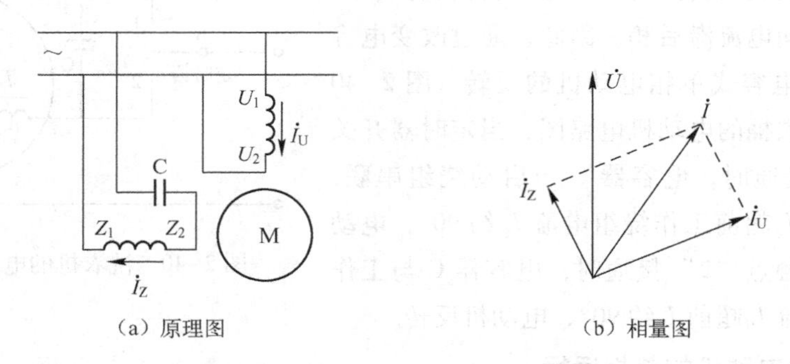

（a）原理图　　（b）相量图

图2-36　电容分相式单相异步电动机

1. 电容启动单相异步电动机

如图2-37所示，这类电动机的启动绕组和电容只在电动机启动时起作用，当电动机转速升到一定值时，利用离心开关S的机械离心力将启动绕组从电路中切除。此后，电动机在工作绕组产生的脉动磁场作用下继续旋转下去。

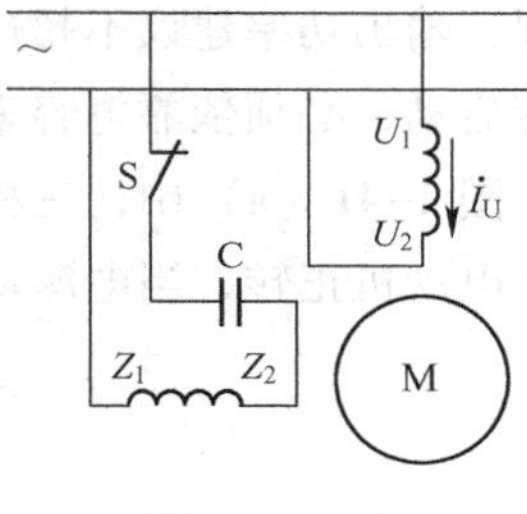

图2-37　电容启动单相异步电动机原理图

2. 电容运转单相异步电动机

这类电动机的启动绕组和电容在运行的全过程中始终参与工作，如图2-36所示。由于省去了复杂的离心开关，故电容运转式单相异步电动机结构简单，使用和维护方便，广泛应用于电风扇、洗衣机、电冰箱等家用电器中。

3. 单相异步电动机的调速

单相异步电动机使用时，常需要有不同的转速，例如电风扇有三档、四档风速。图2-38所示为单相电动机串电抗器调速的电路图，通过调速开关快、中、慢选择电抗器绕组匝数来调节电抗值，从而改变电动机两端的电压，达到调速的目的；图2-39所示为双向晶闸管交流调压调速的电路图，改变电阻 R_P 的阻值，即可改变电容C的充电时间，也即改变双向晶闸管VT的控制角 α，这种调速方法为无级调速，调速效果好。

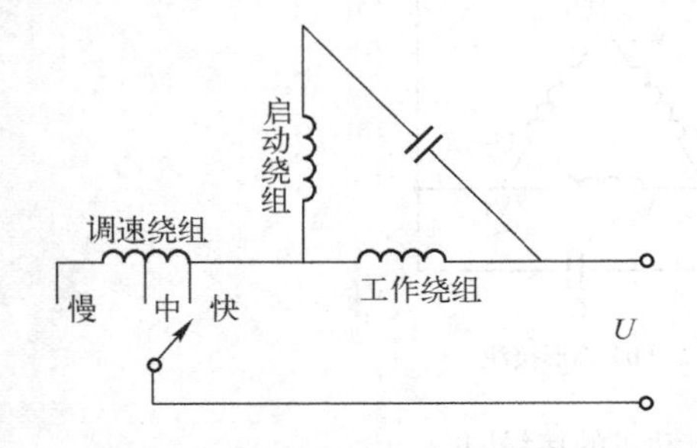

图2-38　串电抗器调速电路图

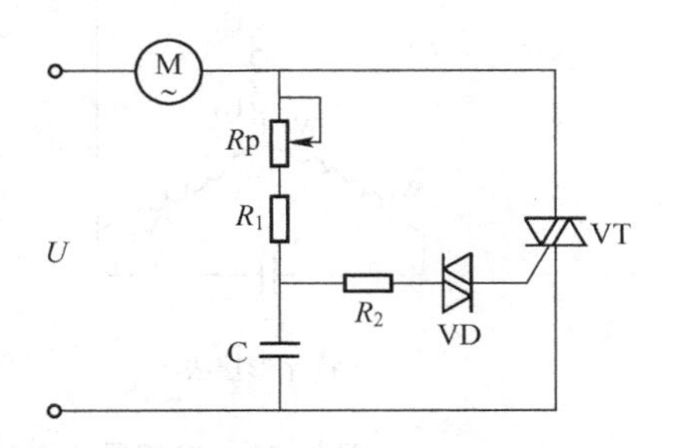

图2-39　双向晶闸管交流调压调速电路图

4. 单相异步电动机的反转

单相异步电动机的转向与旋转磁场转向相同，即由电流超前相转向电流滞后相，因此，通过改变电容的接法就能实现电容式单相电动机的反转。图 2-40 所示为洗衣机洗衣桶的电动机电路图，当定时器开关 S 与触点“1”接通时，电容器 C 与启动绕组串联，则启动绕组电流 I_Z 超前工作绕组电流 I_U 约 90°，电动机正转；当 S 与触点“2”接通时，电容器 C 与工作绕组串联，则电流 I_U 超前 I_Z 约 90°，电动机反转。

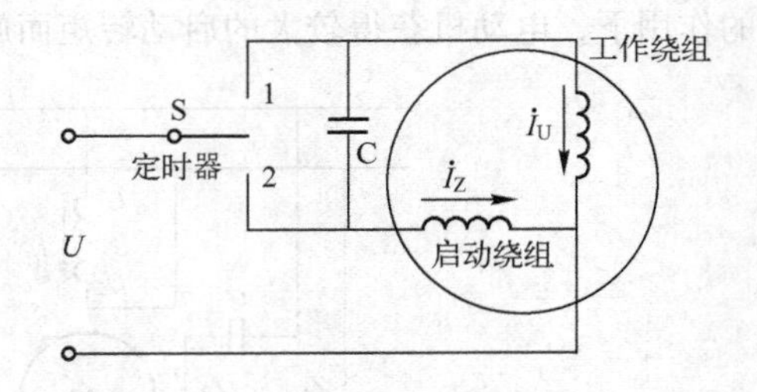

图 2-40　洗衣机的电动机电路图

5. 三相异步电动机的单相运行

在生产实践中，有时因单相电动机突然损坏而无备件时，可以将小功率的三相异步电动机改接成单相电动机使用。将三相异步电动机改接成单相电动机后，一方面需考虑电动机的负载情况，输出功率建议不超过额定功率的一半；另一方面，由于单相电动机没有启动转矩，不能自行启动，必须依靠电容来分相，以产生旋转磁场。

图 2-41（a）中，三相绕组星形联接法，电容跨接在 W_1、V_1 上，当电源从 U_1、V_1 间接入时，电动机正转，当电源从 U_1、W_1 间接入时，电动机反转。电容器的电容量和耐压计算如下：

$$C=(800\sim1600)\frac{I}{U}$$

$$U_C=1.6U$$

式中，C 为电容容量（μF）；U_C 为电容耐压（V）；U 为电动机绕组上的电压，一般为 220V；I 为三相异步电动机额定电流（A）。

图 2-41（b）中，三相绕组三角形联接法，当电源从 U_1、V_1 间接入时，电动机正转，当电源从 U_1、W_1 间接入时，电动机反转。电容器的电容量和耐压计算如下：

$$C=(2\,400\sim3\,600)\frac{I}{U}$$

$$U_C=1.6U$$

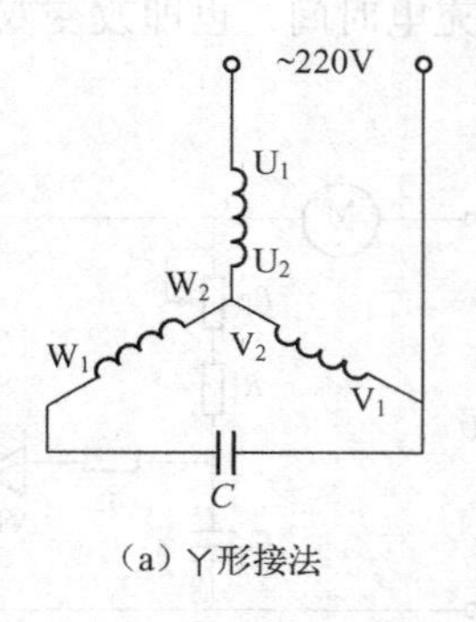

（a）Y形接法

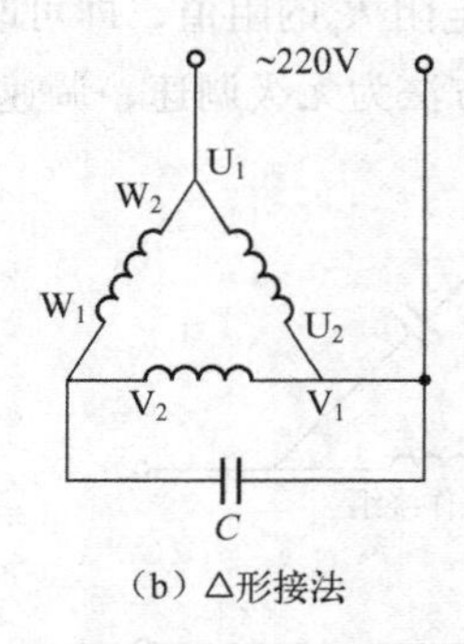

（b）△形接法

图 2-41　三相异步电动机改接成单相电动机的接线图

还有一种故障情况，即由于某种原因（如熔断器熔断或定子一相绕组断路），造成电动机定子绕组的一相无电流，统称“缺相”，这时三相异步电动机也运行在单相状态。

三相异步电动机在运行过程中，若其中一相与电源断开，则电动机仍将继续旋转下去，但两相绕组中的电流势必变大，时间一长，可能烧坏电动机绕组；如果三相异步电动机在启动前就已断了一相，则电动机无启动转矩，不能启动，但能听到电动机内部有“嗡嗡”声，这时电流很大，也会烧坏电动机，必须赶快切断电源，排除故障。

2.5.3　罩极式单相异步电动机

如图 2-42（a）所示，罩极式单相电动机定子铁心做成凸极式，在定子磁极上开一个槽，将磁极分为两部分，在较小部分磁极上套一个短路铜环，就好像把这部分磁极罩起来一样，所以称为罩极电动机。

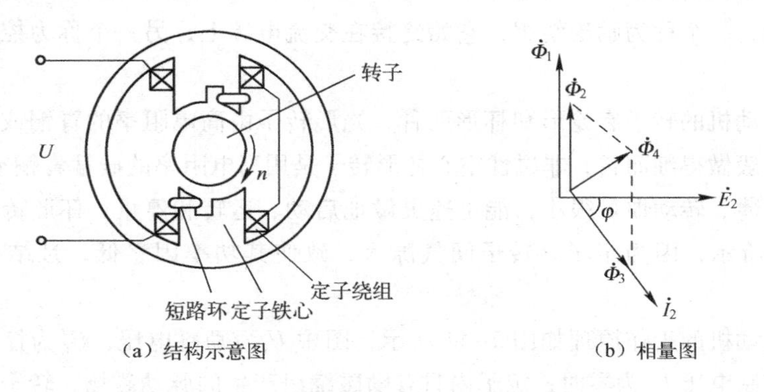

（a）结构示意图　　（b）相量图

图 2-42　罩极式单相异步电动机

在定子绕组中通入单相交流电时，铁心中便产生交变磁通，Φ_1 为穿过未罩住部分，Φ_2 为穿过被罩部分，Φ_2 在短路环中产生感应电动势 E_2 和感应电流 I_2，相位上 E_2 滞后于 Φ_2 90°，如图 2-42（b）所示。若将短路环看成一匝的线圈，则相位上 I_2 滞后于 E_2 一个角度 φ。电流 I_2 又产生磁通 Φ_3，则穿过被罩部分的磁通有两个，即 Φ_2 和 Φ_3；Φ_2、Φ_3 叠加后合成磁通为 Φ_4，由相量图可见，Φ_4 超前于 Φ_1，从而形成一个由未罩部分向被罩部分移动的旋转磁场，使转子获得所需的启动转矩。由于磁通 Φ_4 与 Φ_1 相位差远小于 90°，故启动转矩较小。

罩极式单相电动机的启动性能较差，且转向由定子内部结构决定，不能改变，即总是从磁极的未罩住部分转向被罩部分，故罩极式单相电动机主要用于小功率空载启动场合，如散热风扇、电唱机等。

2.6　控制电动机

控制电动机主要应用于自动控制系统中，作为测量、执行等元件，用来实现信号的检测、传递和变换。对控制电动机的要求主要是高灵敏度、高精度及高可靠性。控制电动机种类很多，这里只介绍交流伺服电动机和步进电动机。

2.6.1　交流伺服电动机

伺服电动机的作用是将输入的电压信号转换为转轴上的角速度或角位移输出，以驱动控制对象，它在自动控制系统中作为执行元件。伺服电动机具有一种服从控制信号的要求而动作的职能，即有控制信号时，转子立即就转；控制信号消失，转子立刻自行停转；控制信号的大小和极性改变时，转子的转速和转向也跟着改变。

伺服电动机按其使用的电源性质可分为直流伺服电动机和交流伺服电动机两大类，这里只介绍交流伺服电动机。

1. 交流伺服电动机的结构与工作原理

交流伺服电动机的定子结构与电容分相式单相异步电动机相似，定子上装有空间互差90°电角度的两个绕组，一个称为励磁绕组，它始终接在交流电源上；另一个称为控制绕组，加控制电压信号。

交流伺服电动机的转子有笼形和杯形两种，笼形转子由高电阻率的青铜或铸铝做成，为减小其转动惯量一般做得细而长；非磁性空心杯形转子是用高电阻率的硅锰青铜或锡锰青铜制成，形状如茶杯，壁薄、转动惯量很小，能迅速灵敏地启动、运转和停止。杯形转子伺服电动机断面图如图2-43所示，因为定子、转子间气隙大，致使其功率因素低，且结构复杂，制造成本高。

交流伺服电动机的工作原理如图2-44所示，图中U_f为励磁电压，U_C为控制电压，两者均为交流电。在控制电压U_C为零时，定子内只有励磁绕组产生的脉动磁场，转子因无启动转矩而不转；当有控制电压U_C时，定子内便产生一个旋转磁场，转子沿旋转磁场方向旋转；当控制电压U_C消失时，转子立即停止旋转，这是因为交流伺服电动机的转子电阻相当大，当它处于单相运行状态时其电磁转矩起制动作用，从而使电动机无“自转”现象。

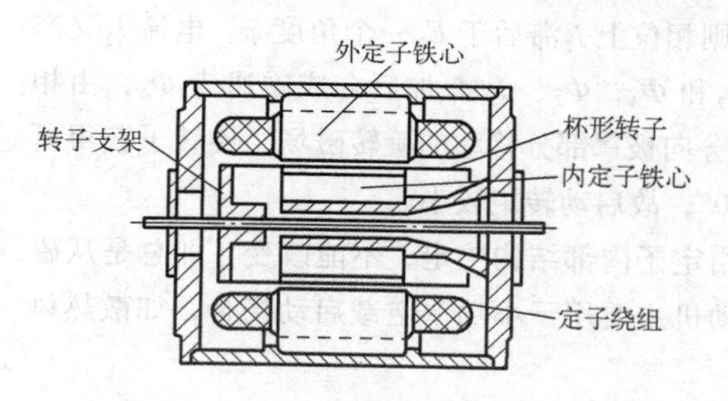

图2-43　杯形转子伺服电动机断面图

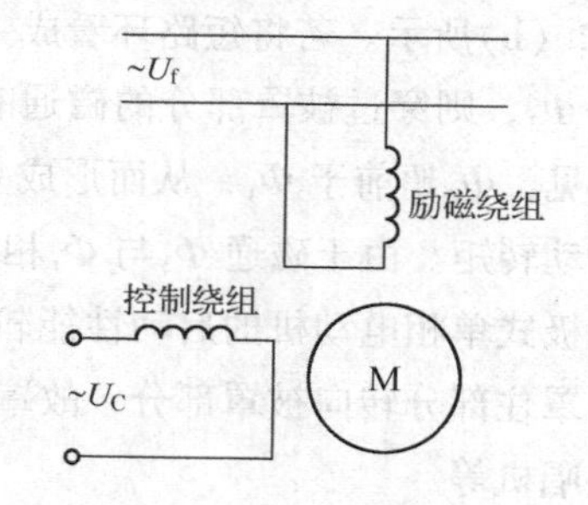

图2-44　交流伺服电动机的工作原理图

2. 交流伺服电动机的控制方式

改变控制电压U_C的大小或改变它与励磁电压U_f的相位差，都能使气隙旋转磁场的椭圆度发生改变，从而达到改变电动机的转速。因此，交流伺服电动机的控制方式有幅值控制、相位控制和幅-相控制三种。

（1）幅值控制。这种控制方式是保持控制电压和励磁电压相位差为90°不变，只改变控制电压U_C的幅值，其原理如图2-45（a）所示，励磁绕组直接接到单相交流电源上，移相器使控制电压与励磁电压之间的相位差为90°，通过调节电位器 R 以改变控制电压的大小从而对伺服电动机进行控制。

（2）相位控制。这种控制方式是保持控制电压的幅值不变，通过调节控制电压与励磁电压的相位差来改变电动机的转速。相位控制式交流伺服电动机的机械特性比较软，一般很少采用。

（3）幅－相控制。这种控制方式是将励磁绕组串联电容器 C 以后，接到稳压电源 U_1 上，其原理如图2-45（b）所示，当改变控制电压 U_C 时，由于转子绕组的耦合作用，励磁绕组中的电流也发生变化，致使励磁电压 U_f 的大小及与控制电压的相位差都发生变化。这种控制方式不需要复杂的移相装置，成本低，应用最为广泛。

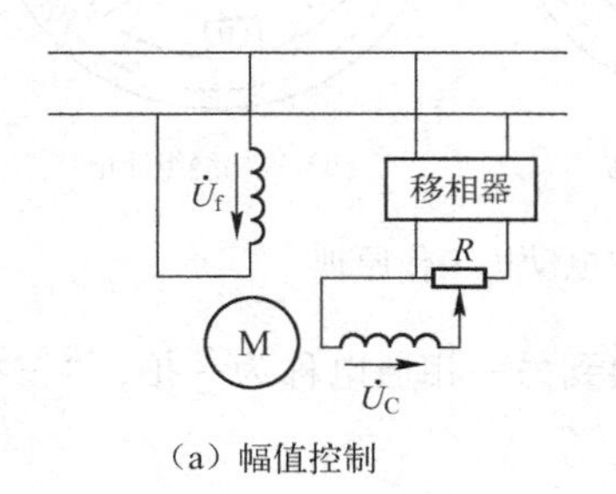

（a）幅值控制

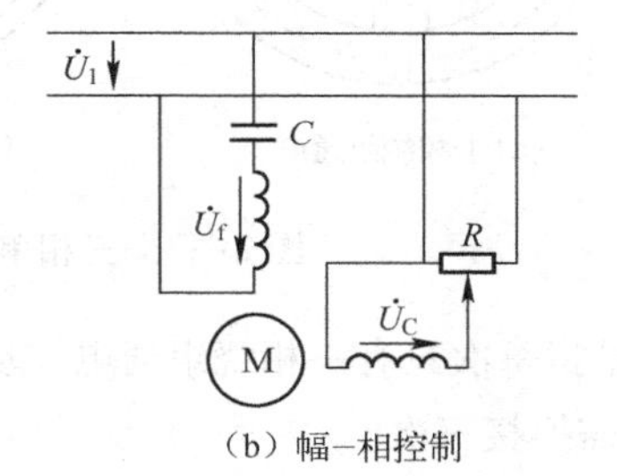

（b）幅–相控制

图2-45　交流伺服电动机的控制方式

2.6.2　步进电动机

步进电动机又称脉冲电动机，是一种将电脉冲信号转换为角位移的执行元件，其输入量是脉冲序列，每输入一个脉冲，转子就转过一定角度，转速与脉冲频率成正比。

步进电动机按励磁方式分为反应式、永磁式和永磁感应式三种；按相数分为两相、三相和多相等形式。下面以三相反应式步进电动机为例，介绍其结构和工作原理。

1. 结构

图2-46所示为三相反应式步进电动机结构示意图。其定子、转子铁心均由硅钢片叠成，定子上有均匀分布的六个极磁，两个相对的磁极组成一相，同一相的两励磁绕组串联，三相绕组接成Y形；转子铁心上没有绕组，只有四个齿。

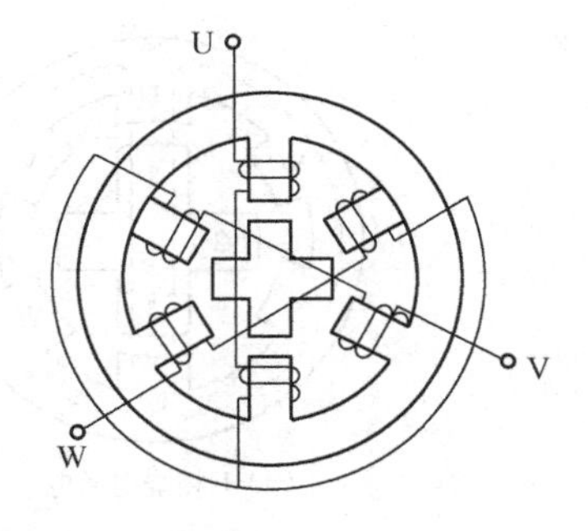

图2-46　三相反应式步进电动机结构示意图

2. 工作原理

1）三相单三拍控制步进电动机工作原理

图2-47所示为三相单三拍控制步进电动机的工作原理。当U相绕组通电时，气隙中产生一个沿UU′轴线方向的磁场。由于磁力线总是沿磁阻最小的路径闭合，磁力线的拉直作用使转子齿1－3转到U相绕组轴线上，即齿1－3与UU′对齐，如图2-47（a）所示。接着V相绕组通电，同样的原理，转子齿2－4转到与VV′对齐，由图2-47（b）可以看出，转子逆时针转过了30°电角度。随后W相绕组通电，转子齿1－3转到与WW′对齐，转子又逆时针转过30°电角度，如图2-47（c）所示。这样按照U→V→W→U的顺序轮

流给各相绕组通电，则转子就按逆时针方向一步一步地转动，每一步转过 30°电角度，这个角度称为步距角。若通电顺序换成 U→W→V→U，则步进电动机将顺时针方向转动。电动机转速取决于通入脉冲的频率，频率越高转得越快。

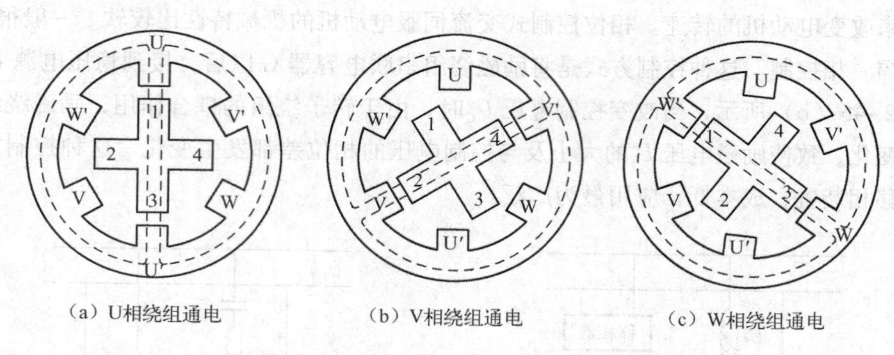

（a）U相绕组通电　　（b）V相绕组通电　　（c）W相绕组通电

图 2-47　三相单三拍控制步进电动机工作原理

“单”是指每次只有一相绕组通电；从一相通电换到另一相通电称为一拍，“三拍”是指一个通电循环需换接三次。

上述三相单三拍控制方式，是在一相绕组断电后另一相绕组才通电，在两相切换瞬间，转子失去自锁能力，易造成失步；另外由一相绕组通电吸引转子也容易使转子在平衡位置附近产生振荡，故运行稳定性较差，很少采用。

2）三相六拍控制步进电动机工作原理

三相六拍控制方式中三相绕组通电顺序按 U→UV→V→VW→W→WU→U 进行，即先 U 相绕组单独通电，而后 U、V 两相绕组同时通电；再 V 相绕组单独通电，而后 V、W 两相绕组同时通电，依次进行下去，如图 2-48 所示。通电方式每改变一次，转子逆时针方向转过 15°，即步距角为 15°。如通电顺序改为 U→UW→W→WV→V→VU→U 时，电动机将按顺时针方向转动。该控制方式中定子三相绕组需经六次换接才完成一个通电循环，故称为“六拍”。

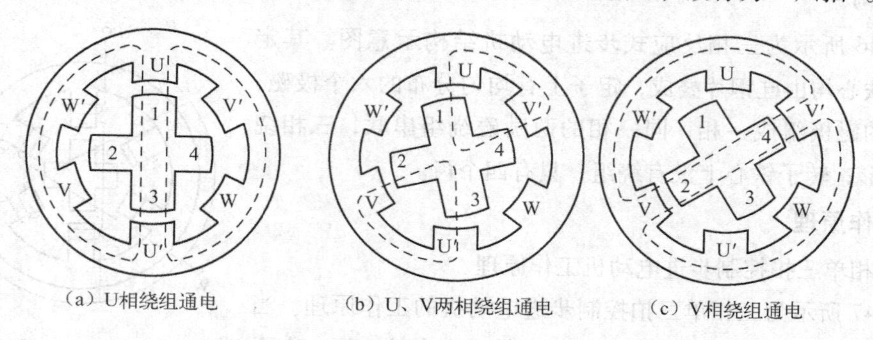

（a）U相绕组通电　　（b）U、V两相绕组通电　　（c）V相绕组通电

图 2-48　三相六拍控制步进电动机工作原理

3）三相双三拍控制步进电动机工作原理

三相双三拍控制时每次有两相绕组同时通电，按 UV→VW→WU→UV 顺序进行，经三次换接完成一个通电循环，它的步距角与单三拍控制方式相同，为 30°电角度。

双三拍控制方式和六拍控制方式在切换过程中始终保证有一相持续通电，力图使转子保持原有位置，工作比较稳定。

上面讨论的步进电动机步距角都比较大，往往不能满足设备对精度的要求，这种结构只在分析原理时采用，实际使用的步进电动机都是小步距角的，通常将定子的每一个极细分成若干个小齿，转子也由许多小齿组成，如图2-49所示。

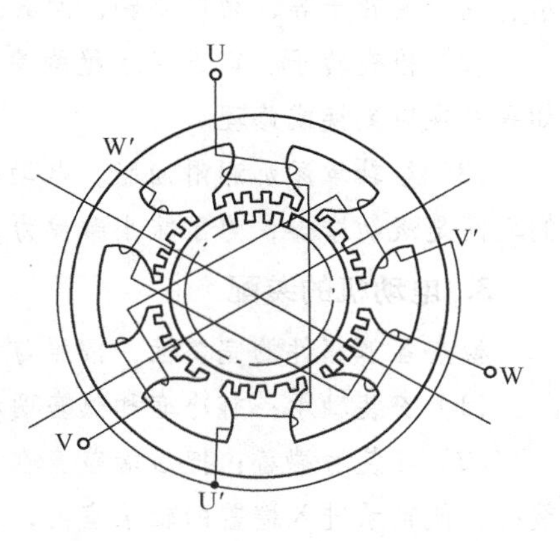

图2-49　小步距角的三相反应式步进电动机结构示意图

步进电动机的步距角可按式（2-21）计算。

$$\theta = \frac{360°}{N \cdot Z} \quad (2\text{-}21)$$

式中，N为运行的拍数，Z为转子的齿数。

如果脉冲频率为f，则步进电动机的转速为

$$n = \frac{60f}{N \cdot Z} \quad (2\text{-}22)$$

运行拍数取决于电动机的相数和通电方式，增加相数可以减小步距角。但相数增多，所需的驱动电路就越复杂。常用的步进电动机除了三相以外，还有四相、五相和六相。

技能训练　三相异步电动机拆装与检测

在对三相异步电动机进行维护保养时，应严格按照拆卸、装配操作要点进行操作；同时，在投入使用前需进行必要的检查和测试，以免发生不必要的事故。检查和测试的内容包括：机械转动部分是否灵活、定子绕组直流电阻及绝缘电阻测量、空载电流及转速测量等。

1. 三相异步电动机的拆卸

为了确保电动机维护保养的质量，应严格按照操作要点进行操作。

1）拆卸前的准备

（1）清理拆卸现场；

（2）熟悉待拆电动机的结构及检修技术要求；

（3）准备好拆卸工具和设备；

（4）用记号笔在机座与端盖接缝处做好标记，以便修复后的装配。

2）拆卸步骤

（1）拆除电动机的外部接线，并做好记录。

（2）拆卸尾部的风罩和风扇。

（3）拆卸前轴承外盖和前后端盖的紧固螺钉，用榔头垫上木板均匀敲打端盖四周，使端盖松动并取下。

（4）用榔头轻轻敲打转轴前端，抽出转子，抽出时一定要小心，一边推送一边接应，防止擦伤定子、转子绕组。

（5）拆卸轴承及轴承盖。

2. 电动机的维护保养

（1）当电动机拆卸完成后，一般可用柔软的棉纱清洁各零部件，如风罩、风叶、端盖、轴

承、定子及转子等，动作要轻，尤其是对定了绕组，否则很容易损坏绕组绝缘。

(2) 检查转子、定子绕组绝缘有没有损坏或线圈有没有烧断之处，轴承上有没有划伤等，如果发现应更换或修理。

(3) 给轴承添加润滑油脂。电动机是长期旋转的，转轴的支撑点就在轴承与钢珠之间，它们之间是滚动摩擦，为了减小摩擦力，轴承内的润滑油脂无论是否老化过期，都必须定期添加。

3. 电动机的装配

检查各零部件的完整性，按照与拆卸步骤相反的顺序进行装配。

(1) 安装轴承：有冷套和热套两种装配方式。

(2) 安装后端盖：把后端盖套在转轴的后轴承上，并保持轴与端盖相互垂直，用木锤轻轻敲打，使轴承进入端盖的轴承室内，拧紧螺钉。

(3) 安放转子并加装前端盖：把安装好后端盖的转子对准定子铁心的中心，小心地往里放送，注意不要碰伤绕组线圈，当前、后端盖已对准机座的标记时，可用木锤均匀敲击端盖四周，按对角线一先一后紧固螺钉。端盖固定后，用手转动转子，应灵活、无杂声、无卡壳现象。

(4) 安装风罩及风扇。

4. 定子绕组首末端的判定

在电动机装配过程中，可能会遇到绕组引出端标记丢失，这时就必须重新确定定子绕组的首末端。可采用剩磁感应法来判别，这种方法是利用转子中的剩磁在定子绕组中产生感应电动势的原理进行的。操作步骤如下：

(1) 先用万用表确定一相绕组。

(2) 然后将三相绕组假设编号 U_1、U_2，V_1、V_2，W_1、W_2。

(3) 再将三相绕组并联在一起，并经毫安表构成回路。当用手转动转子时，若毫安表指针不偏转，则说明三个首端并在一起，三个末端并在一起，如图2-50 (a) 所示；如果毫安表指针偏转，说明不是首端相并，或者说有一相的首末端接反了，如图2-50 (b) 所示，此时就需逐相对调重测，直至表针不偏转为止。

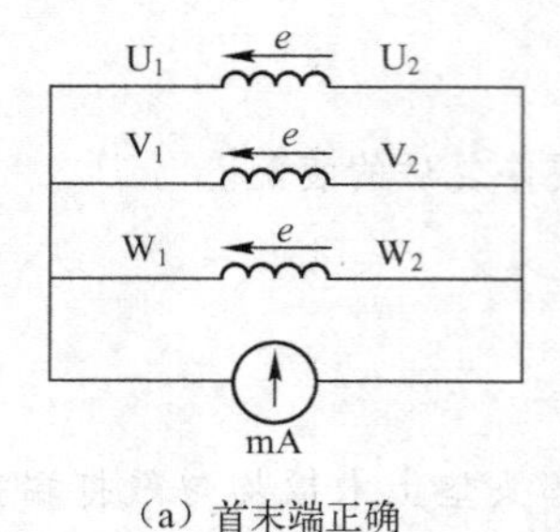

(a) 首末端正确

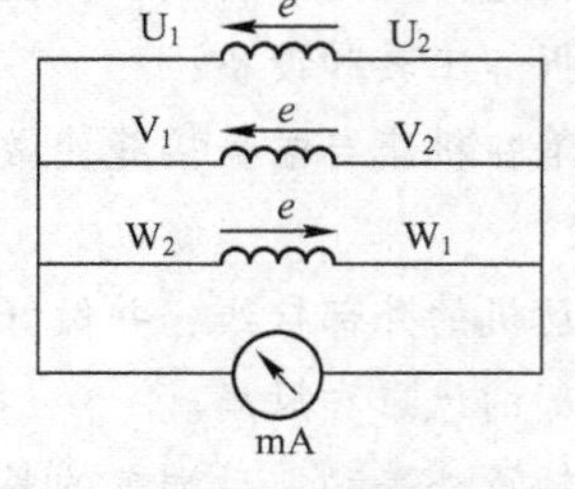

(b) 有一相绕组的首末端接反

图2-50 剩磁感应法判定绕组首末端

5. 三相异步电动机的检测

对新拆装的电动机或久置不用的电动机，投入使用前一定要进行检测。

(1) 一般检查。检查所有紧固件是否拧紧，转子转动是否灵活，轴伸出端有无径向偏摆。

（2）直流电阻的测量。卸下接线盒中接线柱上的Y、△短接片，用万用表测量定子各相绕组的电阻值，看是否对称，有无绕组断路。测量数据记录于表2-6中。

（3）绝缘电阻的测量。额定电压在500V以下的电动机，用500V兆欧表分别测量绕组相间绝缘电阻和相对地（机壳）绝缘电阻，其值应不低于0.5MΩ。测量数据记录于表2-6中。

6. 通电试车

经上述检查合格后，根据铭牌规定的数据将三相绕组作Y或△连接，并正确接通电源，观察电动机的运转情况，有无振动，响声是否异常。

用钳流表分别测量三相电流，是否在规定的范围（空载电流约为额定电流的$\frac{1}{3}$）之内，并检验三相电流是否平衡。

用转速表测量电动机的转速。并将检测数据记入表2-6中。

表2-6　检测记录

项目内容			数据记录
电动机铭牌数据记录			电动机型号：________，电压________V，电流________A，功率________kW，转速________r/min，接法________
实际检测	三相绕组直流电阻		$R_{U相}$________Ω，$R_{V相}$________Ω，$R_{W相}$________Ω
	绝缘电阻	对地绝缘	$U_{相对地}$________MΩ，$V_{相对地}$________MΩ，$W_{相对地}$________MΩ
		相间绝缘	$UV_{相之间}$________MΩ，$VW_{相之间}$________MΩ，$WU_{相之间}$________MΩ
	三相空载电流		I_U________A，I_V________A，I_W________A
	转速		________r/min

7. 改变三相异步电动机的转向

切断电源，对调电动机三根电源线中的任意两根，再合闸，观察电动机转向是否改变。

思考与练习题

1. 叙述三相异步电动机的工作原理，并说明“异步”的含义。
2. 三相异步电动机按转子结构形式不同，分成哪两类？
3. 如果绕线型异步电动机转子绕组开路，问能否启动？为什么？
4. 如何改变三相异步电动机的转向？
5. 已知电源频率为50 Hz，求Y2-132S-2型三相异步电动机的同步转速。
6. 已知三相异步电动机型号为Y2-132S-2，额定数据为：$P_N=7.5\ kW$，$U_N=380V$，$I_N=260A$，$\cos\varphi_N=0.85$，定子绕组△接法，求电动机效率η_N。
7. 已知三相异步电动机型号为Y2-132M-6，额定转速$n_N=972\ r/min$，求额定转差率；当转差率$s=0.04$时，求对应的转速。
8. 某三相异步电动机额定功率$P_N=55\ kW$，额定电压$U_N=380\ V$，额定转速$n_N=570\ r/min$，额定频率$f_N=50\ Hz$，额定功率因数$\cos\varphi_N=0.85$，额定效率$\eta_N=79\%$，试求：

（1）额定电流 I_N；

（2）磁极对数 P；

（3）同步转速 n_1；

（4）额定转差率 S_N；

（5）额定运行时转子电流频率 f_2。

9. 一台三相六极异步电动机：$P_N = 20\ \text{kW}$，$n_N = 970\ \text{r/min}$，过载能力 $\lambda = 2.2$，启动转矩倍数 $\lambda_{st} = 1.8$，试求该电动机的额定转矩 T_N、最大转矩 T_m、启动转矩 T_{st}。

10. 已知三相异步电动机型号为 Y2-132S-2，额定数据为：$P_N = 7.5\ \text{kW}$，$U_N = 380\ \text{V}$，$I_N = 15\ \text{A}$，$n_N = 2\ 900\ \text{r/min}$，$\cos\varphi_N = 0.88$，定子绕组△接法，求：

（1）输入功率 P_1；

（2）电动机效率 η_N；

（3）同步转速 n_1；

（4）额定转差率 S_N。

11. 某三相异步电动机额定功率 $P_N = 5.5\ \text{kW}$，额定转速 $n_N = 1\ 440\ \text{r/min}$，启动转矩倍数 $\lambda_{st} = 2.3$，启动时拖动的负载阻转矩 $T_L = 50\ \text{N}\cdot\text{m}$，求：

（1）在额定电压下该电动机能否带负载启动？

（2）能否用Y-△降压启动方法带负载启动？

12. 某三相异步电动机额定功率 $P_N = 11\ \text{kW}$，额定转速 $n_N = 970\ \text{r/min}$，启动转矩倍数 $\lambda_{st} = 1.6$，启动时拖动的负载阻转矩 $T_L = 120\ \text{N}\cdot\text{m}$，求：

（1）在额定电压下该电动机能否带负载启动？

（2）当电网电压降为额定电压的80%时，该电动机能否带负载启动？

13. 异步电动机在低于额定电压下运行，这对电动机寿命有何影响？

14. 三相异步电动机的调速方法有哪几种？分别比较其优缺点。

15. 阐述Y-△降压启动原理、优缺点和使用场合。

项目❸ 直流电动机运行与维护

学习目标

- 熟悉直流电动机结构及工作原理；
- 掌握直流电动机的机械特性及启动、调速、制动方法；
- 会正确使用和维护直流电动机；
- 能对直流电动机常见故障进行检修。

项目引言

要学会正确使用直流电动机，或对直流电动机进行维护与检修，必须先了解其基本结构、铭牌数据、运行原理及机械特性等相关知识。下面将从认识直流电动机开始本项目的学习。

3.1 认识直流电动机

与异步电动机相比，直流电动机结构复杂，生产成本高，因而在很多场合其使用受到限制。但在一些可以移动的靠蓄电池或电池供电的动力设备，如作为交通工具的电动汽车、电动自行车等，都用直流电动机拖动。

3.1.1 直流电动机的结构

直流电动机也由定子、转子两大部分组成。定子部分包括机座、主磁极、换向极、端盖、电刷等装置；转子部分包括电枢铁心、电枢绕组、换向器、转轴、风扇等部件。直流电动机的结构如图 3-1 所示。

1. 定子部分

（1）机座。机座一方面起导磁作用，作为电动机磁路的一部分；另一方面起支撑作用，用来固定主磁极、换向极，并通过端盖支撑转子部分。机座一般用导磁性能较好的铸钢或厚钢板焊接而成。机座的接线盒内有励磁绕组和电枢绕组的接线端，用来对外接线。

（2）主磁极。主磁极用来产生工作磁场，它由主磁极铁心和励磁绕组组成，如图 3-2 所示。主磁极铁心一般用 1.0 ～ 1.5 mm 厚的低碳钢板冲片叠压铆接而成；铁心的下半部分做成圆弧形，以使磁极下的气隙磁通均匀分布。铁心外套有励磁绕组，通入直流电后产生磁场。主磁极

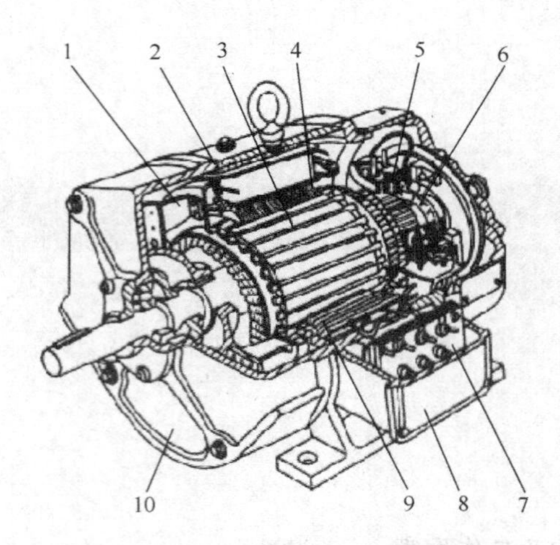

图 3-1 直流电动机的结构示意图

1—风扇；2—机座；3—电枢；4—主磁极；5—刷架；6—换向器

7—接线板；8—出线盒；9—换向极；10—端盖

可以有一对、两对或更多对，用螺栓固定在机座上。

（3）换向极。换向极是用来改善直流电动机的换向性能，减小电刷与换向器之间的火花。一般容量超过 1 kW 的直流电动机均应安装换向极，换向极应安装在相邻两个主磁极的中心线上。换向极由换向极铁心和换向极绕组组成，换向极绕组与电枢绕组串联。

（4）电刷装置。通过电刷与换向器的滑动接触，把外电路的电压、电流引入电枢绕组，或把电枢绕组中的电动势引导至外电路。电刷装置由电刷、刷握、刷干等组成，如图 3-3 所示。电刷一般用导电性和耐磨性都非常好的石墨制成。电刷放置在刷握内，并用弹簧把电刷压紧在换向器上；刷握固定在刷杆上，刷杆则固定在刷杆座上，成为一个整体部件。电刷装置的个数一般等于主磁极的个数。

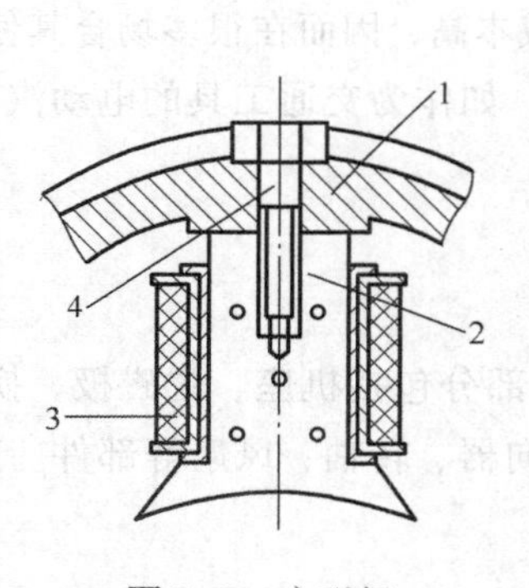

图 3-2 主磁极

1—机座；2—主磁极铁心；

3—励磁绕组；4—固定螺钉

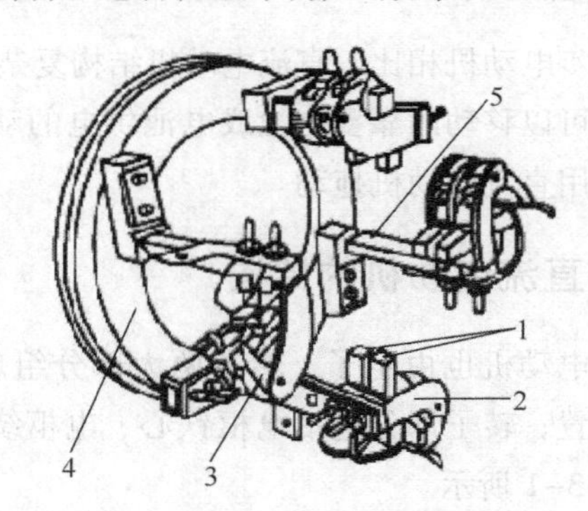

图 3-3 电刷装置

1—电刷；2—刷握；3—弹簧压板；

4—刷杆座；5—刷杆

2. 转子部分

直流电动机的转子也称电枢，其外形如图 3-4 所示。

（1）电枢铁心。电枢铁心是电动机磁路的一部分，其外圆周开槽，用来嵌放电枢绕组。为了减少磁滞和涡流损耗，铁心一般用 0.5 mm 厚、表面涂有绝缘漆的硅钢片叠压而成。

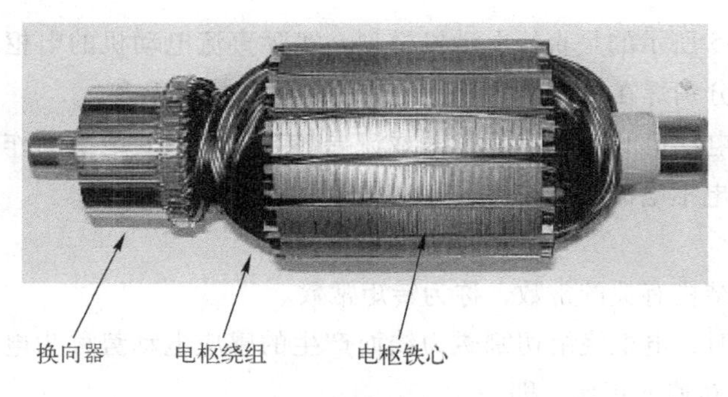

图3-4 转子结构

（2）电枢绕组。电枢绕组是电动机的电路部分，其作用是通过电流产生电磁转矩实现机电能量转换。电枢绕组通常用带绝缘的圆铜线或矩形铜条绕制而成，再按一定规律嵌放在电枢铁心的槽中。

（3）换向器。换向器是直流电动机的关键部件，它通过与电刷的配合作用，能将外界供给的直流电变换成电枢绕组中的交流电，以形成固定方向的电磁转矩。换向器由许多换向片组成，片与片之间用云母绝缘。换向器采用导电性好、硬度高的纯铜或铜合金制成。

3.1.2 直流电动机的工作原理

直流电动机是根据载流导体在磁场中受力而运动的原理制成，其工作原理如图3-5所示，在电刷A、B间加上直流电压，A接电源正极、B接电源负极，则电枢线圈abcd中便有电流流过。在图3-5（a）中，电流由电刷A→换向片1→a→b→c→d→换向片2→电刷B，经电源形成回路，线圈边ab在N极下，cd在S极下，由左手定则可判断出电磁力F的方向，在电磁力F所形成的电磁转矩作用下，电动机沿逆时针方向转动起来。

如图3-5（b）所示，当电枢转过180°时，换向片2与电刷A接触，换向片1与电刷B接触，这时电流由电刷A→换向片2→d→c→b→a→换向片1→电刷B，可见，线圈内部电流方向改变了，但由左手定则可判断出电磁转矩仍为逆时针方向，电枢沿逆时针方向一直转动下去。

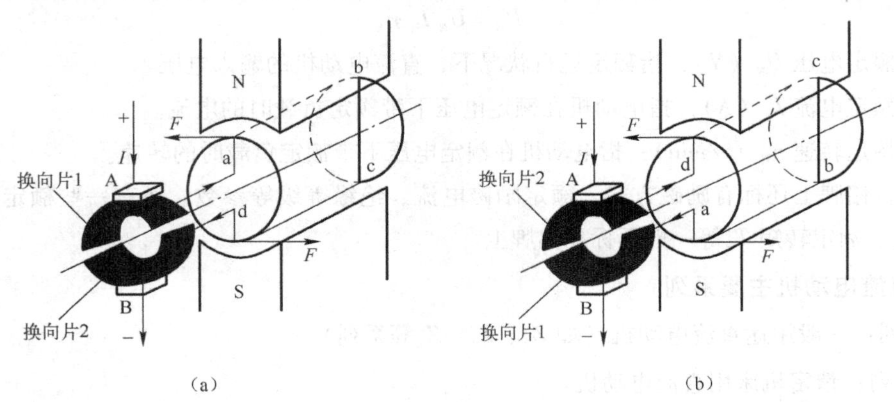

图3-5 直流电动机工作原理图

在直流电动机中，电刷两端虽然加的是直流电，但在电刷和换向器的配合作用下，使线圈内部流过交流电，从而保证了电磁转矩方向始终不变，驱动电动机持续旋转，把直流电能转换成机械能输出。

应当指出，图3-5所示的是直流电动机模型，实际直流电动机的电枢绕组由很多个线圈组成，每个线圈的两端分别焊在两个换向片上，因而换向片数也很多。

如上所述，直流电动机的电磁转矩是因载流导体在磁场中受电磁力作用而产生的。电磁转矩 T 与气隙磁通 Φ、电枢电流 I_a 成正比，即

$$T = C_T \Phi \cdot I_a \tag{3-1}$$

式中，C_T 为与电动机结构有关的常数，称为转矩常数。

直流电动机转动时，电枢绕组切割磁力线而产生的感应电动势称为电枢电动势。电枢电动势 E_a 与气隙磁通 Φ、转速 n 正比，即

$$E_a = C_e \Phi \cdot n \tag{3-2}$$

式中，C_e 为与电动机结构有关的常数，称为电势常数。其中 $C_T = 9.55C_e$。

3.1.3 直流电动机的铭牌及主要系列

1. 铭牌参数

直流电动机的机座上都装有一块铭牌，铭牌上标出了该电动机的型号及额定数据，它可以指导用户正确合理地使用电动机。

（1）型号：电动机的型号一般用汉语拼音字母和阿拉伯数字表示。如

$Z_3—9\ 5$

直流电动机（Z）；设计序号（3）；机座代号（9）；铁心长度代号（5）

（2）额定功率 P_N（kW）：是指电动机的输出功率。对发电机而言，是指输出的电功率，可表示为

$$P_N = U_N I_N \tag{3-3}$$

对电动机而言，是指电动机轴上输出的机械功率，可表示为

$$P_N = U_N I_N \eta_N \tag{3-4}$$

（3）额定电压 U_N（V）：指额定运行状况下，直流电动机的输入电压。

（4）额定电流 I_N（A）：指电动机在额定电压下带额定负载时的电流。

（5）额定转速 n_N（r/min）：指电动机在额定电压下带额定负载时的转速。

此外，铭牌上还标有励磁方式、额定励磁电流、绝缘等级等参数。还有一些额定值，如额定效率 η_N、额定转矩 T_N 等一般不标在铭牌上。

2. 直流电动机主要系列

Z 系列：一般用途直流电动机（如 Z_2、Z_3、Z_4 等系列）。

ZJ 系列：精密机床用直流电动机。

ZT 系列：用于恒功率且调速范围较宽的直流电动机。

ZQ 系列：电力机车用直流牵引电动机。

ZH 系列：船用直流电动机。

ZA 系列：矿井或易爆气体场合用的防爆安全型直流电动机。

ZKJ 系列：挖掘机用直流电动机。

ZZJ 系列：冶金起重机用直流电动机。

3.2　直流电动机运行

直流电动机的性能与其励磁方式有着密切的关系。所谓励磁方式是指直流电动机产生主磁场的方式。根据励磁绕组与电枢绕组连接方式不同，可分为他励直流电动机、并励直流电动机、串励直流电动机和复励直流电动机。

他励是指励磁绕组和电枢绕组分别由两个独立的电源供电，励磁绕组与电枢绕组没有电的联系，如图3-6（a）所示。I为电源电流。I_a为电枢电流；I_f为励磁电流；由图可见，$I=I_a$。

并励是指励磁绕组和电枢绕组并联连接，由同一电源供电，如图3-6（b）所示，由图可见，$I=I_a+I_f$。

串励是指励磁绕组和电枢绕组串联连接，如图3-6（c）所示，串励电动机的电枢电流就是励磁电流，即$I=I_a=I_f$。

复励直流电动机的主磁极上装有两个励磁绕组，一个与电枢绕组并联（称为并励绕组），一个与电枢绕组串联（称为串励绕组），如图3-6（d）所示。

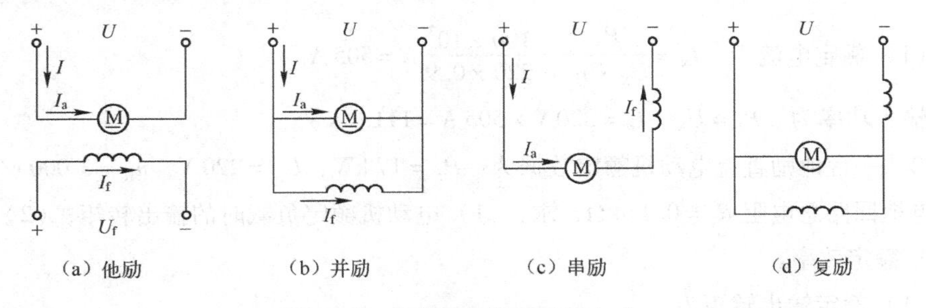

图3-6　直流电动机的励磁方式

以上四类电动机中以他励直流电动机的机械特性最硬，用途最广。因此，这里主要讲述他励直流电动机的运行控制。

3.2.1　直流电动机的基本方程式

1. 电动势平衡方程式

直流电动机稳定运行时，设电枢两端外加电压为U，电枢电流为I_a，电枢电动势为E_a，由电动机的工作原理可知E_a是反电动势，若以U、I_a、E_a的实际方向为正方向，则可列出直流电动机的电动势平衡方程式

$$U=E_a+I_aR_a \tag{3-5}$$

式中，R_a为电枢回路总电阻。

2. 转矩平衡方程式

对直流电动机来说，电磁转矩T是拖动性质的转矩，与输出转矩T_2和空载制动转矩T_0相平

衡，即

$$T = T_2 + T_0 \tag{3-6}$$

3. 功率平衡方程式

当他励直流电动机接上电源时，电网向电动机输入的电动率为

$$P_1 = UI = UI_a = (E_a + I_a R_a) \cdot I_a = E_a I_a + I_a^2 R_a = P_{em} + P_{cua} \tag{3-7}$$

式（3-7）说明，输入功率 P_1 中除去电枢回路的铜损耗 P_{cua} 外，余下的部分就是通过电磁感应传递到转子，称作电磁功率 P_{em}。电磁功率并不能全部用来输出，电动机旋转后，还要克服铁心损耗 P_{Fe} 及摩擦力引起的机械损耗 P_m，故输出功率 P_2 为

$$P_2 = P_{em} - P_{Fe} - P_m = P_1 - P_{cua} - P_{Fe} - P_m = P_1 - \sum P \tag{3-8}$$

式中，$\sum P$ 为所有损耗，即 $\sum P = P_{cua} + P_{Fe} + P_m$。

他励直流电动机的功率平衡关系可用功率流程图来表示，如图 3-7 所示。

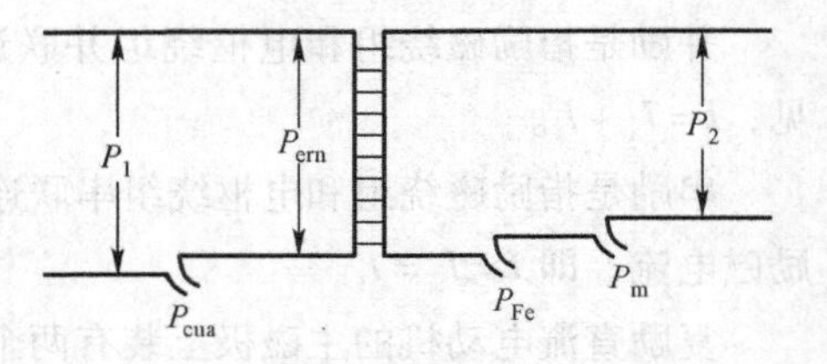

图 3-7　他励直流电动机功率流程图

例 3.1　某他励直流电动机额定带数据为：额定功率 $P_N = 100\ \text{kW}$，额定电压 $U_N = 220\ \text{V}$，额定转速 $n_N = 1\,500\ \text{r/min}$，额定效率 $\eta_N = 90\%$，求该电动机的额定电流 I_N 及输入功率 P_1。

解：（1）额定电流为　$I_N = \dfrac{P_N}{U_N \cdot \eta_N} = \dfrac{100 \times 10^3}{220 \times 0.9}\ \text{A} = 505\ \text{A}$。

（2）输入功率为　$P_1 = U_N \cdot I_N = 220\ \text{V} \times 505\ \text{A} = 111.1\ \text{kW}$。

例 3.2　一台他励直流电动机额定数据为：$P_N = 17\ \text{kW}$，$U_N = 220\ \text{V}$，$n_N = 3\,000\ \text{r/min}$，$I_N = 87.7\ \text{A}$，电枢回路总电阻 $R_a = 0.114\ \Omega$，求：（1）电动机额定负载时的输出转矩；（2）额定电磁转矩；（3）额定效率。

解：（1）额定输出转矩为

$$T_2 = \frac{P_N}{\Omega_N} = 9.55 \times \frac{P_N}{n_N} = 9.55 \times \frac{17 \times 10^3}{3\,000} = 54.1\ \text{N} \cdot \text{m}$$

（2）额定电磁转矩：

因为

$$C_e\Phi = \frac{E_a}{n} = \frac{U - I_a R_a}{n} = \frac{220 - 87.7 \times 0.114}{3\,000} = 0.07$$

所以

$$T = C_T\Phi \cdot I_a = 9.55 C_e\Phi \cdot I_a = 9.55 \times 0.07 \times 87.7 = 58.63\ \text{N} \cdot \text{m}$$

（3）额定效率：

$$\eta_N = \frac{P_N}{P_1} = \frac{P_N}{U_N I_N} = \frac{17 \times 10^3}{220 \times 87.7} = 88.1\%$$

3.2.2　他励直流电动机的机械特性

所谓机械特性是指电动机的转速与电磁转矩间的关系，即 $n = f$（T）。电动机主要任务是拖

动机械负载，当负载转矩变化时，电动机的输出转矩也应随之变化，仍能在另一转速下稳定运行。因此电动机转速与转矩关系体现了电动机与拖动的负载能否配合得当，工作是否稳定。

1. 机械特性方程

根据公式 $U=E_a+I_aR_a$、$E_a=C_e\Phi\cdot n$、$T=C_T\Phi\cdot I_a$ 可以得出

$$n=\frac{U-I_aR_a}{C_e\Phi}=\frac{U}{C_e\Phi}-\frac{R_a}{C_eC_T\Phi^2}\cdot T=n_0-\beta\cdot T=n_0-\Delta n \tag{3-9}$$

式中：n_0——理想空载转速，$n_0=\dfrac{U}{C_e\Phi}$；

β——机械特性的斜率，$\beta=\dfrac{R_a}{C_eC_T\Phi^2}$；

Δn——转速降，为理想空载转速与实际转速之差。

通常称 β 小的机械特性为硬特性；β 越小，Δn 越小，特性越平坦。

2. 他励直流电动机固有机械特性

当他励直流电动机的电源电压、磁通均为额定值（即 $U=U_N$、$\Phi=\Phi_N$），电枢回路不串附加电阻时的机械特性称为固有机械特性。固有机械特性方程为

$$n=\frac{U_N}{C_e\Phi_N}-\frac{R_a}{C_eC_T\Phi_N^{\ 2}}\cdot T \tag{3-10}$$

因为电枢电阻 R_a 很小，故固有机械特性较硬。图3-8所示为他励直流电动机的固有机械特性，它是一条略微向下倾斜的直线。

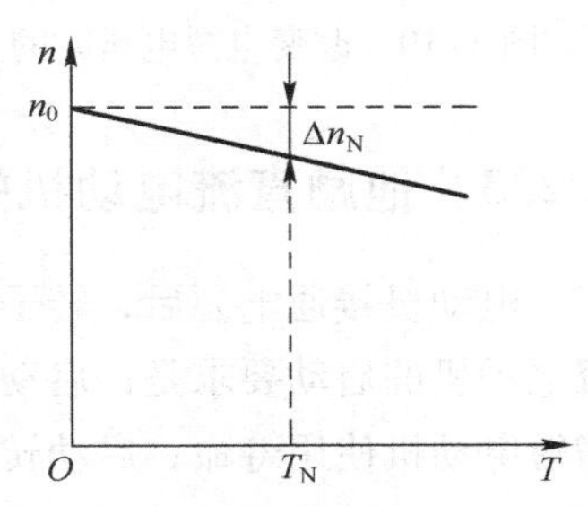

图3-8　他励直流电动机的固有机械特性

3. 他励直流电动机人为机械特性

人为地改变电动机气隙磁通 Φ、电源电压 U，或者电枢回路中另串附加电阻 R_{ad}，这时得到的机械特性称为人为机械特性。

（1）电枢回路串电阻 R_{ad} 时的人为机械特性

保持 $U=U_N$、$\Phi=\Phi_N$ 不变，只在电枢回路中串入电阻 R_{ad} 时的人为机械特性方程为

$$n=\frac{U_N}{C_e\Phi_N}-\frac{R_a+R_{ad}}{C_eC_T\Phi_N^{\ 2}}\cdot T \tag{3-11}$$

与固有机械特性相比，理想空载转速 n_0 不变，但斜率 β 随总电阻（R_a+R_{ad}）的增大而增大，所以特性变软。图3-9所示为串入不同电阻时的一组人为机械特性。

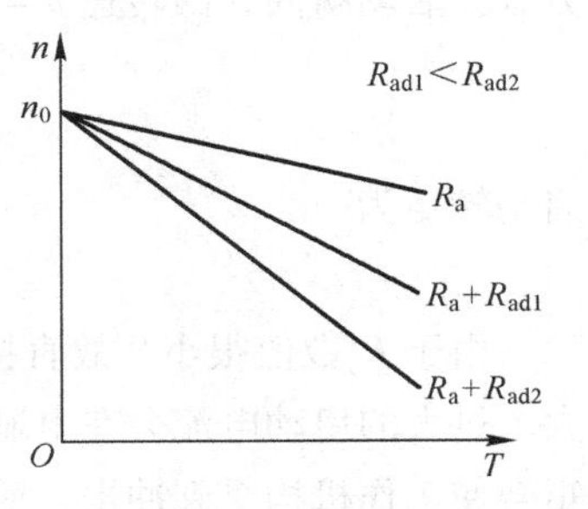

图3-9　电枢回路串电阻时的人为机械特性

（2）改变电源电压时的人为机械特性

保持 $\Phi=\Phi_N$ 不变、且电枢回路不串附加电阻即 $R_{ad}=0$，只改变电源电压时的人为机械特性方程为

$$n=\frac{U}{C_e\Phi_N}-\frac{R_a}{C_eC_T\Phi_N^2}\cdot T \tag{3-12}$$

由于电动机电源电压以额定电压 U_N 为上限，因此改变电源电

压只能在额定值以下进行。与固有机械特性相比，理想空载转速 n_0 随电压同比例减小，但斜率 β 不变，所以特性硬度不变。图 3-10 所示为改变电压时的一组人为机械特性。

（3）改变磁通时的人为机械特性

保持 $U=U_N$ 不变、且电枢回路不串附加电阻即 $R_{ad}=0$，只改变磁通时的人为机械特性方程为

$$n=\frac{U_N}{C_e\Phi}-\frac{R_a}{C_eC_T\Phi^2}\cdot T \tag{3-13}$$

由于电动机在额定磁通下运行时，磁路已接近饱和，因此改变磁通实际上只能减弱磁通。与固有机械特性相比，减弱磁通后不但理想空载转速 n_0 增大，斜率 β 也增大。图 3-11 所示为减弱磁通时的一组人为机械特性。

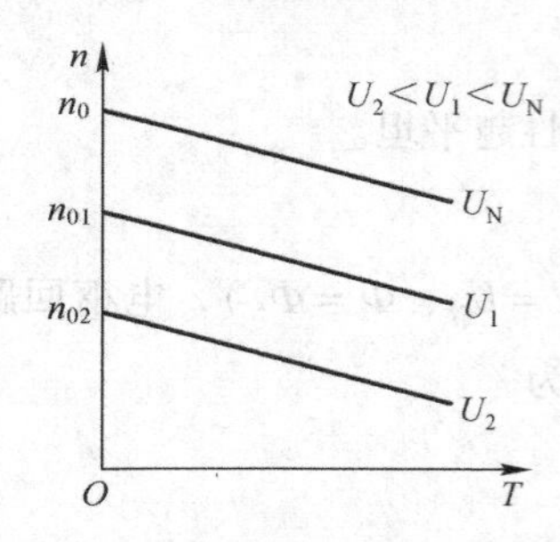

图 3-10　改变电源电压时的人为机械特性

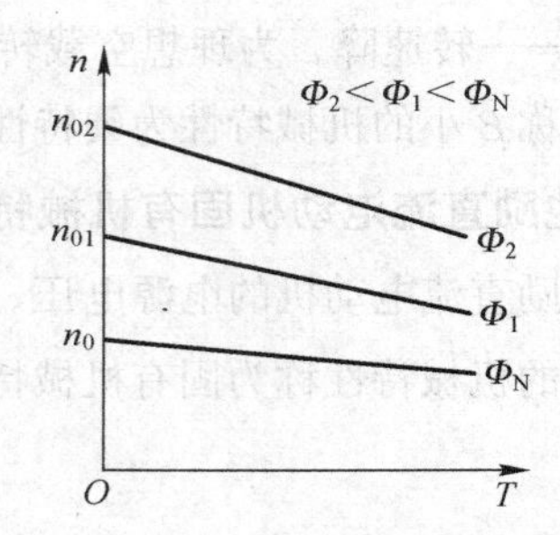

图 3-11　改变磁通时的人为机械特性

3.2.3　他励直流电动机的启动

电动机接通电源后，转子由静止状态加速到稳定运行状态的过程称为启动。生产机械对直流电动机的启动要求是：启动电流 I_{st} 不能过大，否则启动时电刷与换向器间会有较大的火花而缩短电动机使用寿命；启动转矩 T_{st} 要足够大，因为只有 T_{st} 大于负载转矩 T_L 时，电动机方可顺利启动；启动设备要简单、可靠。

他励直流电动机的启动方法有直接启动、降压启动、电枢回路串电阻启动三种。

1. 直接启动

直接启动又称全压启动，是指电动机磁通为 Φ_N 情况下，在电枢上直接加以额定电压的启动方式。启动瞬间，因转速 $n=0$，反电动势 $E_a=0$，则启动电流为

$$I_{st}=\frac{U_N-E_a}{R_a}=\frac{U_N}{R_a} \tag{3-14}$$

启动转矩为

$$T_{st}=C_T\Phi_NI_a \tag{3-15}$$

由于 R_a 数值很小，故直接启动时 I_{st} 很大，可达额定电流的 10 ～ 20 倍，这时启动转矩也很大。过大的启动电流会在电刷与换向器间产生很大的火花，烧损电刷和换向器，过大的启动转矩会使工作机构受到冲击，所以，直接启动方式仅适用于容量很小的直流电动机。

2. 电枢回路串电阻启动

为限制启动电流，启动时在电枢回路串入电阻（一般是多级电阻），在转速上升过程中逐步

切除。只要启动电阻的各级阻值选得恰当，便能在启动过程中把启动电流限制在允许范围之内，且能在较短时间内完成启动。

图3-12（a）所示为电枢回路串电阻分级启动接线图。启动瞬间，KM触点闭合，KM_1、KM_2、KM_3全断开，电枢串全部电阻启动，即图3-12（b）中由a点沿曲线1升速；当转速升至b点、转矩降至T_2时，使KM_3触点闭合，切除电阻R_{st3}，由于机械惯性，电动机转速不能突变，电动机的运行点由b点跃变到曲线2上的c点，转矩增大至T_1，随后电动机沿曲线2加速。这样依次切除电阻R_{st2}、R_{st1}后，电动机沿固有机械特性继续上升，直至h点，启动过程结束。

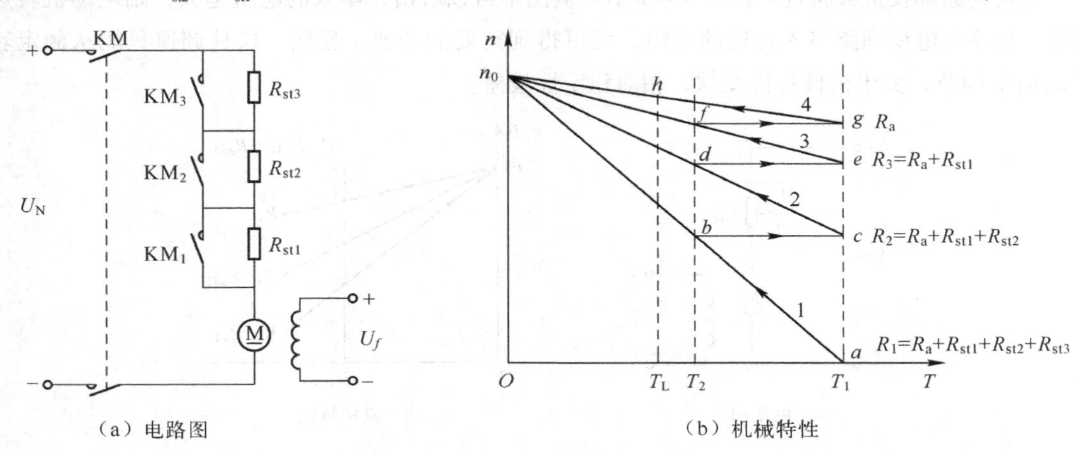

（a）电路图　（b）机械特性

图3-12　电枢回路串电阻分级启动

分级启动的目的是为使电动机在整个启动过程中始终有比较大的启动转矩，通过合理选择各级启动电阻，可使每一级切换转矩T_1、T_2数值相同。一般T_1 = （1.5 ～ 2.0）T_N，T_2 = （1.1 ～ 1.3）T_N。

3. 降压启动

当直流电源电压可调时，可采用降压启动。启动前将电源电压降低，以减小启动电流，随着电动机转速的升高，再逐步提高电源电压，使启动电流和启动转矩保持在一定的数值上，从而保证电动机按需要的加速度加速，待电压达到额定值时，电动机稳定运行，启动过程结束。

3.2.4　他励电动机的调速

为了提高生产效率或满足生产工艺的要求，许多生产机械在工作过程中都需要调速。通过改变传动机构速比的方法来改变生产机械的转速，称为机械调速；通过改变电动机参数进行的调速，称为电气调速。在生产实践中多用电气调速。

改变电动机的参数就是人为改变电动机的机械特性，从而使电动机的机械特性与负载机械特性的交点改变，转速随之改变。可见，在调速前后，电动机必然运行在不同的机械特性上。

根据直流电动机的机械特性方程

$$n=\frac{U}{C_e\Phi}-\frac{R_a+R_{ad}}{C_eC_T\Phi^2}\cdot T$$

可知，改变电源电压 U、电枢外串电阻 R_{ad} 和气隙磁通 Φ 中的任一参数，都可以使转速 n 发生改变。所以直流电动机调速方法有三种：电枢回路串电阻调速、降压调速、弱磁调速。

1. 电枢回路串电阻调速

电枢回路串电阻调速是指保持 $U=U_N$、$\Phi=\Phi_N$ 不变，通过在电枢回路中串入电阻 R_{ad} 进行调速。其调速原理及机械特性如图 3-13 所示。从图中可以看出，串入的电阻越大，则电动机转速越低。只要在电枢回路串入合适的电阻，就可得到需要的转速。显然，这种调速只能从额定转速 n_N 向下调节，由于机械特性变软，相对稳定性较差。

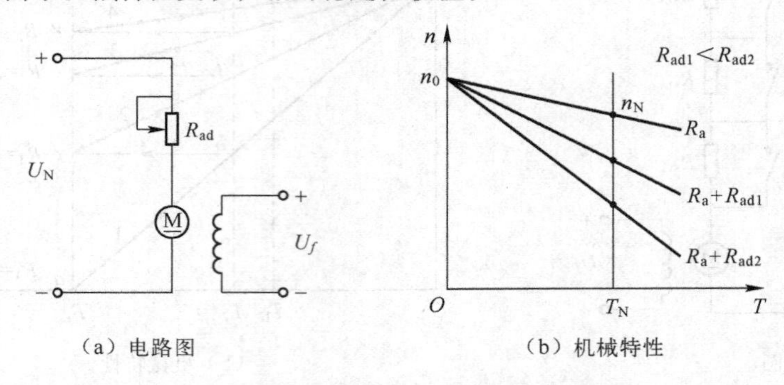

（a）电路图　　（b）机械特性

图 3-13　电枢回路串电阻调速原理及机械特性

2. 降压调速

电动机的工作电压不允许超过额定值，因此电压只能在额定电压以下进行调节。如图 3-14 所示，降压时的机械特性斜率不变，是一组平行线，电压越低，转速也越低，因此降压调速只能从额定转速 n_N 向下调节。

与电枢串电阻调速方法相比，降压调速时功率损耗小，稳定性好，调速范围较大，可实现无级调速，但需要一套连续可调的直流电源，设备投资大。

3. 弱磁调速

保持 $U=U_N$ 不变，在励磁绕组回路中串入可变电阻 R_f，调节 R_f，改变励磁电流 I_f，以改变磁通 Φ 进行调速。通常情况下气隙磁通应不大于额定磁通 Φ_N，故称弱磁调速。如图 3-15 所示，磁通越小，转速越高，弱磁调速只能从额定转速 n_N 向上调节。但转速的升高受到电动机换向能力和机械强度的限制，因此升速范围不可能很大。

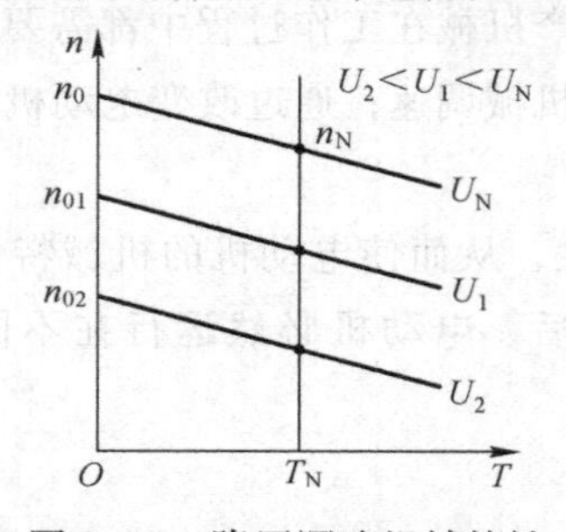

图 3-14　降压调速机械特性

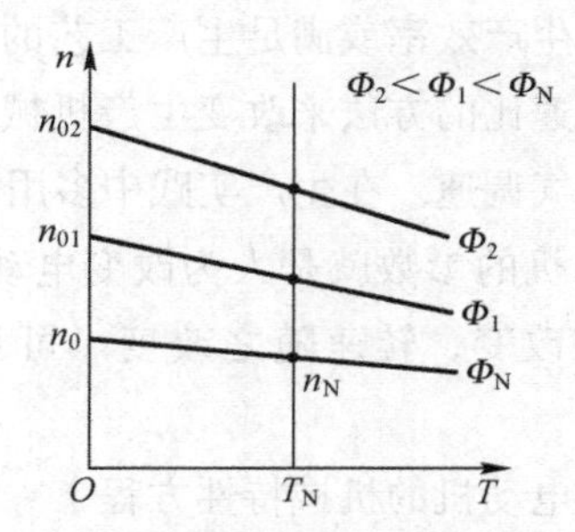

图 3-15　弱磁调速机械特性

在实际应用中，通常把降压调速与弱磁调速配合使用，以实现双向调速，扩大转速的调节范围。

例3.3　某他励直流电动机额定带数据为：$U_N = 220\ V$，$I_N = 20\ A$，$n_N = 1\ 500\ r/min$，电枢回路总电阻 $R_a = 0.5\ \Omega$，电动机带额定恒转矩负载运行。

(1) 在电枢回路串入电阻 $R_{ad} = 1.5\ \Omega$ 时，求电动机的转速；

(2) 电枢不串电阻，将电源电压降至 110 V 时，求电动机的转速；

(3) 若使磁通减小 10%，而电枢不串电阻，电源电压仍为 220 V，求电动机的转速。

解： 由额定数据可求得

$$C_e\Phi_N = \frac{E_{aN}}{n_N} = \frac{U_N - I_{aN}R_a}{n_N} = \frac{220 - 20 \times 0.5}{1\ 500} = 0.14$$

(1) 因负载为恒转矩性质，当磁通不变时，则调速前后电枢电流不变。

$$n = \frac{U_N - I_{aN}(R_a + R_{ad})}{C_e\Phi_N} = \frac{220 - 20 \times (0.5 + 1.5)}{0.14}\ r/min = 1\ 286\ r/min$$

(2)
$$n = \frac{U - I_{aN}R_a}{C_e\Phi_N} = \frac{110 - 20 \times 0.5}{0.14}\ r/min = 714\ r/min$$

(3) 因磁通减小至 $\Phi' = 0.9\Phi_N$，则电枢电流 $I'_a = \frac{C_T\Phi_N I_{aN}}{C_T\Phi'} = \frac{1}{0.9} \times 20\ A = 22.2\ A$

所以

$$n = \frac{U_N - I'_a R_a}{C_e\Phi'} = \frac{220 - 22.2 \times 0.5}{0.9 \times 0.14}\ r/min = 1\ 658\ r/min$$

3.2.5　直流电动机的制动

电动机的制动是指在电动机轴上加一个与旋转方向相反的转矩，以达到快速停车、减速的目的。常用的制动方法有能耗制动、反接制动、回馈制动三种。

1. 能耗制动

如图3-16（a）所示，在能耗制动时，切断电源开关并将刀开关 S 置于“制动”位置，电动机两端接到电阻 R 上，电动机就迅速停车。

制动瞬间，电压 $U=0$，而由于机械惯性电动机转速 n 不变，反电动势 E_a 也不变，则电枢电流变为

$$I_a = \frac{U - E_a}{R_a + R} = -\frac{E_a}{R_a + R} \tag{3-16}$$

电枢电流为负值，由此产生制动转矩，在其作用下，电动机迅速停转。在制动过程中，将系统所存储的动能变为电能，消耗在制动电阻上，故称为能耗制动。

如图3-16（b）所示，能耗制动时的机械特性为通过原点的直线。如果拖动的是反抗性负载，电动机减速至 O 点时就停止运转；如果拖动的是位能性负载（如起重设备），则电动机将在位能性负载的作用下反转，机械特性延伸至第四象限，直到 C 点 $T = T_L$，转速稳定，重物得以匀速下放。

采用能耗制动方法时，电动机停车虽不迅速，但减速平稳，没有大的冲击。

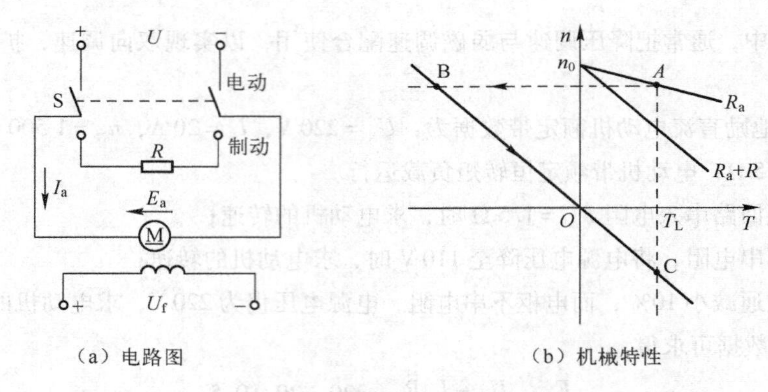

（a）电路图　　（b）机械特性

图 3-16　能耗制动电路及机械特性

2. 反接制动

如图 3-17（a）所示，在反接制动时，将闸刀合向“制动”位置，把电枢电源反接，同时在电枢回路中串入限流电阻 R。制动瞬间，电枢电流变为

$$I_a=\frac{-U-E_a}{R_a+R} \tag{3-17}$$

电枢电流为负值，由此产生制动转矩，使电动机很快减速。反接制动时的机械特性如图 3-17（b）所示，为一条过（$-n_0$）点的直线，当转速 $n=0$ 时，仍有转矩且 $T<0$，故当电动机转速很小时，应及时切断电源，以免电动机反转。

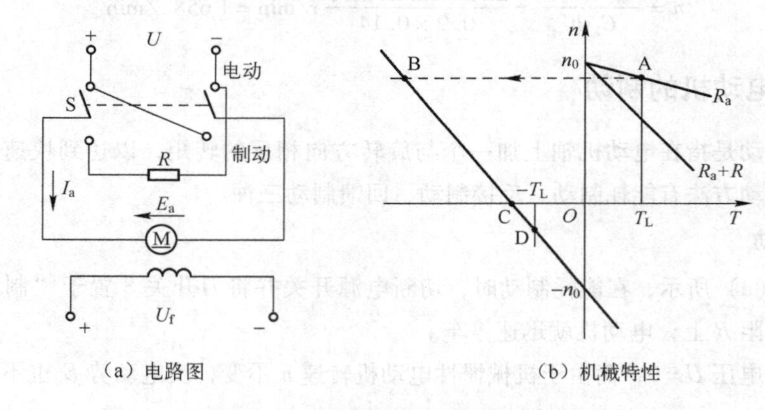

（a）电路图　　（b）机械特性

图 3-17　反接制动电路及机械特性

反接制动时制动力矩大，制动强烈，适用于要求制动迅速的场合。

3. 回馈制动

电动状态运行的电动机，在拖动机车下坡或起重设备下放重物时会出现电动机转速高于理想空在转速（即 $n>n_0$）的情况，此时电枢电动势 E_a 大于电源电压 U，电枢电流方向改变，从能量传递方向看，电动机处于发电状态，将系统失去的重力势能变成电能回馈给电网，该制动称为回馈制动。

如图 3-18 所示，回馈制动的机械特性是电动机运行时的机械特性向第二、第四象限的延伸。图 3-18（a）中第二象限 AB 段为正向回馈，可能出现在降压调速的过渡过程中，图 3-18

（b）第四象限的EF段为反向回馈，出现在机车下坡或起重设备下放重物的过程中。

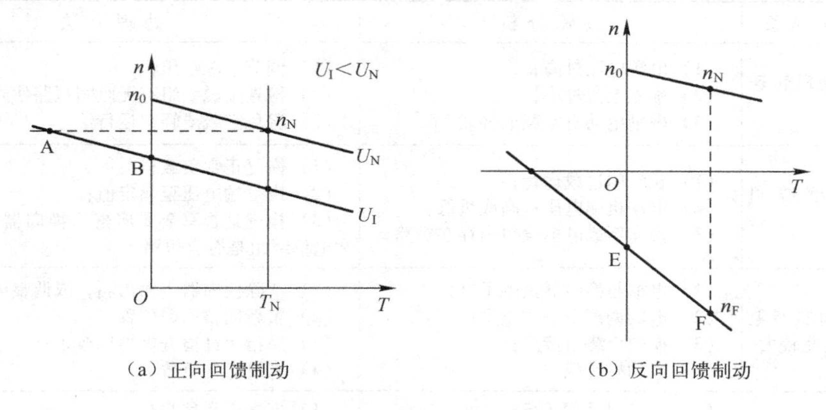

（a）正向回馈制动　　（b）反向回馈制动

图3-18　回馈制动的机械特性

3.3　直流电动机的维护与故障检修

直流电动机以良好的启动性能及在宽范围平滑而经济的调速性能，在电力拖动系统中有着广泛的应用，但其结构比较复杂，因此，对直流电动机进行常规检查、定期维护保养成了保证设备正常运行的一项重要工作。

1. 直流电动机的维护保养

为了保证电动机正常工作，除按操作规程正确使用电动机、运行过程中注意正常监视外，还应对电动机进行定期维护保养，其主要内容有以下几点：

（1）擦除电动机内、外部的灰尘及油腻；检查电动机接线端子螺钉是否松动。接触是否良好。

（2）用500 V兆欧表测量绕组对机壳的绝缘电阻，如小于1 MΩ则必须进行干燥处理。

（3）检查换向器表面是否光洁，如有油污，则可用柔布蘸少许汽油擦拭干净；如出现粗糙、烧焦等现象，可用0号砂布在旋转着的换向器表面进行细致研磨。

（4）检查每个电刷在刷握中松紧是否合适，电刷与换向器接触是否良好，电刷压力是否适当。

（5）检查、清洗电动机轴承，添加润滑油。

（6）用手转动直流电动机轴，检查电枢转动是否灵活，有无异常响声。

2. 直流电动机的常见故障及处理

表3-1所示为直流电动机的常见故障及处理方法。

表3-1　直流电动机常见故障及处理方法

序号	故障现象	故障分析	处理方法
1	无法启动	（1）电枢回路断开； （2）励磁回路断开； （3）电动机负荷过重	（1）检查电动机出线端接线是否正确；电刷与换向器接触是否良好；熔断器是否完好； （2）检查磁场变阻器及励磁绕组是否断路； （3）减小电动机所带负载

续表

序号	故障现象	故障分析	处理方法
2	电动机转速过高	（1）电源电压过高； （2）励磁电流过小； （3）串励电动机空载或轻载	（1）调节电源电压； （2）检查励磁绕组有无匝间短路使励磁安匝减小； （3）避免空载或轻载运行
3	电枢绕组过热	（1）长时间过载运行； （2）电动机端电压过高或过低； （3）换向器或电枢绕组内存在短路	（1）恢复正常负载； （2）恢复端电压至额定值； （3）检查是否有金属屑落入换向器，用毫伏表检测电枢绕组是否有短路
4	换向器与电刷间火花较大	（1）电枢与换向器接触不良； （2）电刷偏离中心线很多； （3）换向极绕组接反； （4）电动机过载	（1）清除换向器表面污垢，或调整电刷弹簧压力； （2）重新调整刷握位置； （3）用指南针检查极性后改正； （4）恢复正常负载
5	电动机温升过高	（1）长时间过载运行； （2）电动机端电压过高或过低； （3）未按铭牌上规定的“定额”运行； （4）通风不畅，散热不好	（1）恢复正常负载； （2）恢复端电压至额定值； （3）定额为“短时”“断续”的电动机不能连续运行； （4）检查风扇是否正常、完好，或改善工作环境
6	机壳带电	（1）电动机受潮，绝缘电阻下降； （2）电源引出线碰壳； （3）接地装置不良	（1）测量绝缘电阻，进行烘干处理； （2）对引线接头重新进行绝缘包扎，消除碰壳处； （3）检测接地电阻，规范接地

3.4 直流测速发电机

直流测速发电机是一种用来测量转速的小型直流发电机。按励磁方式不同可分为永磁式和电磁式两种，永磁式直流测速发电机不需要另加励磁电源，具有结构简单，使用方便等优点，因此应用广泛。

图3-19所示为永磁式直流测速发电机的工作原理图，在恒定磁场中，电枢由被测机械拖动以速度 n 旋转，电枢导体切割磁力线产生感应电动势，并由电刷引出。电枢电动势的大小为

$$E_a = C_e \Phi \cdot n = K_e \cdot n$$

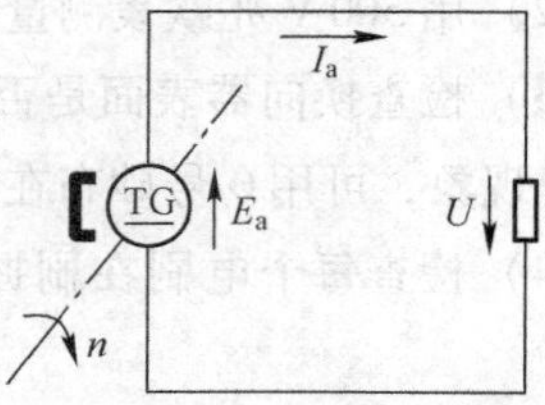

图3-19 永磁式直流测速发电机原理图

在空载时，由于电枢电流 $I_a = 0$，则输出电压等于电枢电动势，即 $U = E_a$，因而输出电压与转速成正比。

有负载时，电枢电流 $I_a \neq 0$，则输出电压为

$$U = E_a - I_a R_a \tag{3-18}$$

式中，R_a 为电枢回路总电阻。

有负载时电枢电流 I_a 为

$$I_a = \frac{U}{R_L} \tag{3-19}$$

式中，R_L 为测速发电机的负载电阻。

将式（3-18）、式（3-19）整理后可得

$$U=\frac{E_a}{1+\frac{R_a}{R_L}}=\frac{C_e\Phi}{1+\frac{R_a}{R_L}}\cdot n=K'\cdot n$$

式中，K'为输出特性的斜率。当Φ、R_a及R_L为常数时，输出电压U与转速n成正比，直流测速发电机的理想输出特性如图3-20（a）所示；实际上，直流测速发电机运行时，由于负载时电枢反应的去磁作用、电枢与换向器接触电阻的变化等，都将在输出特性上引起误差，所以直流测速发电机的实际输出特性如图3-20（b）所示。

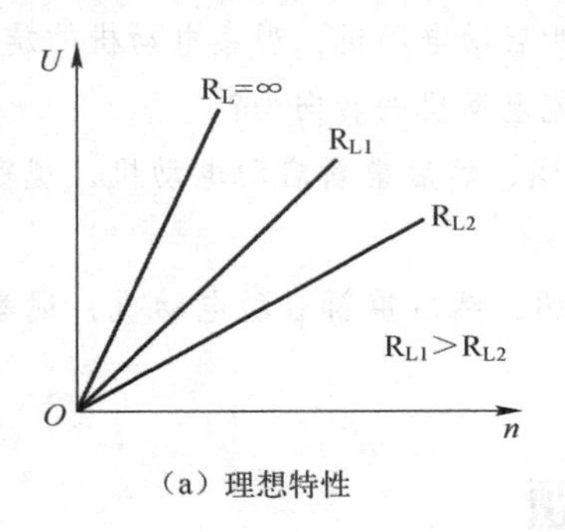

（a）理想特性

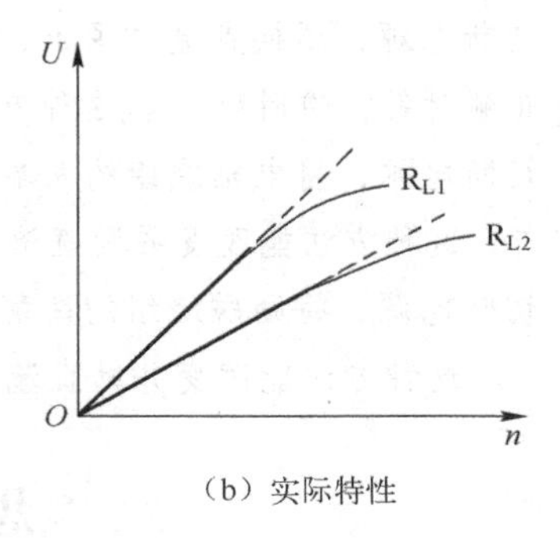

（b）实际特性

图3-20　直流测速发电机的输出特性

为了减小误差，一方面设计时可加装补偿绕组以削弱电枢反应的影响、采用接触电阻较小的金属电刷，另一方面测速发电机的负载电阻不能太小，转速不得超过最大转速。

技能训练　并励直流电动机的启动、调速与反转

直流电动机常用的启动方法有降压启动、电枢回路串电阻启动；常用的调速方法有降压调速、电枢回路串电阻调速、弱磁调速。

1. 并励直流电动机电枢串电阻启动

按图3-21所示接线，图中A_1、A_2为电枢绕组，F_1、F_2为励磁绕组，GT为测速发电机，n为转速表。启动前将启动电阻R_{st}调在最大位置、磁场调节R_f调在最小位置，以使每次启动时启动电流最小、启动转矩最大。

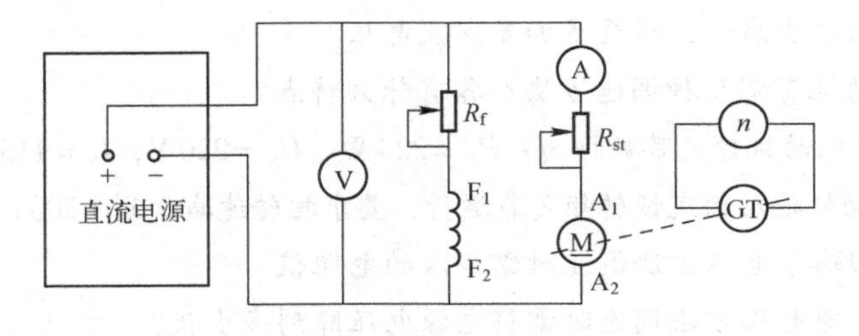

图3-21　并励直流电动机启动、调速原理图

接通电源开关，电动机开始启动，逐渐将R_{st}的阻值减小至零，将R_f调至最大，观察电动机启动过程中电流表读数的变化，记录正常运行时电压表读数：________，电流表读数：________，

转速表读数：________；并从轴伸出端观察电动机的旋转方向：________（顺时针？逆时针？）。

停机后，需将R_{st}调在最大位置、R_f调在最小位置，为下次启动做好准备。

2. 并励直流电动机的调速

按上述方法启动，在启动完毕的基础上，改变R_{st}的阻值，观察转速的变化；再改变R_f的阻值，观察转速的变化。

3. 并励直流电动机的反转

（1）切断电源，调换直流电源正、负极性，然后重新启动电动机，观察电动机的旋转方向：________（顺时针？逆时针？）。这种方法能改变并励直流电动机的转向吗？

（2）切断电源，将电枢绕组的两端接线头A_1、A_2对调，然后重新启动电动机，观察电动机的旋转方向。这种方法能改变并励直流电动机的转向吗？

（3）切断电源，将励磁绕组的两端接线头F_1、F_2对调，然后重新启动电动机，观察电动机的旋转方向。这种方法能改变并励直流电动机的转向吗？

思考与练习题

1. 直流电动机主要由哪些部件组成，各起什么作用？

2. 简述直流电动机的工作原理。

3. 一台他励直流电动机额定带数据为：$P_N = 40\text{ kW}$，$U_N = 220\text{ V}$，$n_N = 1\,500\text{ r/min}$，$I_N = 207\text{ A}$，电枢回路总电阻$R_a = 0.067\ \Omega$，试求：

（1）额定效率；

（2）额定输出转矩；

（3）额定电磁转矩。

4. 他励直流电动机稳定运行时，电枢电流的大小有什么决定？

5. 他励直流电动机为什么不能直接启动？直接启动会引起什么后果？

6. 一台他励直流电动机：$P_N = 12\text{ kW}$，$U_N = 220\text{ V}$，$I_N = 64\text{ A}$，$n_N = 685\text{ r/min}$，$R_a = 0.3\ \Omega$，想要把启动电流限制在额定电流的2.5倍以内，

（1）若采用电枢回路串电阻方法启动，问至少应串多大的电阻？

（2）若采用降压方法启动，问最多加多少伏电压？

7. 他励直流电动机有哪几种调速方法？各有什么特点？

8. 一台他励直流电动机额定带数据为：$P_N = 22\text{ kW}$，$U_N = 220\text{ V}$，$I_N = 115\text{ A}$，$n_N = 1\,500\text{ r/min}$，已知$R_a = 0.1\ \Omega$，电动机拖动额定恒转矩负载运行，要求把转速减小到$1\,200\text{ r/min}$，试计算：

（1）采用电枢回路串电阻方法调速时需串入的电阻值。

（2）采用降低电源电压方法调速时需将电源电压降到多少伏？

（3）上述两种情况下系统输入的电功率和机械功率各为多少？

9. 他励直流电动机有哪几种制动方法？各有什么特点？

10. 如何改变他励直流电动机的旋转转向？

项目4 三相异步电动机基本控制电路安装与调试

学习目标

- 熟悉常用低压电器的结构、功能和电气符号；
- 能借助手册及相关资料，进行电器元件的选择；
- 能识读基本控制电路图；
- 能绘制基本控制电路的接线图；
- 能根据电路图及技术要求，进行电气线路安装及调试。

项目引言

三相异步电动机因其具有良好的性价比，故被广泛作为拖动各种生产机械的动力装置。由于各种生产机械的工作性质和加工工艺不同，使得它们对电动机的控制要求也不同，一台机械的控制电路可能比较简单，也可能很复杂，但任何复杂的控制电路都是由一些基本控制电路有机地组合在一起的。电动机基本控制电路有：单方向连续运行控制、正反转控制、多地点控制、顺序控制、降压启动控制和制动控制等。

4.1 三相异步电动机单方向连续运行线路的安装与调试

在生产实际应用中，很多设备如机床上的冷却泵电动机、纺织设备上的吸风电动机，均要求单方向连续运行。要能正确识读电路图，需要具备常用低压电器和电气制图的相关知识。

4.1.1 低压电器的基本知识

凡是能自动或手动接通和断开电路，断续或连续地改变电路参数，实现对电路或非电现象的切换、控制、保护、检测和调节的电气设备均称为电器。按工作电压高低，可分为高压电器和低压电器，低压电器是指工作在交流1 200 V以下、直流1 500 V以下的电器。

低压电器种类很多，分类方法也有很多种。

1. 按动作方式分

（1）手动电器。这类电器的动作是由工作人员手动操纵，如刀开关、按钮等。

（2）自动电器。不需要人工直接操作，依靠本身参数的变化或外来信号的作用自动完成接通或分断等动作，如接触器，继电器等。

2. 按工作原理分

（1）电磁式电器。根据电磁感应原理来动作的电器，如接触器、各种电磁式继电器、电磁铁等。

（2）非电量控制电器。依靠外力或非电量信号（如压力、温度、速度等）的变化而动作的电器，如行程开关、速度继电器等。

3. 按执行机构分

（1）有触点电器。具有可分离的动触点和静触点，利用触点的接触和分离来实现电路的切换，如接触器、按钮等。

（2）无触点电器。没有可分离的触点，主要利用半导体元器件的开关效应来实现电路的通断控制，如接近开关、电子式时间继电器等。

4.1.2 相关元器件

1. 刀开关

刀开关是一种手动电器，广泛应用于照明电路及配电设备做隔离电源用，有时也用作小容量电动机（$P_N \leqslant 5.5\ kW$）电路的不频繁启、停控制开关。

图4-1（a）、（b）所示为刀开关的外形与结构图，主要由手柄、刀片、静触点座、胶盖和瓷底座等组成，此种开关装有熔丝，可起短路保护。刀开关有两极（额定电压250 V）和三极（额定电压380 V），刀开关的符号如图4-1（c）所示。

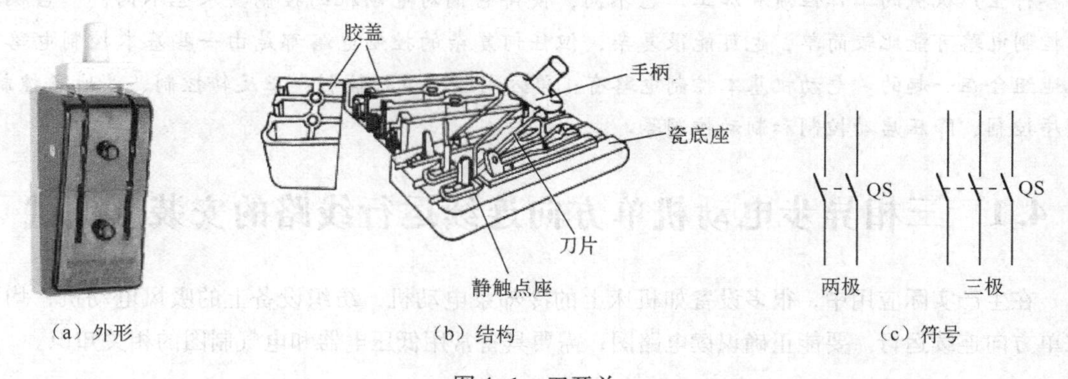

（a）外形　　（b）结构　　（c）符号

图4-1　刀开关

刀开关在安装时，手柄要向上，不得倒装或平装，避免因重力作用手柄自动下落而发生误合闸事故。接线时，应将电源线接在上端，负载线接在下端。

HK系列刀开关的型号含义如图4-2所示，其主要技术数据参见附录A中表7-1所示。

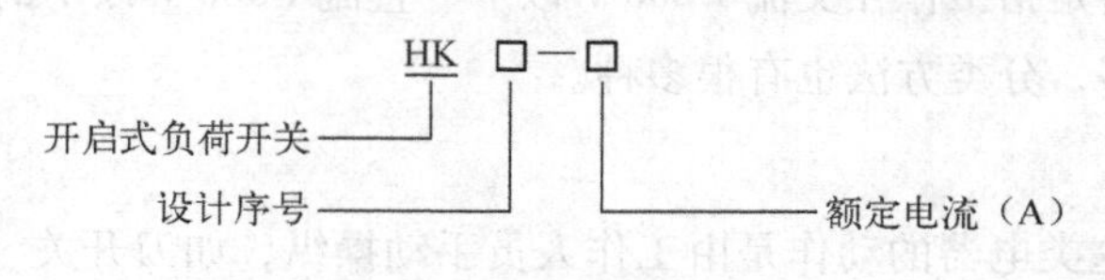

图4-2　刀开关型号含义

刀开关的选择原则：

（1）根据使用场合，选择刀开关的类型、极数。

（2）刀开关的额定电压应大于或等于线路电压。

（3）刀开关的额定电流应大于或等于线路的电流。对于电动机负载，刀开关的额定电流应取电动机额定电流的2～3倍。

2. 转换开关

转换开关又称组合开关，是刀开关中的一种，用于手动不频繁的接通和分断电路。转换开关有单极、三极和多极之分，如图4-3所示，使用时，转动手柄，可使动、静触点接通，相应的线路接通。

（a）单极转换开关

（b）三极转换开关

（c）万能转换开关（多极）

图4-3　转换开关

转换开关的符号如图4-4所示。

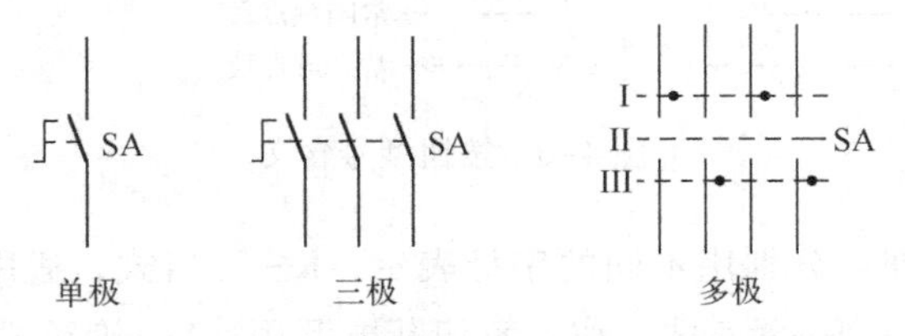

图4-4　转换开关符号

3. 按钮

按钮是一种用来接通或分断小电流电路的手动控制电器。由于按钮的触点允许流过的电流较小，一般不超过5 A，因此不能直接用它操纵主电路的通断，而是在控制电路中，通过它发出“指令”去控制接触器或继电器线圈等，再由它们去控制主电路的通断。

1）按钮结构

按钮的种类很多，有按撳式、旋钮式和钥匙式等，如图4-5（a）所示为常见的按钮外形，如图4-5（b）所示，按钮主要由按钮帽、复位弹簧、常开触点、常闭触点等组成。按钮帽的颜色有红、绿、黑、黄等，供不同场合选用。按钮的常开触点是指常态下处于断开状态的触点，常闭触点是指常态下处于闭合状态的触点。常开触点和常闭触点是联动的，当按下按钮帽时，常闭触点先断开，常开触点后闭合；松开按钮帽时，常开触点先断开，随后常闭触点恢复闭合。图4-5（c）所示为按钮的图形符号。

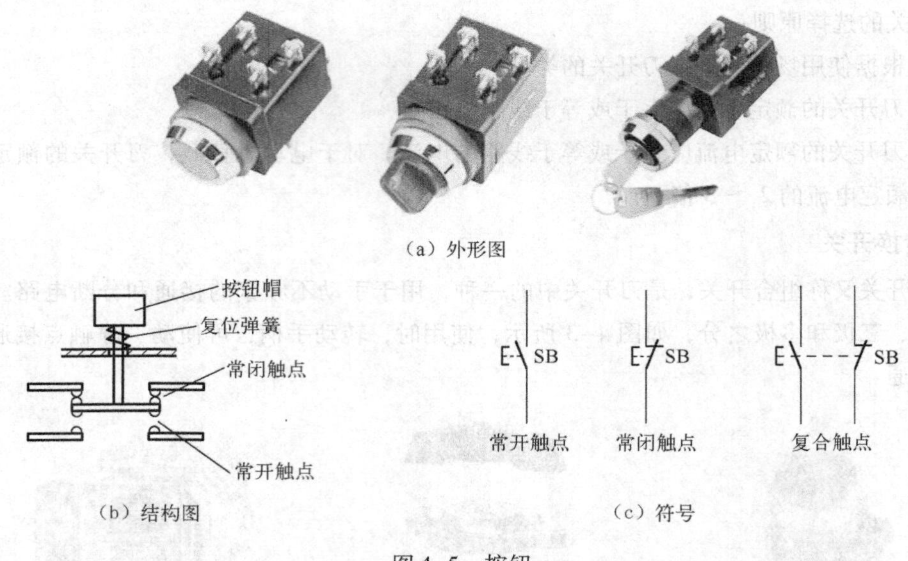

图 4-5　按钮

2）按钮型号

按钮的型号含义如图 4-6 所示。生产机械上常用的有 LA10、LA18、LA19、LA20 等系列，其主要技术数据参见附录 A 中表 7-2 所示。

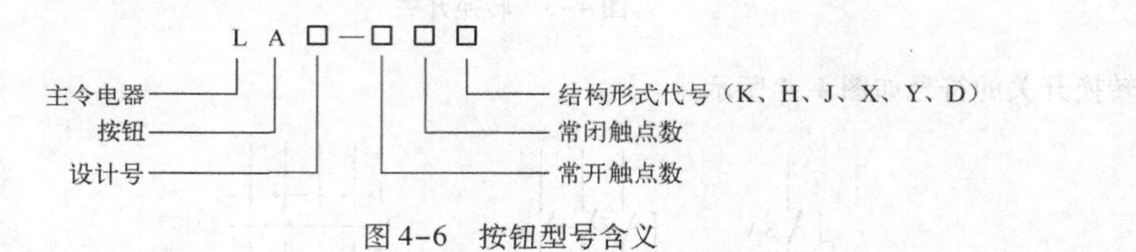

图 4-6　按钮型号含义

不同结构形式的按钮，分别用不同的字母表示，K—开启式，适用于嵌装在操作面板上；H—保护式，带保护外壳；J—紧急式，作紧急切断电源用；X—旋钮式，用旋钮进行操作，有通和断两个位置；Y—钥匙式操作，须用钥匙插入进行操作；D—带指示灯式，兼作信号指示。

3）按钮的选用

选用按钮时应根据使用场合、所需触点数及按钮帽的颜色等因素考虑，一般红色作为停止按钮，绿色作为启动按钮。

4. 熔断器

熔断器在控制系统中主要用作短路保护，有时兼作过载保护。使用时要把它串接于被保护的电路中，当电路电流正常时，熔体允许通过一定大小的电流而不熔断，当电路发生短路或严重过载时，熔体中流过很大的故障电流，以其自身产生的热量使熔体迅速熔断，从而自动切断电路，起到保护作用。

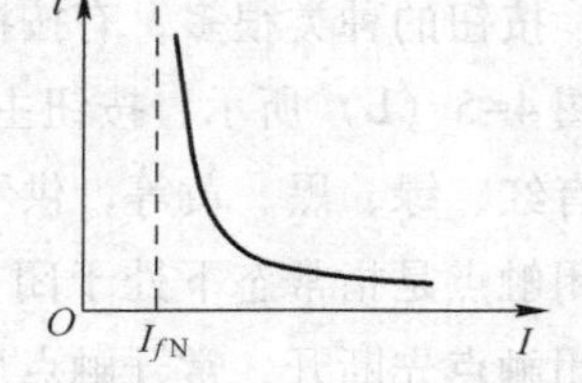

图 4-7　熔断器的安－秒特性

使熔断器熔体熔断的电流值与熔断时间的关系称为熔断器的安－秒特性，如图 4-7 所示，由特性曲线可以看出，流过熔体的电流越大，熔断所需的时间越短。熔断器的额定电流 I_{fN} 是指熔断器长期工作而不被熔断的电流。

1）熔断器结构分类

熔断器主要由熔体（俗称保险丝）和安装熔体的底座（或称熔管）两部分组成，熔体通常用低熔点的铅锡合金材料制成，熔管是安装熔体的外壳，用陶瓷等耐热绝缘材料制成，在熔体熔断时兼有灭弧作用。

熔断器按结构形式分为插入式（RC系列）、螺旋式（RL系列）、有填料封闭管式（RT系列）、无填料封闭管式（RM系列）等，部分熔断器的外形结构如图4-8（a）、（b）、（c）所示，熔断器的符号如图4-8（d）所示。

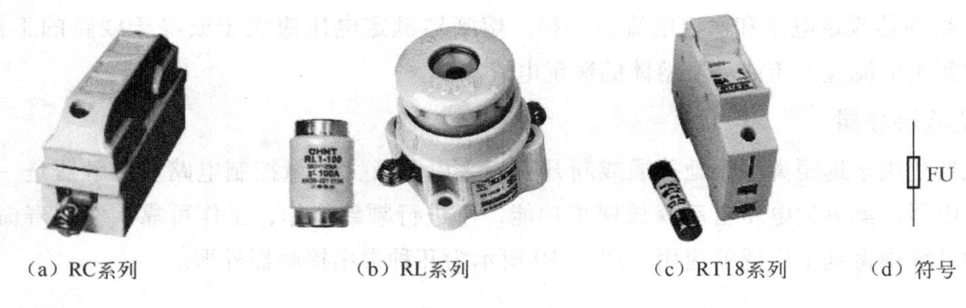

（a）RC系列　（b）RL系列　（c）RT18系列　（d）符号

图4-8　熔断器

2）熔断器型号

熔断器的型号含义如图4-9所示。

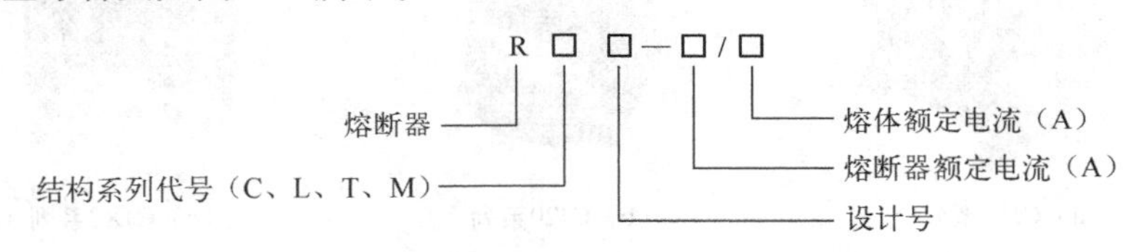

图4-9　熔断器型号含义

3）熔断器主要技术参数

熔断器的主要技术参数包括额定电压、熔体额定电流、熔断器额定电流、极限分断能力等。

（1）额定电压：指能保证熔断器长期正常工作的电压。其值一般等于或大于电气设备的额定电压。

（2）熔断器额定电流：指保证熔断器（指绝缘底座）能长期正常工作的电流。

（3）熔体额定电流：指长时间通过熔体而熔体不被熔断的最大电流。

（4）极限分断能力：指在规定的工作条件下，能可靠分断的最大短路电流值。

熔断器的主要技术数据参见附录A中表7-3所示。

4）熔断器选择原则

熔断器的选择主要是选择熔断器类型、额定电压、熔断器额定电流和熔体额定电流等。

（1）熔断器类型的选择。根据使用环境、负载性质和短路电流的大小选用适当类型的熔断器。例如，对于容量较小的照明线路或电动机的保护，宜选用RC1A系列或RM10系列熔断器；对于短路电流较大的电路，宜选用RL系列或RT系列熔断器。

(2) 熔体额定电流的选择。

① 对电流较平稳、无冲击电流的负载的短路保护，如照明和电热设备等熔体的额定电流应等于或稍大于负载的额定电流。

② 对电动机负载，要考虑冲击电流的影响，计算方法如下：

对于单台电动机，熔体的额定电流 I_{RN} 应大于或等于 1.5 ～ 2.5 倍电动机额定电流 I_N，即：

$$I_{RN} \geqslant (1.5 \sim 2.5) I_N$$

对于多台电动机，熔体的额定电流 I_{RN} 应大于或等于其中最大容量的电动机额定电流 I_{Nmax} 的 1.5 ～ 2.5 倍，再加上其余电动机额定电流的总和 $\sum I_N$，即：

$$I_{RN} \geqslant (1.5 \sim 2.5) I_{Nmax} + \sum I_N$$

(3) 熔断器额定电压和额定电流的选择。熔断器额定电压应大于或等于线路的工作电压；熔断器的额定电流应大于或等于熔体的额定电流。

5. 交流接触器

接触器是用于远距离频繁地接通或断开交流主电路及大容量控制电路。接触器是一种自动的电磁式电器，具有欠电压自动释放保护功能，可进行频繁操作，工作可靠，使用寿命长，在电力拖动系统中得到了广泛的应用。图 4-10 所示为几种常用接触器外形。

(a) CJ10系列

(b) CJ20系列

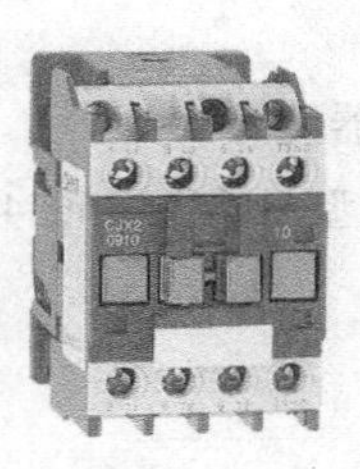

(c) CJX2系列

图 4-10 常用接触器外形

1) 交流接触器结构

图 4-11 所示为交流接触器的结构示意图，它主要由电磁系统、触点系统、灭弧装置三部分组成。

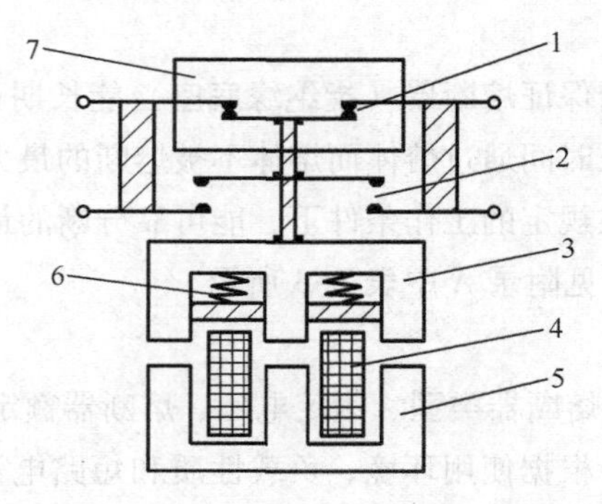

图 4-11 交流接触器结构示意图

1—常闭触点；2—常开触点；3—衔铁；4—线圈；5—铁心；6—弹簧；7—灭弧罩

（1）电磁系统。

电磁系统由线圈、铁心（静铁心）和衔铁（动铁心）三部分组成。其作用原理是：线圈得电时产生磁场，铁心和衔铁都被磁化，在电磁力的作用下衔铁被吸向铁心，衔铁带动连接机构运动，从而使相应触点动作，实现电路的接通或断开；而当线圈断电后，磁场消失，衔铁在复位弹簧的作用下，回到原位。

交流电磁机构中通过交变磁通，为减小铁损耗，铁心和衔铁一般用 E 形硅钢片叠压而成，且线圈制成粗短形，设有骨架与铁心隔离，利于铁心和线圈的散热。

由于交流电磁机构中的磁通是交变的，则线圈磁场对衔铁的吸引力也是交变的，当电磁吸力大于弹簧的反作用力时，衔铁被吸合，反之，衔铁释放。在如此反复地吸合和释放过程中，衔铁会产生强烈的振动和噪声。为消除这一振动现象，可在其铁心的端面上开一槽，嵌入短路环（也叫分磁环），如图 4-12 所示。短路环一般用铜或镍铬合金等材料制成。

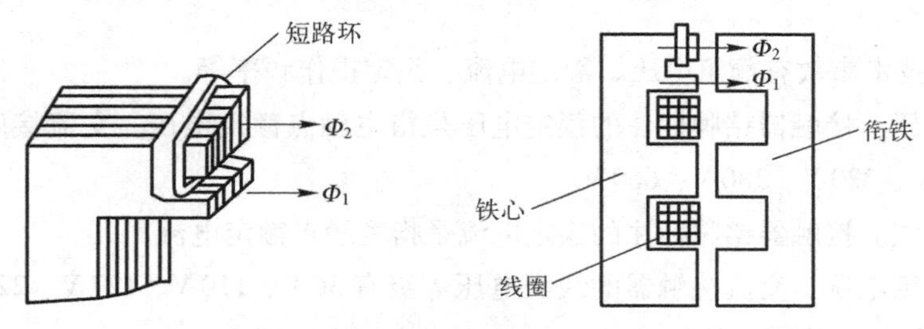

图 4-12　交流电磁铁的短路环

铁心端面装设短路环后，磁通 Φ 分为两部分，即不穿过短路环的 Φ_1 和穿过短路环的 Φ_2，因 Φ_1 和 Φ_2 空间不同相，则由 Φ_1、Φ_2 产生的电磁吸力 F_1、F_2 不同时为零，使衔铁始终被铁心吸住，不会产生振动和噪声。

（2）触点系统。

接触器的触点按允许流过的电流大小不同分为主触点和辅助触点两类。交流接触器一般有三对常开主触点，其额定电流较大，用于接通或分断电流较大的主电路；辅助触点有常开、常闭两种，其额定电流较小，一般为 5 A，用于接通或分断小电流的控制电路。常开触点和常闭触点是联动的。当线圈得电时，常闭触点先断开，常开触点后闭合；线圈断电时，常开触点先断开，常闭触点后闭合。因此，常开触点又称动合触点，常闭触点又称动断触点。

（3）灭弧装置。

触点在分断大电流电路时，会在动、静触点之间产生较大的电弧。电弧不仅会烧损触点，延长电路分断时间，严重时还会造成相间短路，因此，额定电流超过 20A 的交流接触器均装有陶瓷灭弧罩，以迅速切断触点分断时所产生的电弧。

除此之外，交流接触器还有一些辅助部件，如反作用弹簧、触头压力弹簧、传动机构、接线柱和外壳等。

接触器的符号如图 4-13 所示。

2）交流接触器的常用型号及主要技术参数

常用的交流接触器有国产的 CJ10、CJ20 等系列，以及引进国外技术生产的 3TB、3TD 等系列。CJ 系列接触器的型号及含义如图 4-14 所示。

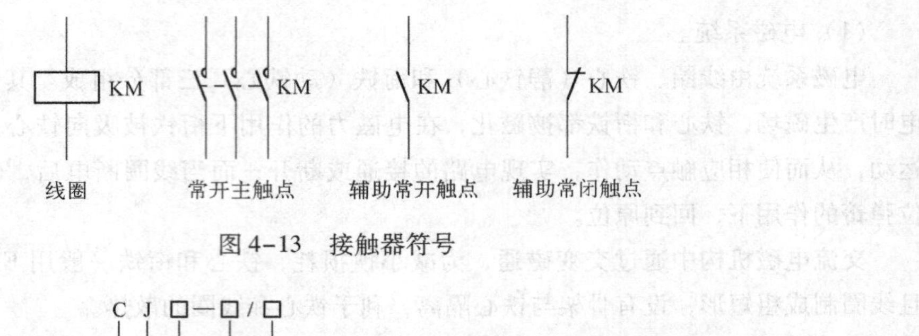

图 4-13　接触器符号

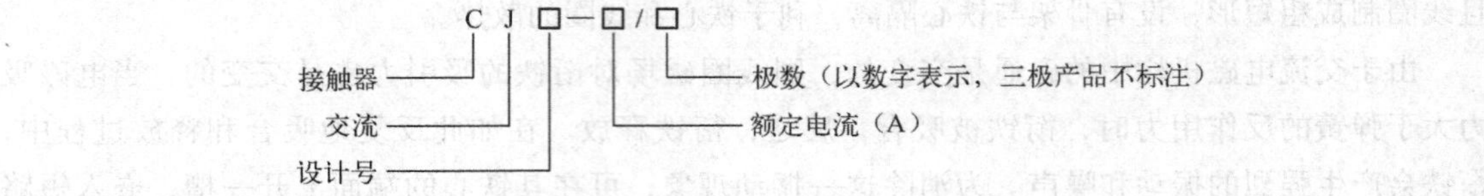

图 4-14　交流接触器的型号含义

接触器主要技术参数有额定电压、额定电流、额定操作频率等。

（1）额定电压。接触器铭牌标注的额定电压是指主触点额定电压。交流接触器常用的额定电压等级有 127 V、220 V、380 V、660 V。

（2）额定电流。接触器铭牌标注的额定电流是指主触点额定电流。

（3）线圈额定电压。交流接触器的线圈电压等级有 36 V、110 V、127 V、220 V、380 V，线圈额定电压一般标注在线圈接线柱 A_1、A_2 处，有时也标在线圈上。

（4）动作值。动作值是指接触器的吸合电压和释放电压。接触器线圈电压在线圈额定电压 85% 以上时应可靠吸合，释放电压不高于线圈额定电压 70% 。

（5）额定操作频率。额定操作频率是指每小时允许的操作次数。交流接触器最高为 600 次/h。

（6）使用类别。不同类型的负载，对接触器的触点要求不同。表 4-1 所示列出了触点使用类别。

表 4-1　触点使用类别

使用类别代号	典型用途举例
AC－1	无感或微感负载、电阻炉
AC－2	绕线式异步电动机的启动、停止
AC－3	鼠笼式异步电动机的启动、停止
AC－4	鼠笼式异步电动机频繁启、停、反接制动

CJ20 系列、CJX2 系列接触器主要技术数据参见附录 A 中表 7-4 、表 7-5 所示。

3）接触器的选用

选择接触器时主要从以下几方面考虑：

（1）接触器的额定电压应大于或等于负载工作电压。

（2）接触器的使用类别应与负载性质相一致。

（3）电磁线圈的额定电压应与所接控制电路的电压相一致。

（4）主触点和辅助触点数量应满足控制系统的需要。

6. 热继电器

热继电器是一种利用电流热效应原理工作的保护电器，在电路中用作电动机的过载保护及断相保护。

1）热继电器结构及工作原理

热继电器的外形及结构如图4-15（a）、（b）所示，它由热元件、双金属片、触点、复位按钮、导板及推杆等组成。

热元件由电阻丝做成，双金属片由两种热膨胀系数不同的金属片压焊而成。使用时将热元件串接于电动机的主电路中，在电动机正常运行时，热元件通电后产生的热量，虽能使双金属片弯曲，但弯曲程度不大，触点不动作；当电动机过载时，流过热元件的电流增大，热元件产生的热量使双金属片的弯曲程度超过一定值时，通过导板推动触点动作（常闭触点断开），以切断电路保护电动机。若要使热继电器复位，则按下复位按钮即可。

热继电器的符号如图4-15（c）所示。

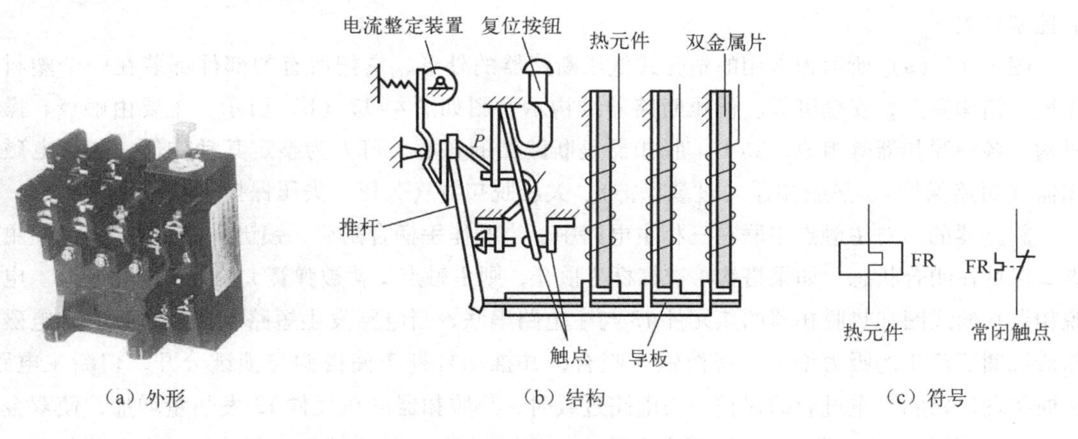

（a）外形　　（b）结构　　（c）符号

图4-15　热继电器

2）热继电器的型号

热继电器有两极和三极两种，其中三极的又包括带断相保护装置的和不带断相保护装置的。目前常用的有国产JR16、JR20系列，以及引进国外技术生产的T系列和3UA等系列产品。

JR系列热继电器的型号及含义如图4-16所示，其主要技术数据参见附录A中表7-6所示。

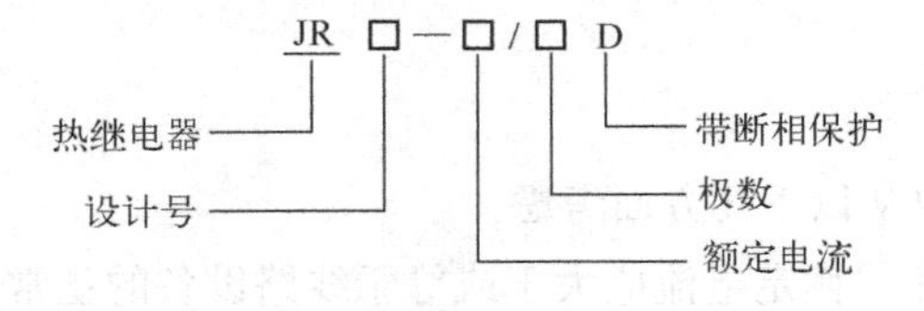

图4-16　热继电器的型号含义

3）热继电器的主要参数

热继电器的主要参数有：热继电器的额定电流、热元件的额定电流、整定电流及调节范围等。

（1）热继电器的额定电流是指热继电器中，可以安装的热元件的最大整定电流。

（2）热元件的额定电流是指热元件的最大整定电流。

（3）热继电器的整定电流是指热元件能够长期通过而不致引起热继电器动作的最大电流值。

4）热继电器的选择

选择热继电器主要根据所保护电动机的额定电流来确定热继电器的规格和热元件的电流等级。

一般情况下，热继电器的整定电流按电动机额定电流的 0.95 ～ 1.05 倍确定，对于工作环境恶劣、启动频繁的电动机，则按电动机额定电流的 1.1 ～ 1.5 倍确定。

另外，应根据电动机定子绕组的连接方式选择热继电器的结构形式，即 Y 形连接的电动机选用三相结构的热继电器，Δ 形连接的电动机应选用三相带断相保护装置的热继电器。

7. 低压断路器

低压断路器又称自动空气开关。它集控制和多种保护功能于一身，除能完成接通和分断电路外，还具有短路、过载及欠压等保护功能，能自动切断故障电路，保护用电设备的安全。

1）低压断路器结构及工作原理

低压断路器按其结构不同，可分为框架式（又称万能式）和塑壳式（又称装置式）两大类。框架式断路器主要用作配电线路的保护开关，而塑壳式断路器一般用作电动机、照明线路的控制开关。

图 4-17（a）所示为常用的塑壳式低压断路器的外形，它把所有的部件都装在一个塑料外壳里，结构紧凑，安全可靠。低压断路器结构示意图如图 4-17（b）所示，主要由触点、操作机构、各种脱扣器等组成。其中，脱扣器是断路器的核心，可人为整定其动作值，包括电磁脱扣器（短路保护）、热脱扣器（过载保护）、欠压脱扣器（欠压、失压保护）等。

断路器的三对主触点串联在三相主电路中，当操作手柄合闸后，锁键 3 扣住搭钩 4，使主触点 2 保持在闭合状态。如果搭钩 4 被杠杆 7 顶开，则主触点 2 就被弹簧 1 拉开，电路断开。电磁脱扣器 6 的线圈和热脱扣器的热元件 13 与主电路串联，当电路发生短路或严重过载时，电磁脱扣器线圈所产生的吸力增加，将衔铁 8 吸合，并推动杠杆 7 使搭钩与锁键分开，切断主电路，从而实现短路和严重过载的保护。当电路过载时，热脱扣器的热元件 13 发热量增加，使双金属片 12 向上弯曲，推动杠杆 7，断开主电路。欠压脱扣器 11 的线圈与电源并联，当电路欠压或失压时，吸力减弱，衔铁 10 释放，也使搭钩与锁键分开切断电路。

低压断路器的符号如图 4-17（c）所示。

2）低压断路器的型号

低压断路器的型号含义如图 4-18 所示，DZ15 系列、DZ108 系列的主要技术数据参见附录 A 中表 7-7、表 7-8 所示。

3）低压断路器的选用

选择低压断路器时主要从以下几方面考虑：

（1）断路器的额定电压、额定电流应大于或等于线路设备的正常工作电压、工作电流。

（2）断路器的极限分断能力应大于或等于线路最大短路电流。

（3）欠压脱扣器的额定电压应等于线路额定电压。

（4）热脱扣器的整定电流应与所控制负载的额定电流一致。电磁脱扣器的整定电流应大于或等于线路的最大电流。

4）漏电保护断路器

漏电保护断路器通常称为漏电开关，是一种安全保护电器，在线路或设备出现对地漏电或人身触电时，迅速自动断开电路，能有效地保护人身和设备的安全。

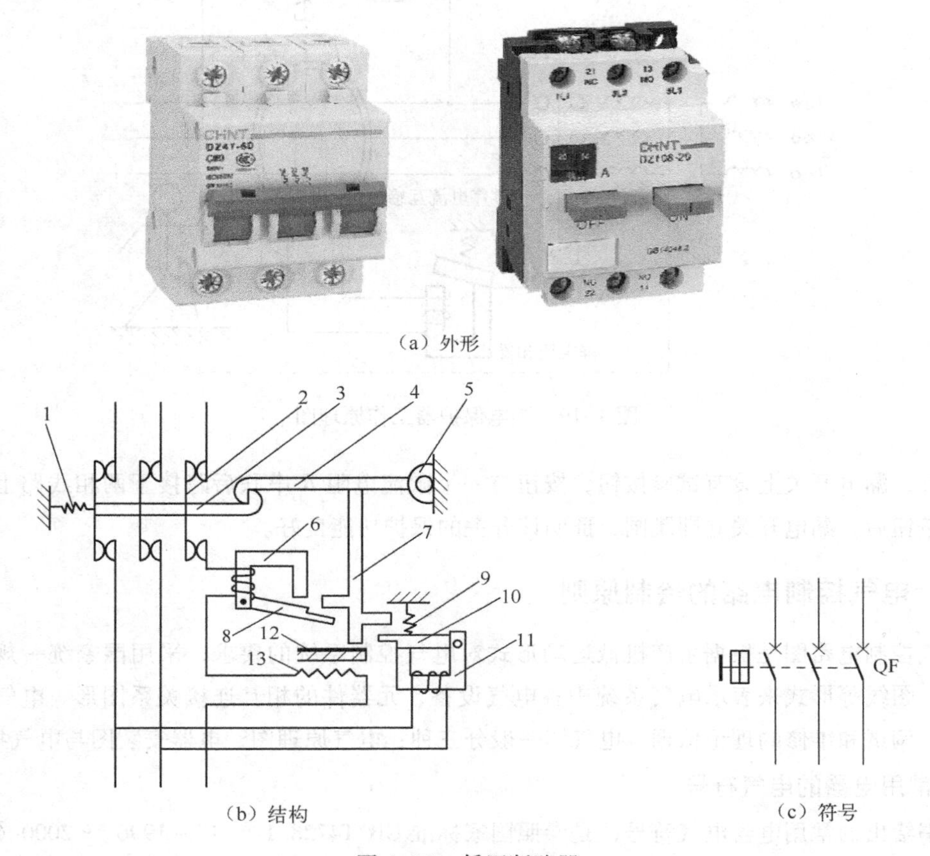

（a）外形

（b）结构

（c）符号

图4-17　低压断路器

1、9—弹簧；2—主触点；3—锁键；4—搭钩；5—轴；6—电磁脱扣器；7—杠杆；
8、10—衔铁；11—欠压脱扣器；12—双金属片；13—热元件

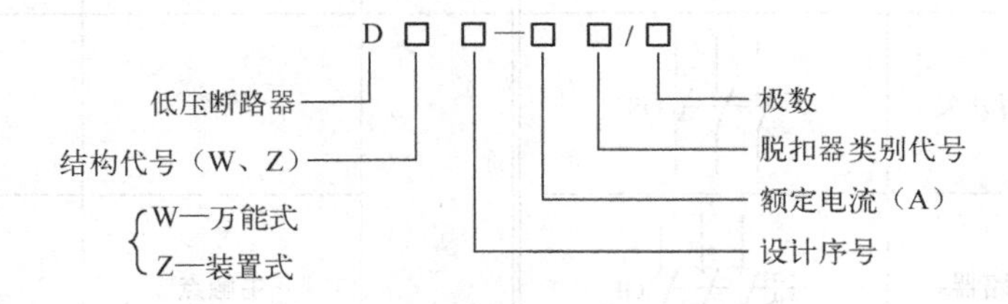

图4-18　低压断路器的型号含义

图4-19所示为漏电保护器工作原理图，实质上它就是在一般的断路器中增加了一个零序电流互感器和漏电脱扣器。在电路正常工作时，无论三相负载电流是否平衡，通过零序电流互感器一次侧的三相电流相量和等于零，故其二次侧没有感应电流。当出现漏电或触电事故时，漏电或触电电流将经过大地流回电源的中性点，因此零序电流互感器一次侧三相电流的相量和就不等于零，其二次侧将感应出电流 I_s，此电流也流过漏电脱扣器线圈，当 I_s 达到一定值时脱扣器动作，推动主开关的锁扣，切断电路。

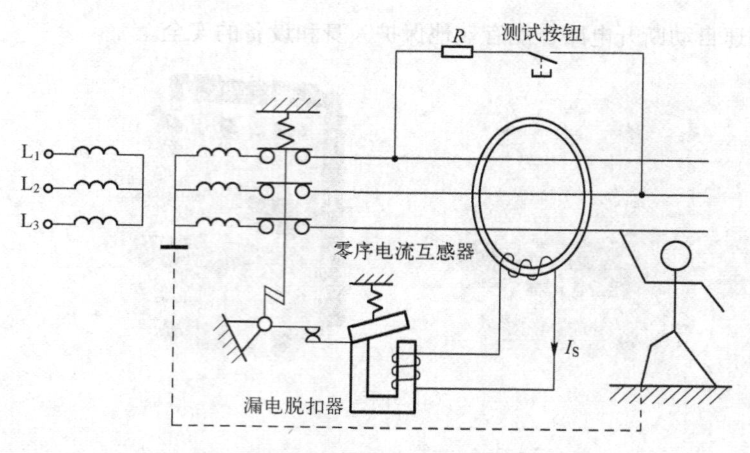

图 4-19　漏电保护器工作原理图

另外，漏电开关上设有试验按钮，按钮与一个限流电阻 R 串联后跨接于两相线路上。当按下试验按钮后，漏电开关立即跳闸，证明该开关的保护功能良好。

4.1.3　电气控制电路的绘制原则

电气控制电路图是根据生产机械运动形式对电气控制系统的要求，采用国家统一规定的电气符号、图线等形式来表示电气系统中各电气设备、元器件的相互连接关系图形。电气图是电气安装、调试和维修的理论依据。电气图一般分三种：电气原理图、电器安装图与电气接线图。

1. 常用电器的电气符号

本书给出的常用电器电气符号，是参照国家标准 GB/T4728. 1 ～ 13 - 1996 ～ 2000《电气简图用图形符号》。表 4-2 列出了常用电器的电气符号。

表 4-2　常用电器的电气符号

类　别	名　　称	符　　号	类　别	名　　称	符　　号
电源开关	三极闸刀开关	QS	接触器	线圈	KM
	低压断路器	QF		主触点	KM
	三极转换开关	SA		辅助常开触点	KM
	单极转换开关	SA		辅助常闭触点	KM

续表

类 别	名 称	符 号	类 别	名 称	符 号
电源开关	万能转换开关	Ⅰ Ⅱ Ⅲ SA	时间继电器	通电延时型线圈	KT
按钮	启动按钮	SB		断电延时型线圈	KT
	停止按钮	SB		瞬动常开触点	KT
	复合按钮	SB		瞬动常开触点	KT
	急停按钮	SB		通电延时常开触点	KT
	钥匙操作式按钮	SB		通电延时常闭触点	KT
热继电器	热元件	FR		断电延时常开触点	KT
	常闭触点	FR		断电延时常闭触点	KT
熔断器	熔断器	FU	电压继电器	欠电压继电器线圈	U< KV
中间继电器	线圈	KA		过电压继电器线圈	U> KV
	常开触点	KA		常开触点	KV
	常闭触点	KA		常闭触点	KV

续表

类别	名称	符号	类别	名称	符号
电流继电器	欠电流继电器线圈	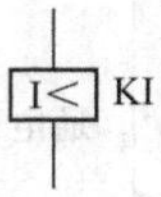 I< KI	行程开关	常开触点	 SQ
	过电流继电器线圈	 I> KI		常闭触点	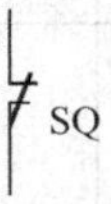 SQ
	常开触点	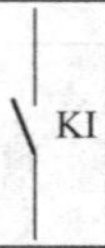 KI	电动机	三相鼠笼式异步电动机	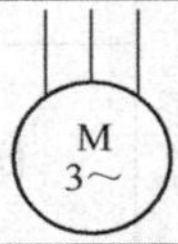 M 3～
	常闭触点	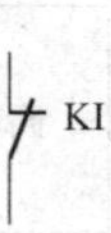 KI		三相绕线式异步电动机	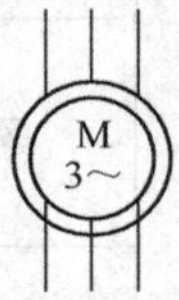 M 3～
速度继电器	常开触点	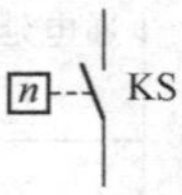 n KS	变压器	变压器	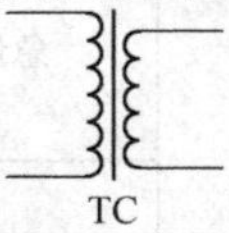 TC
	常闭触点	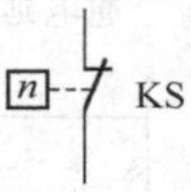 n KS	指示灯	照明灯	 EL
	转子	 KS		信号灯	 HL

2. 接线端子标记

电气图中各电器接线端子用字母及数字符号标记。

三相交流电源引入线用 L_1、L_2、L_3、N 标记，接地线用 PE 标记，电源开关之后的分别按 U、V、W 顺序标记。各分支电路接点可采用字母加数字来表示，如 U_{11}、V_{11}、W_{11}和 U_{21}、V_{21}、W_{21}等，数字中的十位数字表示电动机代号，个位数字表示该支路的接点代号。每经过一个电器元件的线桩后，编号要递增，如 U_{12}、V_{12}、W_{12}，U_{13}、V_{13}、W_{13}…… 。单台三相异步电动机的绕组首端分别用 U_1、V_1、W_1标记，绕组末端分别用 U_2、V_2、W_2标记。对于多台电动机，其三相绕组接线端标以 $1U_1$、$1V_1$、$1W_1$，$2U_1$、$2V_1$、$2W_1$、……来区别。

控制电路采用阿拉伯数字编号，一般由三位或三位以下的数字组成。标注方法按“等电位”原则进行。在垂直绘制的电路中，标号顺序一般由上而下、从左到右，每经过一个电器元件的接线端子，编号要依此递增。

3. 电气原理图

电气原理图用来表示电路的工作原理，即表示电流从电源到负载的传送情况和各电器元件的动作原理和相互关系，而不考虑各电器元件的实际安装位置和实际连线情况。

绘制电气原理图时应遵循以下原则：

（1）原理图一般分为主电路和控制电路两部分。主电路是指从电源到电动机的大电流通过的路径。控制电路由继电器和接触器的线圈、触点及按钮、照明灯、信号灯、控制变压器等电器元件组成。通常主电路画在左边（或上部），控制电路画在右边（或下部）。

（2）原理图中，各电器元件不画实际的外形，而采用国家规定的统一标准符号来画。根据便于阅读的原则，同一电器元件的各部件可不画在一起，但文字符号必须相同。

（3）所有电器的触点，都应按没有通电和没有外力作用时的开闭状态画出。当图形垂直放置时，各触点图形符号以“左开右闭”绘制；当触点水平放置时，应逆时针转过90°，即以“上闭下开”绘制。

（4）原理图中，有直接联系的导线连接点，要用黑圆点表示，无直接联系的交叉导线，交叉处不能画黑圆点。

为了便于阅读，可将原理图分为若干个图区。在图上方沿横坐标方向划区，以文字形式标注该区域电路的功能；图下方标注的数字区域，有助于标注接触器、继电器等相应线圈和触点的从属关系。

某车床电气原理图如图4-20所示。

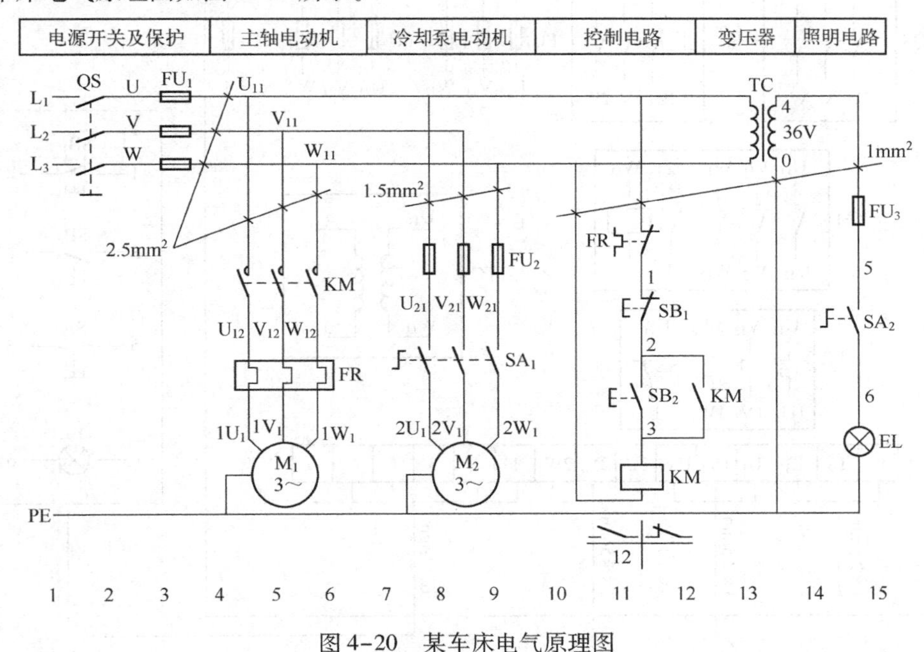

图4-20　某车床电气原理图

4. 电器安装图

电器安装图是用来详细说明电气原理图中各电器元件的实际安装位置。图中各电器代号应与原理图上标示的一致。

绘制电器安装图应注意以下几方面：

（1）电器元件的布置应考虑整齐美观，外形尺寸类似的电器安装在一起，以便于安装和配线。

（2）体积较大和较重的电器元件，应布置在安装板的下方。

（3）电器元件布置不宜过密，以利于布线和故障维修。

图 4-21 所示为根据上述原则绘制的与图 4-20 对应的电器元件布置图。

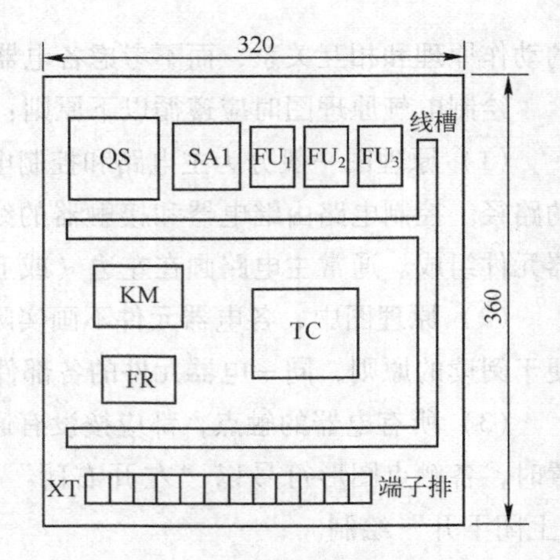

图 4-21 某车床电器安装图

5. 电气接线图

电气接线图是用来表示电气设备、电器元件之间的连接关系，主要用于安装接线、电路检修和故障处理。电气接线图中各电气元件的符号必须与电气原理图一致，各元件上凡是需要接线的端子都应绘出，各端子编号必须与电气原理图上的导线编号相一致。

图 4-22 所示为与图 4-20 对应的电气接线图。当设备的控制电路较简单时，可将电器安装图和电气接线图合二为一，称为电气安装接线图。

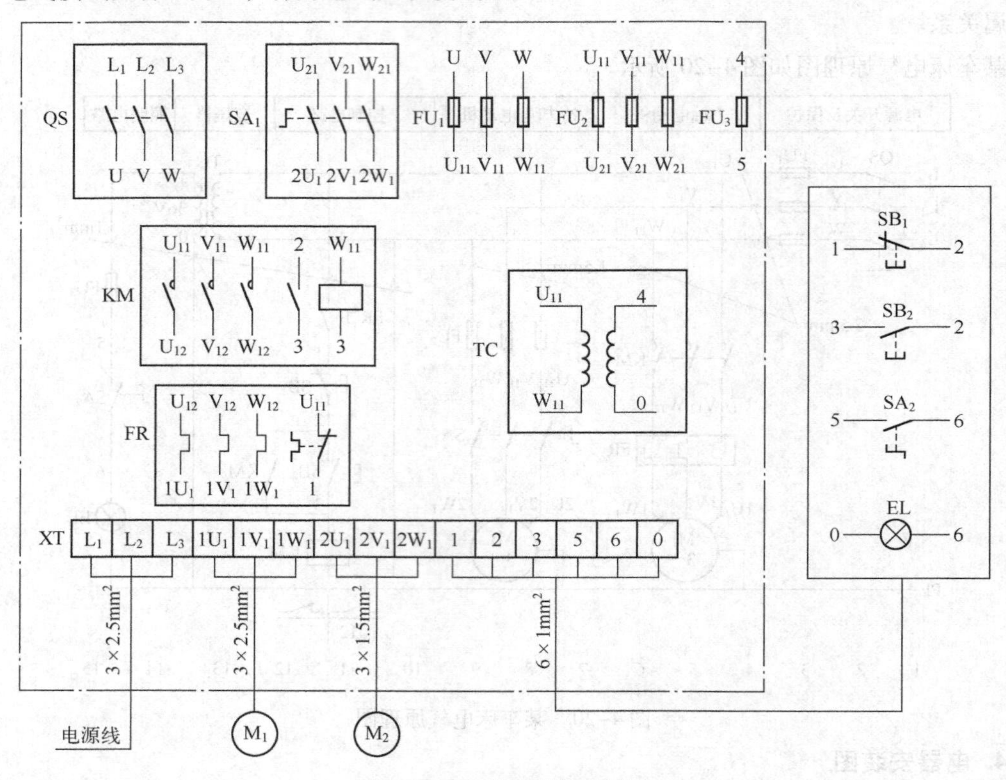

图 4-22 某车床电气接线图

4.1.4 单方向连续运行电路的安装与调试

1. 识读电路图

图 4-23 所示为单方向连续运行原理图。图中 QF 为低压断路器，FU 为熔断器，KM 为接触

器，FR为热继电器，SB_2为启动按钮，SB_1为停止按钮。

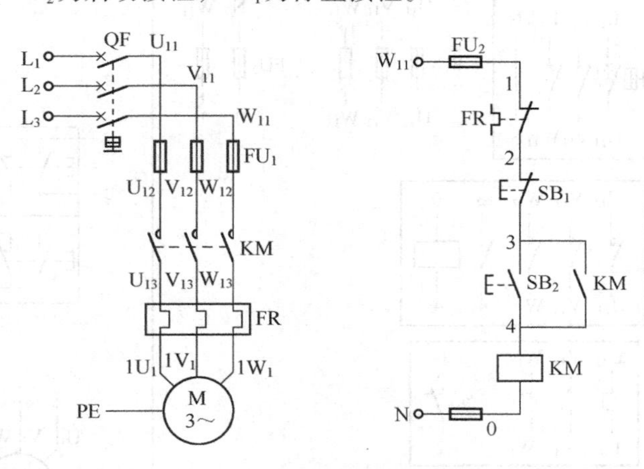

图4-23　单方向连续运行原理图

1）电路工作原理分析

启动控制：合上开关QF，按下启动按钮SB_2→接触器KM线圈得电，衔铁吸合①→

①→{KM主触点闭合→电动机M得电启动；
KM辅助常开触点闭合→自锁，使电动机连续运行。

停止控制：按下停止按钮SB_1→接触器KM线圈失电，衔铁释放②→

②→KM所有常开触点断开→电动机断电停转。

这种依靠接触器自身辅助常开触点来使其线圈保持通电的电路称为自锁电路，对并联于启动按钮两端的KM辅助常开触点称为自锁触点。

2）线路的保护设置

（1）短路保护：由熔断器FU_1、FU_2分别实现主电路与控制电路的短路保护。短路时，熔断器熔体熔断，切断电路，起保护作用。

（2）过载保护：由热继电器FR实现电动机的长期过载保护。当电动机出现过载且超过规定时间时，热继电器双金属片过热变形，推动导板使其常闭触点断开，从而使KM线圈失电，电动机停转，实现过载保护。

（3）欠压、失压保护：由接触器KM的自锁环节实现。当电源电压由于某种原因而严重降低或断电时，接触器衔铁释放，其常开触点断开，电动机停转。当电源电压恢复正常时，接触器线圈不能自动得电，只有在操作人员重新按下启动按钮SB_2后，电动机才能启动，防止突然断电后的来电，造成人身和设备事故。

2. 绘制安装接线图

图4-24所示为电动机单方向连续运行电路的安装接线图。线路中的低压断路器QF、两组熔断器FU_1和FU_2、接触器KM及热继电器FR安装在网孔板上；按钮SB和三相异步电动机M作为外围设备，不安装在板上，它们通过接线端子XT与电器相连。对照原理图上标注的线号，在接线图中所有接线端子编号应与原理图一致，不能有误。

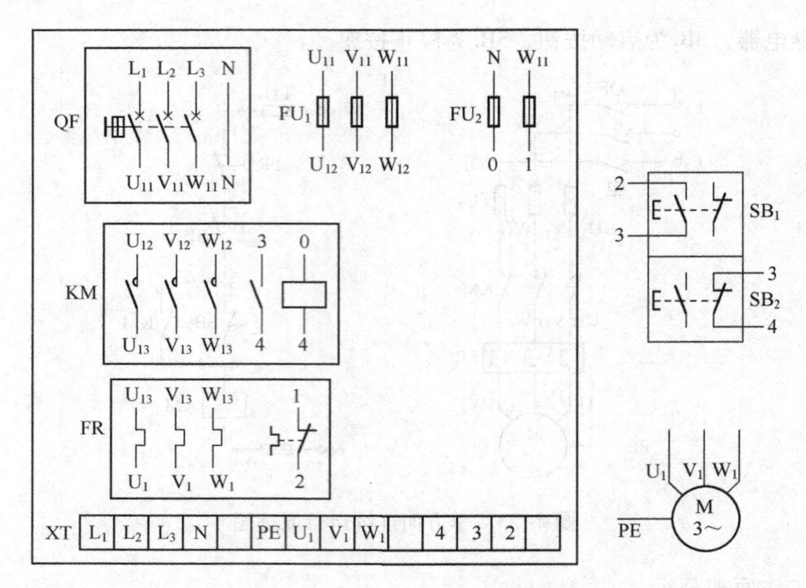

图 4-24　单方向连续运行电路的安装接线图

3. 工具和材料准备

（1）工具：锯子、电钻、尖嘴钳、剥线钳、压接钳、螺丝刀、测电笔等。

（2）仪表：万用表、兆欧表、钳流表。

（3）器材：元器件及材料设备清单如表 4-3 所示。

表 4-3　材料设备清单

序　号	名　称	型 号 规 格	数　量	单　位
1	网孔板	800 mm × 550 mm	1	块
2	线槽	30 mm × 35 mm	若干	m
3	导轨	35 mm	若干	m
4	断路器	DZ47LE－32（额定电流 16A）	1	个
5	熔断器	RT18－32/3P（熔体 6A）	1	组
6		RT18－32/2P（熔体 4A）	1	组
7	交流接触器	CJX2－09（线圈电压 220V）	1	个
8	热继电器	JRS1D－25（整定电流 1.6～2.5A）	1	个
9	按钮	LA10－3H	1	个
10	端子排	TD1515	2	个
11	导线	主电路：BVR－1 mm² （黑色）	若干	m
12		控制电路：BVR－0.75 mm² （红色）	若干	m
13		接地线：BVR－1 mm² （黄绿双色）	若干	m
14	冷压接头	UT1－3；UT1－4	若干	个
15	三相异步电动机	Y2－802－4（0.75 kW、380 V、1 390 r/min）	1	台

4. 固定元器件并完成电路接线

（1）检查元器件。配齐所用元器件并逐一检查元件的质量，各项技术指标应符合规定要求，如有异常应及时检修或更换。

（2）固定元器件。根据图4-24所示的元件安装位置，先裁锯线槽和导轨，并安装固定；再将电器元件卡装在导轨上。固定时，要注意以下两点：

① 固定导轨时要充分考虑到元件位置应排列整齐均匀、间距合理，便于更换。

② 卡装元件时要注意各自的安装方向，且均匀用力，避免倒装或损坏元件。

（3）采用线槽布线安装。按图4-24所示接线图接线，先接主电路，再接控制电路。

导线准备好后，按尺寸断线，剥去两端的绝缘皮，将多股线头绞紧，套上线号号码管，再做好冷压接头后接到端子上。

具体工艺要求如下：

① 导线露铜不能过长，冷压接头紧固美观，端子连接要牢靠；

② 线槽外走线要求横平竖直，整齐美观，避免交叉；

③ 严禁损伤线芯和导线绝缘。

④ 一个接线端子上的连接线不得多于两根。

（4）按钮、电动机、三相电源等外围设备接线时，必须按照线号从接线端子XT的下端接入。

5. 自查电路

控制电路安装完成后，必须经过认真检查后才能通电调试，以免造成事故。检查线路一般应按照以下几步进行。

（1）检查布线。对照相应的原理图和接线图，从电源端开始逐一核对接线，检查有无漏接、错接之处，接线是否牢靠，有无夹到绝缘皮，造成接触不良等情况。

（2）线路故障检查。将万用表置于R×100挡，检测线路的通断情况，具体方法如下：

① 检查控制电路。首先测量1号线与0号线间电阻，常态下其阻值应为∞，若不是，检查3号线与4号线是否错接。或按图4-25（a）所示的电阻分阶测量法进行测量，其判断流程如图4-25（b）所示；也可按照图4-26所示的电阻分段测量法进行测量检查，其查找故障流程如表4-4所示。

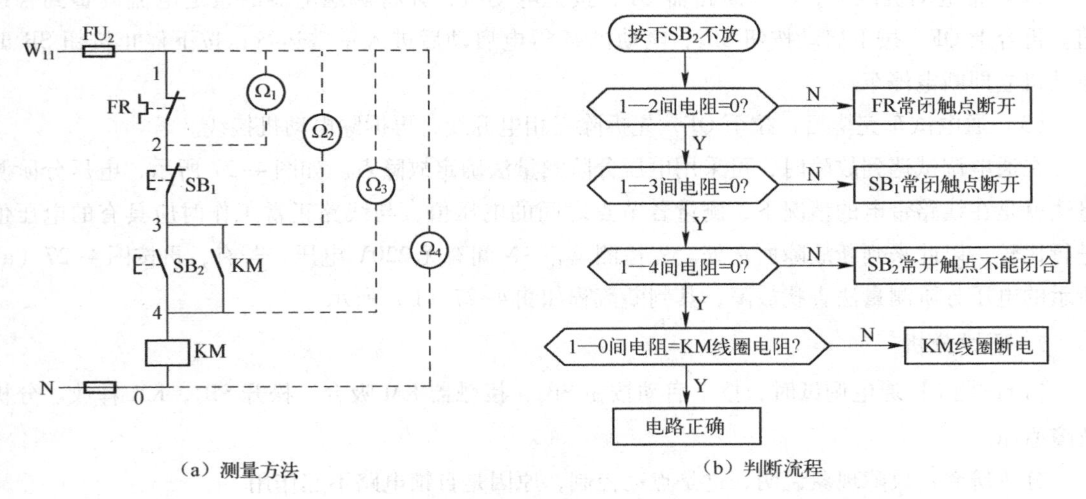

（a）测量方法　　（b）判断流程

图4-25　电阻分阶测量法

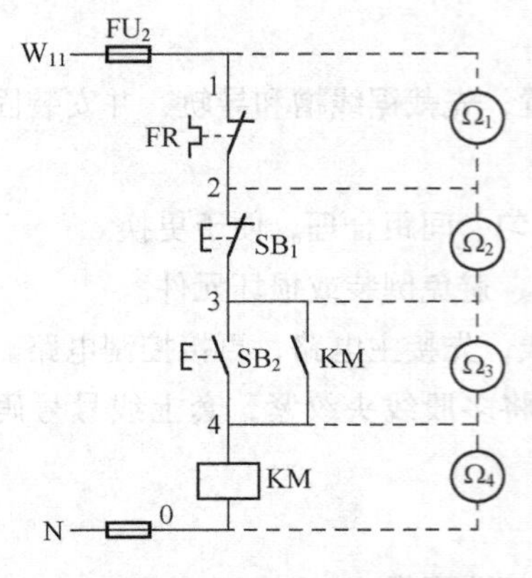

图 4-26 电阻分段测量法

表 4-4 电阻分段测量法查找故障

测 量 点	电 阻 值	故 障 点
1—2	∞	FR 常闭触点断开
1—3	∞	SB_1 常闭触点断开
按下 SB_2，测 3—4	∞	SB_2 按下未接触
4—0	∞	KM 线圈开路

② 检查主电路。按表 4-5 所示的操作方法进行检查。

表 4-5 万用表检测主电路的过程

操 作 方 法		正 确 阻 值	备 注
测量 U_{11} 与 U_1、V_{11} 与 V_1、W_{11} 与 W_1 之间的阻值	常态下	∞	万用表置于 R×100 挡
	压合 KM 衔铁	0	万用表置于 R×1 挡
测量 XT 的 U_1、V_1、W_1 之间的阻值		∞	万用表置于 R×100 挡

6. 通电调试

经自检，确认安装的电路正确和无安全隐患后，可通电调试。通电调试时应先调试控制电路，观察电器动作正确后方可带电动机试车。

（1）调试控制电路。合上断路器 QF，按下启动按钮 SB_2，接触器 KM 线圈得电，KM 常开触点闭合，自锁电路使得 KM 的线圈保持通电状态；按下停止按钮 SB_1，KM 立即失电。反复几次，观察电器元件动作是否灵活，有无卡阻及噪声过大现象。

（2）带电动机试车。拉下断路器 QF，接上电动机，并将热继电器的整定电流调整到合适值。再合上 QF，按下启动按钮 SB_2，电动机 M 得电启动后进入正常运行；按下停止按钮 SB_1 时电动机立即断电停车。

（3）通电试车完毕后，拉下 QF，先拆除三相电源线，再拆除电动机接线。

在通电调试遇到故障时，可采用电压分阶测量法确定故障点。如图 4-27 所示，电压分阶测量法就是在线路带电的情况下，测量各节点之间的电压值，与线路正常工作时应具有的电压值进行比较，以此来判断故障所在处。先检测 W_{11}—N 间有无 220V 电压，若有，再按图 4-27（a）所示的电压分阶测量法查找故障，其判断流程如图 4-27（b）所示。

7. 研讨分析

【研讨题 1】通电调试时，按下启动按钮 SB_2，接触器 KM 吸合，松开 SB_2，KM 释放。分析故障原因。

分析研究：故障现象说明，这是点动控制，原因是自锁电路不起作用。

检查处理：检查接触器辅助常开触点，发现自锁触点接线错位。将接线改正后，通电测试正常。

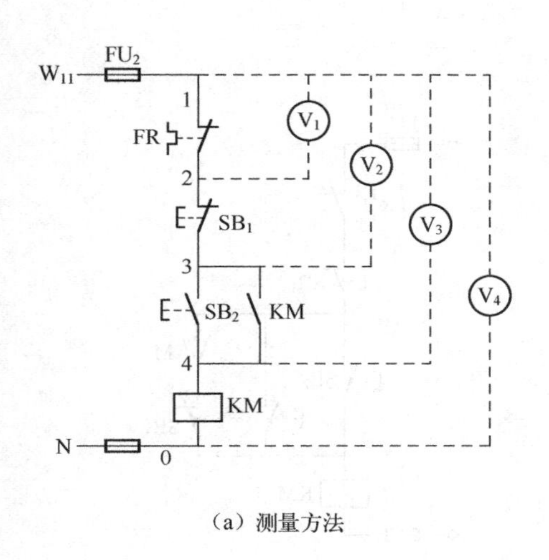

（a）测量方法

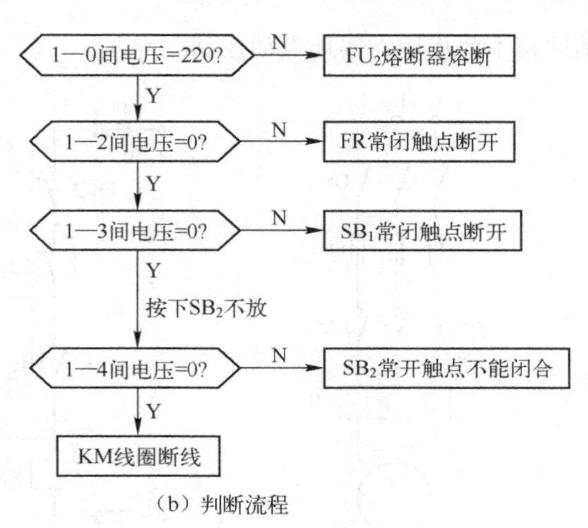

（b）判断流程

图 4-27　电压分阶测量法

【研讨题 2】合上自动开关 QF（未按 SB_2），接触器 KM 立即得电动作；按下 SB_1，则 KM 释放；松开 SB_1，则 KM 又得电动作。分析故障原因。

分析研究：故障现象说明 SB_1 的停车控制功能正常，而启动按钮 SB_2 不起作用。因 SB_2 上并联 KM 的自锁触点，从原理图分析可知，故障是由于 SB_1 下端连线直接接到 KM 线圈上端引起的。推测 2 号线和 3 号线有错接处。

检查处理：核对按钮盒接线，未见错误，检查接触器辅助常开触点接线时，发现将按钮盒引出的 2 号线错接到 KM 线圈上，所以造成线路失控。将 2 号线、3 号线接线改正后，重新测试，故障排除。

【研讨题 3】通电调试时，按下 SB_2 后 KM 不动作，检查线路连接无错误、无接触不良；用电笔检查熔断器出线端，氖管亮。分析故障原因。

分析研究：电笔检测时氖管亮，说明电源正常，那么问题出在电器元件上，推测按钮的触点、接触器线圈、热继电器触点有断路点。

检查处理：万用表置于 R×1 挡测量上述元件。表笔跨接 2 号和 4 号端子，按下 SB_2 时测得 R→0，证明按钮完好；测量 KM 线圈，电阻正常；测量热继电器常闭触点，测得结果为断路，判断触点未复位。按下 FR 复位按钮，重新测试，故障排除。

4.1.5　点动电路及多地点控制电路

1. 既能点动又能连续运行电路

生产设备正常运行时，电动机一般处于连续工作状态，但有些生产机械要求按钮按下时，电动机运转，松开按钮时，电动机就停转，这就是点动控制。生产机械在进行试车和调整时常要求点动控制。图 4-28 所示电路既能实现点动控制又能实现连续控制。

图 4-28（b）中，SA 为转换开关，当需要点动时将 SA 打开→自锁回路断开→按下 SB_2 实现点动；若需连续运行，合上开关 SA，将自锁触点接入，实现连续控制。

图 4-28（c）中，当按下 SB_2 时实现连续运转，当按下 SB_3 时→SB_3 的常闭触点先断开，使自

锁回路不起作用，实现点动控制。

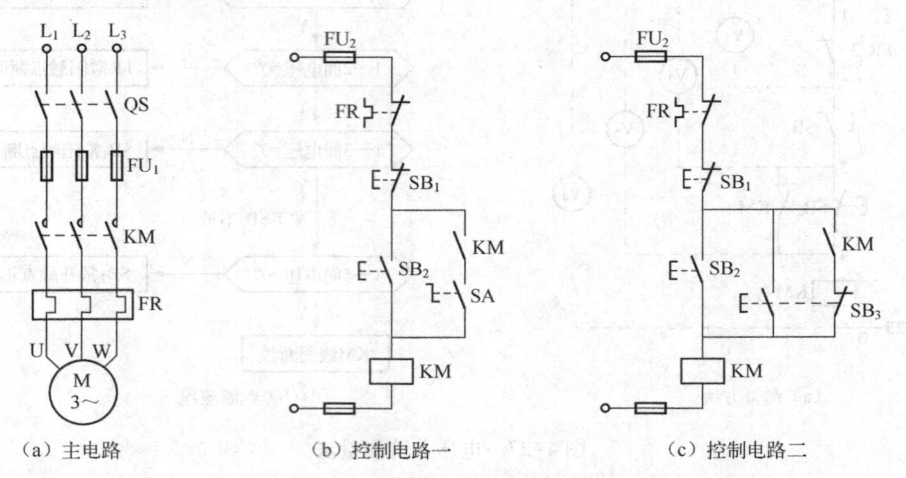

（a）主电路　　（b）控制电路一　　（c）控制电路二

图 4-28　既能点动又能连续运行电路

电动机连续与点动控制的关键环节是自锁触点是否起作用。若能实现自锁，则电动机连续运转；若断开自锁回路，则电动机实现点动控制。

2. 多地点控制电路

在一些大型设备或生产流水线中，为方便操作人员在不同的位置均能操作，通常要求实行多地控制。一般多地控制只需增加控制按钮即可。多地控制的原则为：启动按钮相互并联，停止按钮相互串联。多个启动按钮或停止按钮分别装在大型设备的不同位置。图 4-29 所示为电动机两地控制的控制电路，它将两个启动按钮并联，将两个停止按钮串联，这样在任何一个地方按下启动按钮都能使电动机启动，在任一地方按下停止按钮都能使电动机停车。

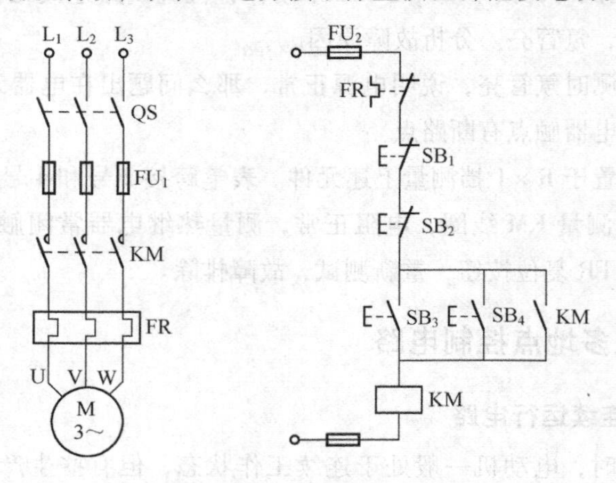

图 4-29　两地控制电路

4.2　三相异步电动机正反转电路的安装与调试

在生产实践中，常常要求生产机械改变运动方向，如工作台的前进、后退，起重机吊钩的上升、下降等，这就要求电动机能实现正反转。对于三相异步电动机，利用两个接触器改变定子绕组的电源相序就可实现电动机正反转。

4.2.1　限位开关

限位开关主要用于检测工作机械的位置，发出命令以控制其运动方向或行程长短，也可实现对工作机构的保护作用。

限位开关按结构和动作方式不同分为行程开关和接近开关两类。

1）行程开关

行程开关的工作原理与按钮相似，它是利用机械运动部件的碰压而使其常闭触点断开、常开触点闭合，从而实现对电路的控制作用。

行程开关有多种构造形式，常用的有直动式和滚轮式，如图4-30所示。行程开关的主要技术数据参见附录A中表7-9所示。

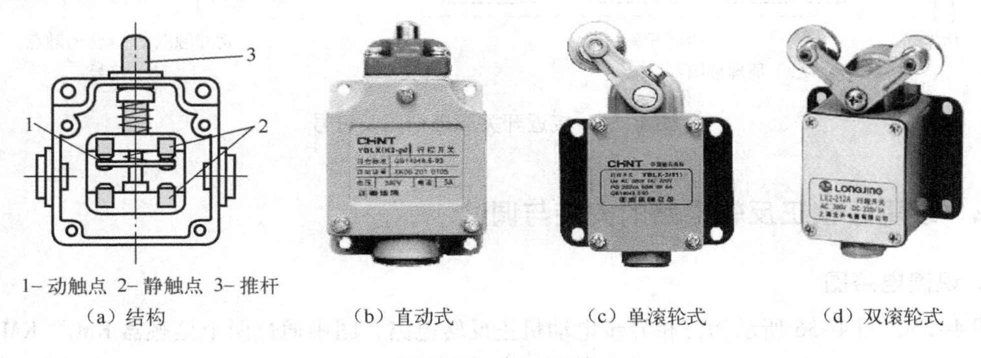

1- 动触点 2- 静触点 3- 推杆

（a）结构　（b）直动式　（c）单滚轮式　（d）双滚轮式

图4-30　行程开关

行程开关的符号如图4-31所示。其型号含义如图4-32所示。

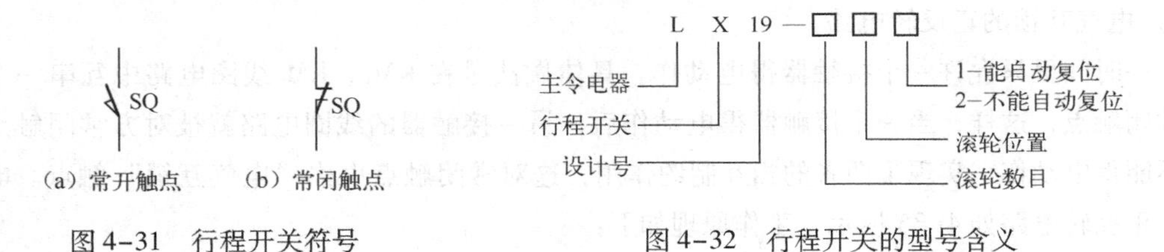

（a）常开触点　（b）常闭触点

图4-31　行程开关符号　　图4-32　行程开关的型号含义

2）接近开关

接近开关的作用是当某物体与接近开关接近并达到一定距离时，能发出信号，从而完成行程控制和限位保护。它不需要施加外力，是一种无触点式的限位开关。与行程开关相比，接近开关具有工作可靠、定位精度高、寿命长等特点。图4-33所示是几种常见的接近开关。

电感式接近开关的工作原理如图4-34（a）所示，它由三部分组成：振荡器、开关电路及放大输出电路。LC振荡器产生一个交变磁场，当金属物体接近这一磁场，并达到感应距离时，在金属物体内产生涡流，从而导致振荡衰减，以至停振。振荡器振荡及停振的变化被后级放大电路处理并转换成开关信号，触发驱动控制器件，从而达到非接触式的检测目的。接近开关的符号如图4-34（b）所示。

图 4-33　接近开关外形

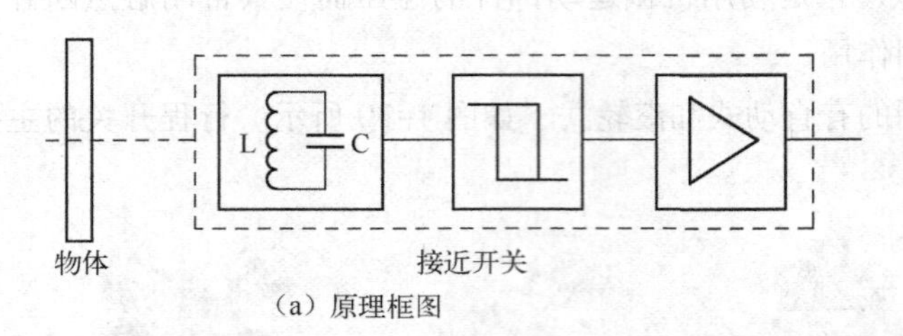

（a）原理框图　　（b）符号

图 4-34　接近开关原理框图及符号

4.2.2　双重互锁正反转电路的安装与调试

1. 识读电路图

图 4-35、图 4-36 所示为三相异步电动机正反转电路，图中通过两个接触器 KM_1、KM_2 来实现改变电源的相序。为避免正转和反转两个接触器同时动作造成电源短路事故，必须在电路中设置“互锁”环节。

1）电气互锁的正反转电路

同一时间里只允许一个接触器得电动作。具体做法是在 KM_1、KM_2 线圈电路中互串一个对方的常闭触点，这样，当一个接触器得电动作后，另一接触器的线圈电路就被对方常闭触点断开，不能得电动作，实现了两者的相互制约作用，这对常闭触点也称“电气互锁”触点。电气互锁的正反转电路如 4-35 所示，工作原理如下：

（1）正转控制。

按下 SB_2 → KM_1 线圈得电 →
- KM_1 辅助常闭触点断开（与 KM_2 互锁）
- KM_1 主触点闭合 → 电动机 M 正转运行
- KM_1 辅助常开触点闭合（自锁）

（2）停止。

按下 SB_1 → KM_1 线圈失电 → KM_1 所有常开触点断开 → 电动机 M 停转。

（3）反转控制。

按下 SB_3 → KM_2 线圈得电 →
- KM_2 辅助常闭触点断开（与 KM_1 互锁）
- KM_2 主触点闭合 → 电动机 M 反转运行
- KM_2 辅助常开触点闭合（自锁）

2）双重互锁的正反转电路

图4–35所示的电路作正反转操作控制时，必须先按下停止按钮SB_1，才能再反向或正向启动，故它具有“正—停—反”控制特点。这对需要频繁改变电动机转向的设备来说，很不方便。为了提高生产效率，利用复合按钮组成“正—反—停”双重互锁控制，既有接触器常闭触点实现的电气互锁，又有按钮常闭触点实现的机械互锁，如图4–36所示。在这个电路中，当电动机正转时，若按下反转启动按钮SB_3，SB_3的常闭触点先切断KM_1线圈支路，待其常开触点复位后KM_2线圈得电，实现电动机的反转。

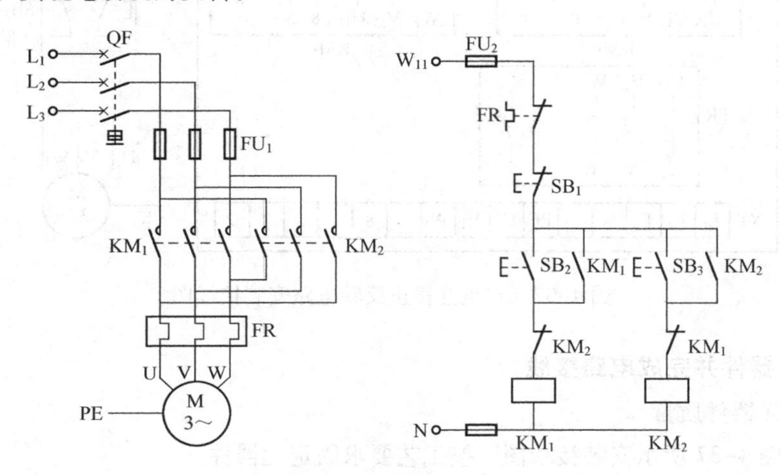

图4–35　电气互锁正反转电路

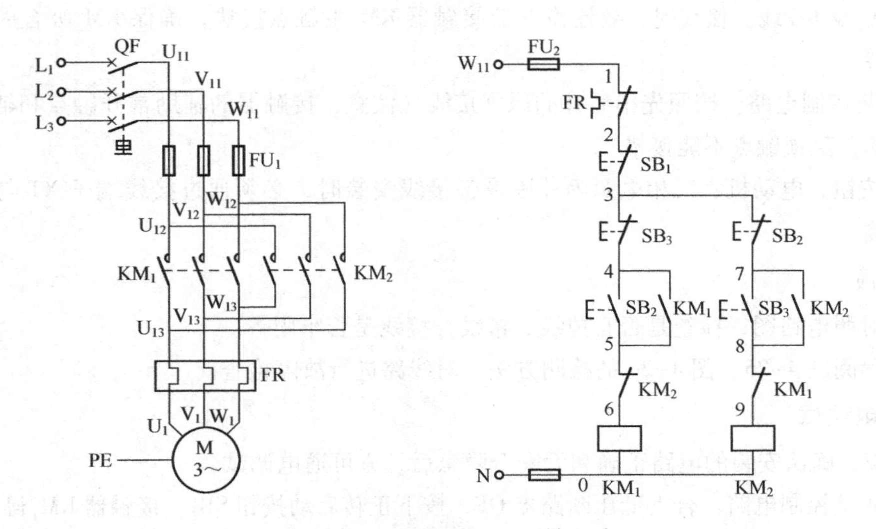

图4–36　双重互锁的正反转电路

2. 绘制安装接线图

根据接线图的绘制原则和电路原理图，考虑好元件位置后，绘制安装接线图。双重互锁正反转电路的参考接线图如图4–37所示。

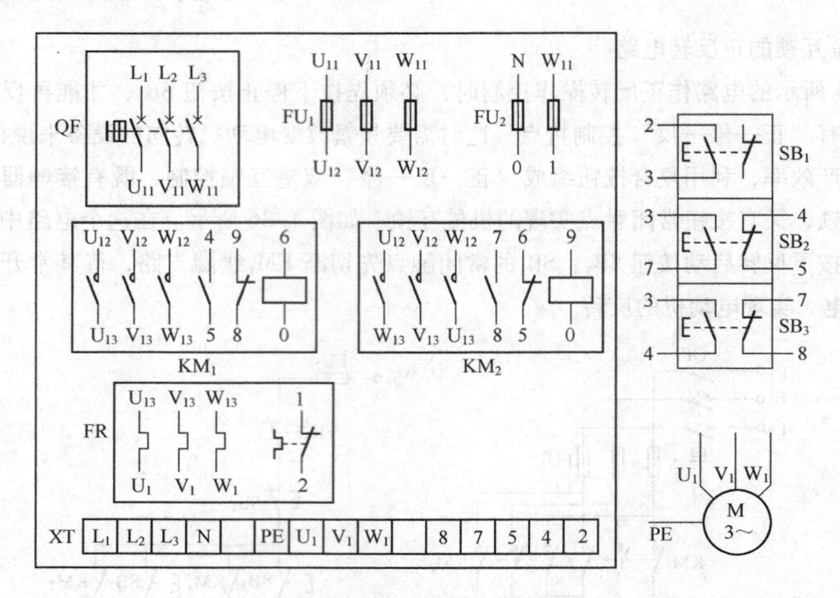

图 4-37　双重互锁正反转电路安装接线图

3. 固定元器件并完成电路接线

（1）检查元器件质量。

（2）对照图 4-37 所示安装接线图，按工艺要求固定元器件。

（3）按工艺要求，先接主电路，再接控制电路。

① 安装主电路。依次安装 L_1、L_2、L_3、N、U_{11}、V_{11}、W_{11}、U_{12}、V_{12}、W_{12}、U_{13}、V_{13}、W_{13}、U_1、V_1、W_1及 PE 线。接线时，要注意交流接触器 KM_2主触点接法，确保 KM_2吸合时，电动机能实现反转。

② 安装控制电路。按照先串后并的原则接线（注意：接触器的辅助常开触点和辅助常闭触点不能混淆，互锁触点不能接错）。

（4）按钮、电动机、三相电源等外围设备接线安装时，必须通过接线端子 XT 与网孔板上的电器对接。

4. 自检

（1）对照电路图，检查是否有掉线、错线，接线是否牢固等。

（2）参阅图 4-25、图 4-26 的检测方法，对线路进行故障检查。

5. 通电调试

经自查，确认安装的电路正确和无安全隐患后，方可通电调试。

（1）调试控制电路。合上低压断路器 QF，按下正转启动按钮 SB_2，接触器 KM_1得电并自锁；按下反转按钮 SB_3，接触器 KM_1先失电，KM_2后得电并自锁；按下停止按钮 SB_1，接触器线圈失电。如此反复几次，以检查线路动作的可靠性。

（2）带电动机试车。拉下 QF，接好电动机，并根据电动机的规格调整好热继电器的整定电流。再合上 QF，按下 SB_2，电动机正转运行；按下 SB_3，电动机反转运行；按下 SB_1时电动机停车。

（3）通电试车完毕后，拉下 QF，先拆除三相电源线，再拆除电动机接线。

6. 研讨分析

【研讨题1】通电调试时，按下正转按钮 SB_2，KM_1吸合，电动机运行正常，按下反转按钮 SB_3，KM_1释放，KM_2吸合，但电动机转向未变仍正转运行，分析故障原因。

分析研究：按下 SB_3，KM_2能正常动作，说明反转控制电路正确无误，故障原因应该是主电路中 KM_1、KM_2未调换相序。

检查处理：检查接触器主触点接线，发现 KM_2主触点的出线未作相序改变。将接线改正后，重新通电测试，故障排除。

【研讨题2】按下 SB_2或 SB_3时，KM_1、KM_2动作正常，但电动机均不转，且有嗡嗡声，分析故障原因。

分析研究：按下 SB_2或 SB_3时，KM_1、KM_2能正常动作，说明控制电路正确无误，故障原因是主电路电源缺相。

检查处理：查看熔断器 FU_1熔丝是否熔断。

4.2.3 自动往复电路及多台电动机顺序控制电路

1. 工作台自动往复运动控制电路

生产实践中，有些机械需要在一定范围内往复运动，例如运料小车、铣床的工作台等。工作机械往复运动的极限位置由限位开关检测。

图4-38所示为机床工作台往复运行示意图。行程开关 SQ_1、SQ_2分别固定安装在床身上，反映运动的原位与终点。挡铁 A、B 固定在工作台上，SQ_3、SQ_4分别为正反向极限保护用行程开关。

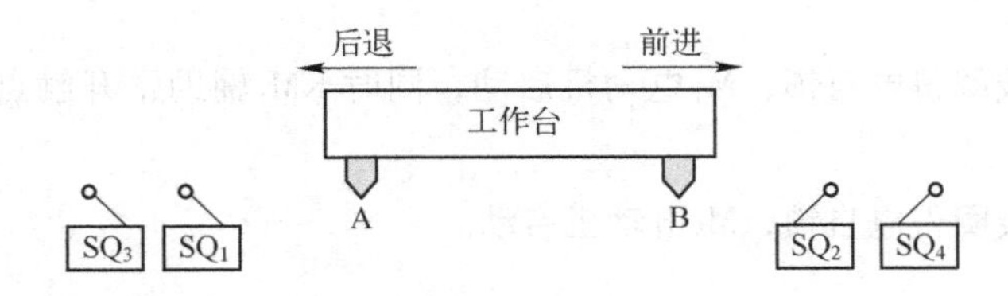

图4-38 工作台往复运动示意图

图4-39所示为工作台自动往复控制电路，工作原理分析如下：

合上 QS，按下按钮 SB_2，KM_1线圈得电，其常闭触点断开实现对 KM_2互锁控制，同时 KM_1常开触点闭合，电动机正转驱使工作台前进，至终点时，挡铁 B 碰撞行程开关 SQ_2，其常闭触点断开，切断 KM_1线圈电路，电动机失电工作台停止前进；同时 SQ_2的常开触点闭合，KM_2线圈得电，电动机反转驱使工作台后退，至原位时，挡铁 A 碰撞 SQ_1，电动机失电工作台停止后退；同时 KM_1线圈得电，工作台再次前进，如此周而复始实现工作台的自动往返运动。

若行程开关 SQ_1、SQ_2失灵，则由 SQ_3、SQ_4实现极限保护，避免运动部件因超出极限位置而发生事故。

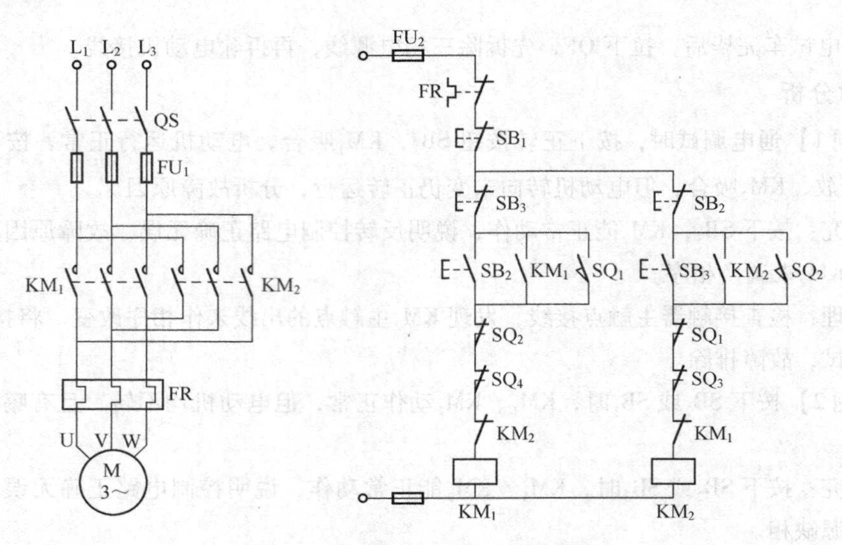

图 4-39　工作台自动往复运动控制电路

2. 多台电动机顺序控制电路

在生产实践中，有时一台设备中含有多台电动机，由于各电动机所起的作用不同，有时需按一定的顺序起、停，才能保证工作过程的合理性和安全性。例如机床工作时，要求冷却泵电动机启动后，主轴电动机才能启动；再如传输带输送系统中，只有后道输送带电动机启动后，才能启动前道输送带电动机，停车时应先停前道输送带电动机，才能再停后道输送带电动机，这样才不致造成物料在传输带上的堆积和滞留。图 4-40 所示为两种顺序控制电路图。

（1）图 4-40（b）所示控制电路图功能为：M_1电动机启动后M_2电动机才能启动，M_2电动机可单独停止。

启动过程：

按下 SB_2，KM_1线圈得电自锁，M_1电动机启动，同时 KM_1辅助常开触点闭合，为 M_2电动机启动做准备。

按下 SB_4，KM_2线圈得电自锁，M_2电动机启动。

停止过程：

按下 SB_1，KM_1线圈失电，M_1、M_2两电动机同时停止。

按下 SB_3，KM_2线圈失电，M_2电动机停止。

（2）图 4-40（c）所示控制电路图功能为：启动时，M_1电动机启动后 M_2电动机才能启动；停车时，M_2电动机停车后 M_1电动机才能停车。

启动过程：

按下 SB_2，KM_1线圈得电自锁，M_1电动机启动，同时为 M_2电动机启动做准备。

按下 SB_4，KM_2线圈得电自锁，M_2电动机启动，同时 KM_2辅助常开触点闭合把 SB_1锁住。

停止过程：

只有先按下 SB_3，KM_2线圈失电，KM_2常开触点断开，M_2电动机停止；再按下 SB_1，M_1电动机才能停止。

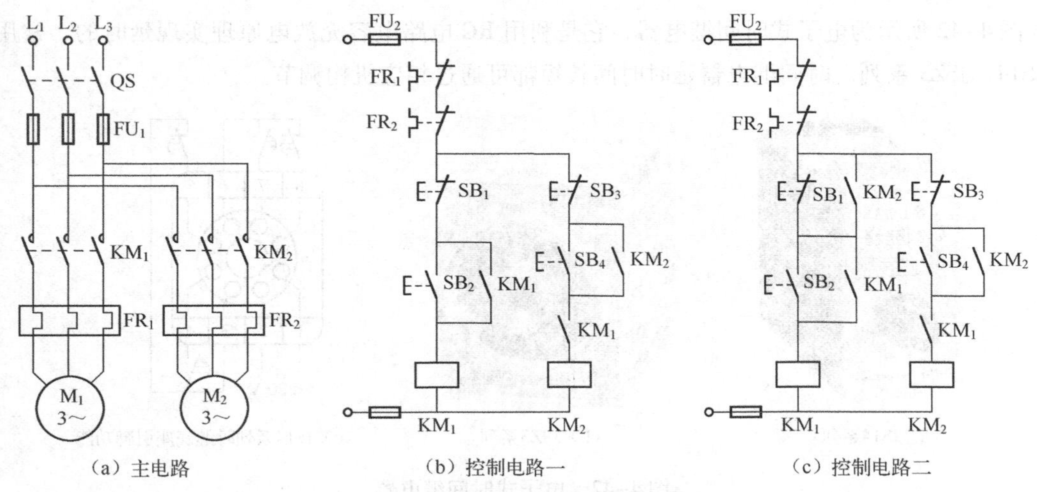

（a）主电路　　（b）控制电路一　　（c）控制电路二

图4-40　两台电动机顺序控制电路

4.3　三相笼式异步电动机Y-△降压启动电路的安装与调试

三相鼠笼式异步电动机容量较大时，一般应采用降压启动。所谓降压启动，是在启动时将电源电压适当降低，再加到电动机定子绕组上，启动后再将电压恢复到额定值，以减小启动电流对电网及电动机本身的冲击。

降压启动的方法有定子绕组串电阻降压启动、Y-△降压启动、自耦变压器降压启动等。

4.3.1　时间继电器、中间继电器及电流继电器

1. 时间继电器

时间继电器是按整定时间的长短通断电路。时间继电器的种类很多，按结构原理可分为空气阻尼式、电子式（又称晶体管式）、电动机式等；按延时方式可分为通电延时型和断电延时型两类。

图4-41所示为空气阻尼式时间继电器，是利用空气阻尼原理获得延时的，常用的有JS7系

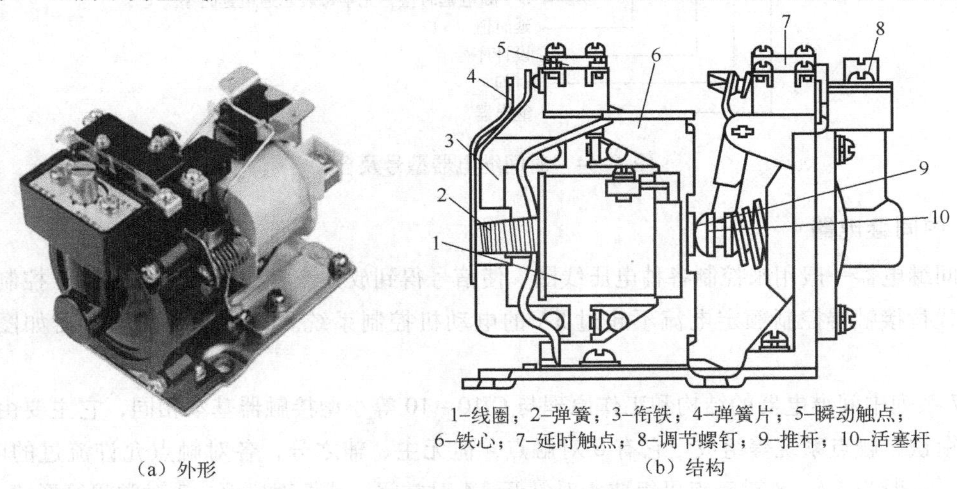

1—线圈；2—弹簧；3—衔铁；4—弹簧片；5—瞬动触点；
6—铁心；7—延时触点；8—调节螺钉；9—推杆；10—活塞杆

（a）外形　　（b）结构

图4-41　空气阻尼式时间继电器

列；图 4-42 所示为电子式时间继电器，它是利用 RC 电路电容充放电原理实现延时的，常用的有 JS14、JSZ3 系列。时间继电器延时时间长短都可通过相应机构调节。

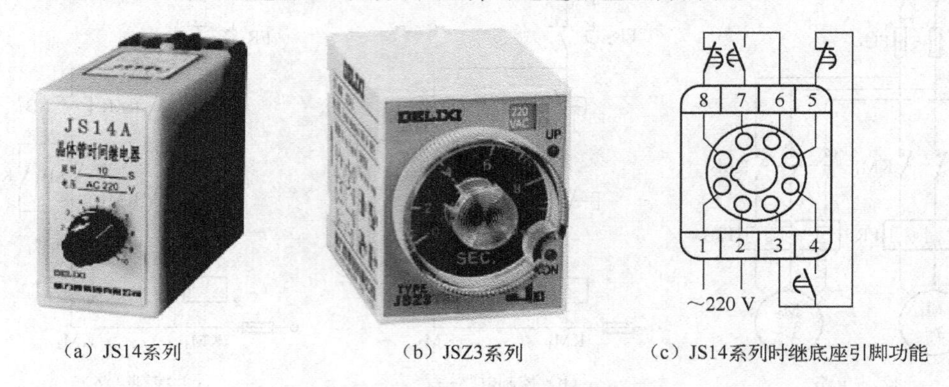

（a）JS14系列　（b）JSZ3系列　（c）JS14系列时继底座引脚功能

图 4-42　电子式时间继电器

时间继电器的符号如图 4-43 所示。

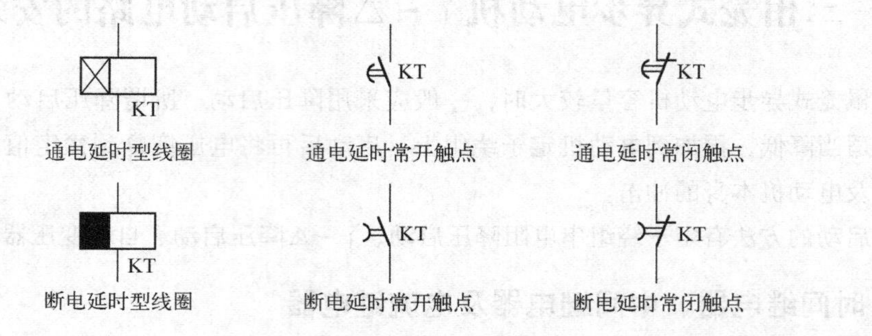

图 4-43　时间继电器符号

时间继电器型号及含义如图 4-44 所示。

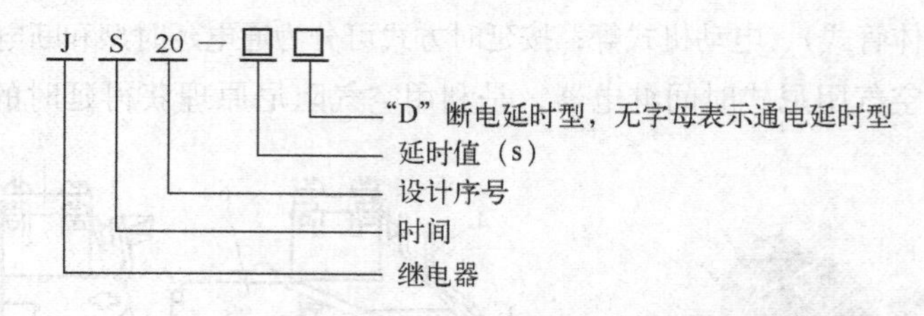

图 4-44　时间继电器型号及含义

2. 中间继电器

中间继电器一般用来控制各种电压线圈，使信号得到放大或将信号同时传给几个控制元件，也可以代替接触器控制额定电流不超过 5A 的电动机控制系统。常用的中间继电器如图 4-45 所示。

JZ7 系列中间继电器的结构和工作原理与 CJ10 - 10 等小型接触器基本相同，它主要由线圈、铁心、衔铁、触点系统等组成。它有 8 对触点，但无主、辅之分，各对触点允许流过的电流大小相同，一般为 5 A。8 对触点可组成 4 对常开、4 对常闭，或 6 对常开、2 对常闭等形式。

(a) JZ7系列

(b) JQX系列

(c) DZ系列

图4-45　中间继电器外形

JQX系列、DZ系列中间继电器带有透明外罩，可防止尘埃进入内部而影响工作的可靠性。

中间继电器的选用主要依据被控制电路的电压等级、所需触点的数量等要求来进行。中间继电器的主要技术数据参见附录A中的表7-10所示。

中间继电器的符号如图4-46所示。其型号含义如图4-47所示。

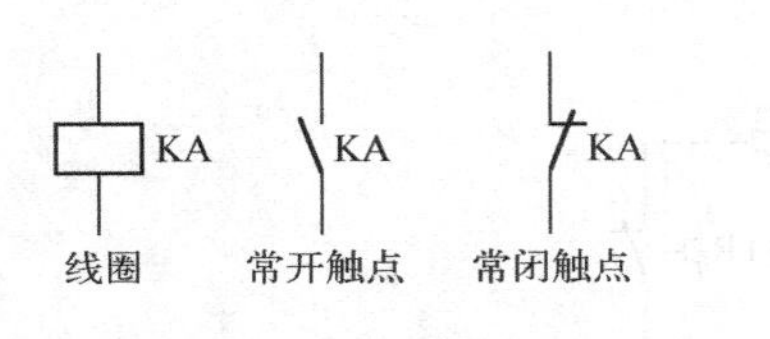

图4-46　中间继电器符号

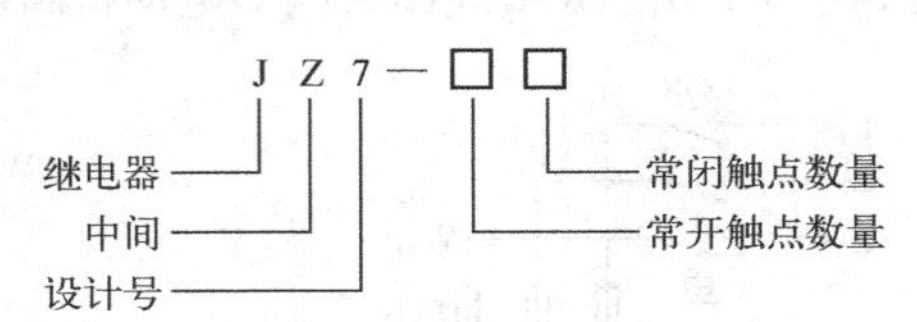

图4-47　中间继电器型号含义

3. 电流继电器

电流继电器是根据输入电流大小而动作的继电器，有过电流继电器和欠电流继电器两类。在过电流继电器中，当流过线圈的电流小于整定值时，它所产生的电磁吸力不足以克服弹簧的反作用力，衔铁不动作，只有当流过线圈的电流大于整定值时，衔铁才吸合，带动触点动作而发出信号。在欠电流继电器中，当流过线圈的电流小于整定值时，电磁吸力减小使衔铁释放，常开触点断开。因此，过电流继电器用于短路和过载保护，欠电流继电器一般用于直流电动机的弱磁保护。电流继电器的符号如图4-48所示。

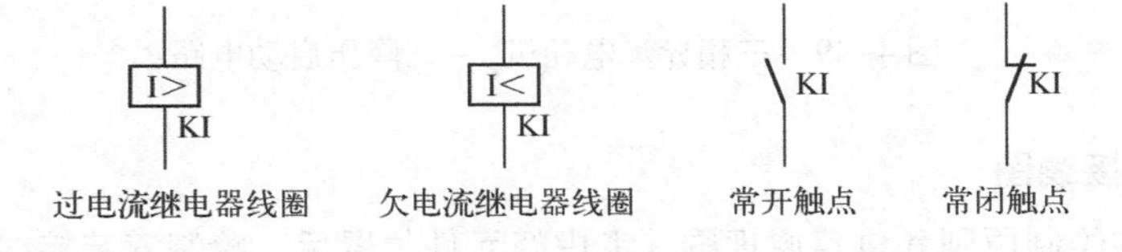

图4-48　电流继电器符号

4.3.2　Y-△降压启动电路的安装与调试

对于正常运行定子绕组为三角形接法的电动机，在启动时，定子绕组先接成Y，待转速上升到接近额定转速时，将定子绕组改接成三角形接法，使电动机进入全压运行。

1. 识读电路图

图4-49所示为三相异步电动机Y-△降压启动电路，图中KM_1作引入电源用，KM_2做Y联结用，KM_3做△联结用。电路工作原理如下：

（1）启动控制。

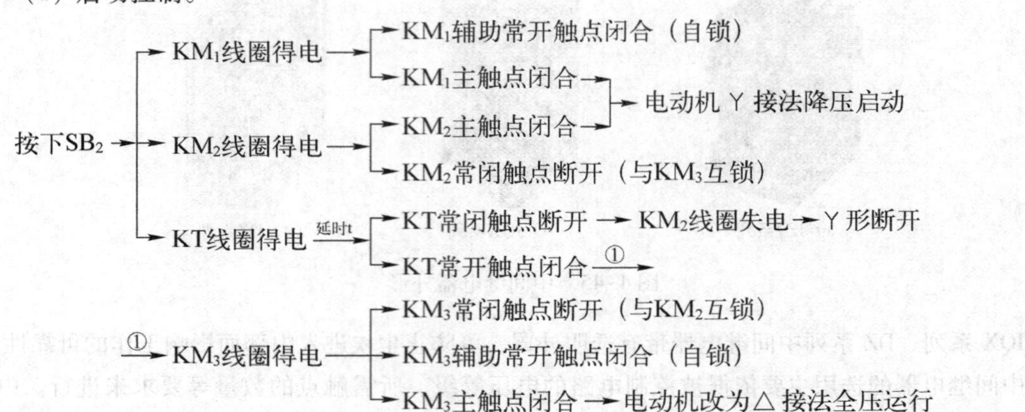

（2）停止控制。

按下 SB_1→ KM_1、KM_3线圈失电→电动机断电停转。

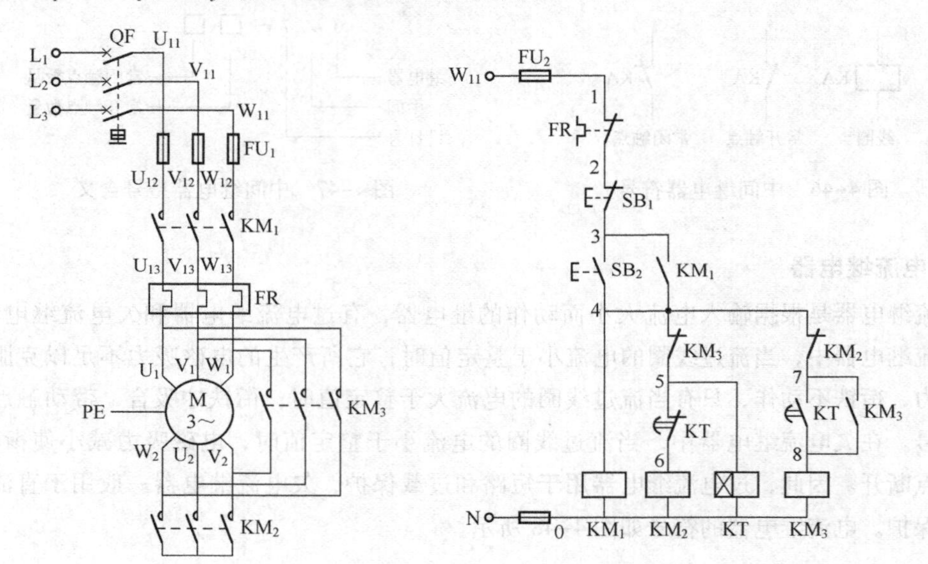

图 4-49　三相异步电动机Y－△降压启动电路

2. 绘制安装接线图

根据接线图的绘制原则和电路原理图，考虑好元件位置后，绘制安装接线图。Y－△降压启动电路的参考接线图如图 4-50 所示。

3. 固定元器件并完成电路接线

（1）检查元器件质量。

（2）对照图 4-50 所示的安装接线图，按要求固定元器件。时间继电器插入专用底座，应保证定位键插入定位槽内，以防插反插坏。

（3）按工艺要求，先接主电路，再接控制电路。

① 安装主电路时，应注意Y和△的接法，防止误接、错接造成缺相或相线短路。

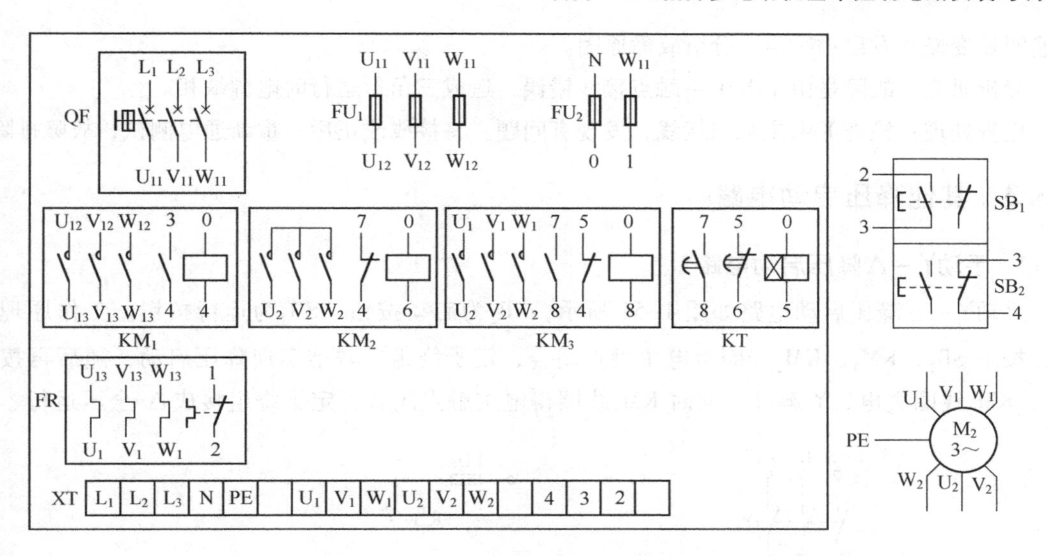

图 4-50　Y-△降压启动电路安装接线图

② 在识读时间继电器引脚功能的基础上，按照先串后并的原则进行控制电路的接线。

（4）外围设备布线安装。在安装按钮、电动机、电源等外围设备时，必须通过接线端子 XT 与网孔板上的元件相连。

4. 自检

（1）对照电路图，检查是否有掉线、错线，接线是否牢固等。

（2）参阅图 4-25、图 4-26 所示的检测方法，对线路进行故障检查。

5. 通电调试

经自检，确认安装的电路无安全隐患后，可通电调试。时间继电器延时时间调整为 3 s。

（1）调试控制电路。合上 QF，按下启动按钮 SB_2，接触器 KM_1 线圈得电并自锁，同时 KM_2、KT 线圈得电；经延时 3 s 后，KM_2 线圈失电，KM_3 线圈得电并自锁；按下停止按钮 SB_1，KM_1、KM_3 释放。反复几次，以检查线路动作的可靠性。

（2）带电动机试车。拉下 QF，确认电动机绕组的首、末端，接好电动机接线，并调整好热继电器的整定电流。再合上 QF，按下 SB_2，电动机启动，转速上升；约 3 s 后线路转换，电动机进入全压运行。

（3）通电试车完毕后，拉下 QF，先拆除三相电源线，再拆除电动机接线。

6. 研讨分析

【研讨题 1】调试控制电路时，按下 SB_2 后 KM_1、KM_2、KT 均得电，但延时 3 s 后线路无切换动作。分析故障原因。

分析研究：故障是因时间继电器的延时触点未动作引起的。由于按下 SB_2 时 KT 已得电，所以推测 KT 的常开、常闭触点接线错位，造成线路不能正常切换。

检查处理：检查时间继电器触点接线，发现有问题。将接线改正后，重新通电测试，故障排除。

【研讨题 2】带电动机通电调试时，按下启动按钮 SB_2，Y形启动正常，但切换到△后电动机转速明显变慢并发出嗡嗡声。分析故障原因。

分析研究：故障是由于KM_3主触点接线错误，造成三角形运行时电源缺相。

检查处理：检查KM_3主触点接线，发现有问题。将接线改正后，重新通电测试，故障排除。

4.3.3 其他降压启动电路

1. 手动Y－△降压启动电路

手动Y－△降压启动电路如图 4-51 所示，SB_2为启动按钮，SB_3为运行按钮。工作原理如下：按下SB_2，KM_1、KM_2线圈得电主触点闭合，定子绕组Y联结实现降压启动，随后再按下SB_3，KM_2线圈失电，Y解开，同时KM_3线圈得电主触点闭合，定子绕组接成△全压运行。

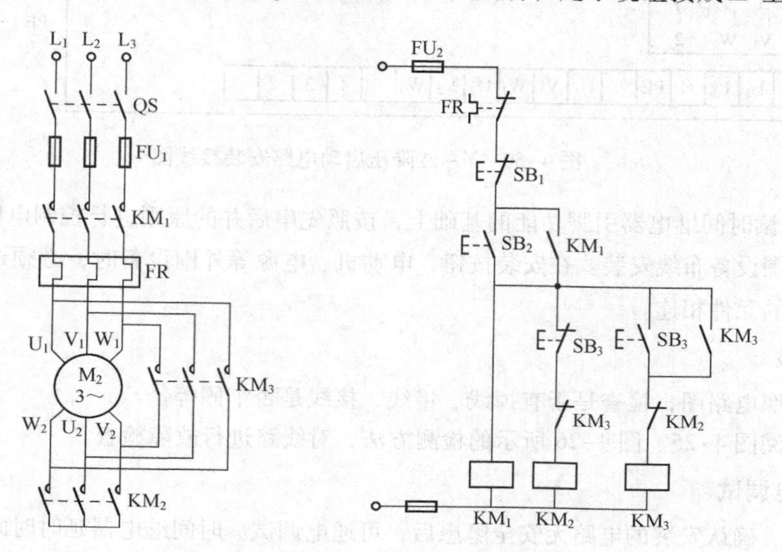

图 4-51 手动Y－△降压启动控制电路

2. 其他降压启动控制电路

除了Y－△降压启动方法外，还有定子绕组串电阻降压启动、自耦变压器降压启动等。

1）定子绕组串电阻降压启动电路

图 4-52 所示为定子绕组串电阻降压启动电路。电动机启动时，接触器KM_1线圈得电主触点闭合，定子绕组串接电阻，使定子绕组电压降低，当时间继电器 KT 切换时间到后，KM_2动作从而把电阻短接，实现全压运行。

2）自耦变压器降压启动电路

自耦变压器降压启动是指电动机启动时利用自耦变压器来降低加在电动机定子绕组上的启动电压。待电动机启动后，再使电动机与自耦变压器脱离，从而在全压下正常运行。自耦变压器降压启动电路如图 4-53 所示，该线路采用了两个接触器KM_1、KM_2来实现降压启动的切换控制。KM_1为降压接触器，KM_2为正常运行接触器，KT 为启动时间继电器，KA 为中间继电器。HL_3为电源指示灯，HL_2为启动指示灯，HL_1为运行指示灯。其工作原理读者可自行分析。

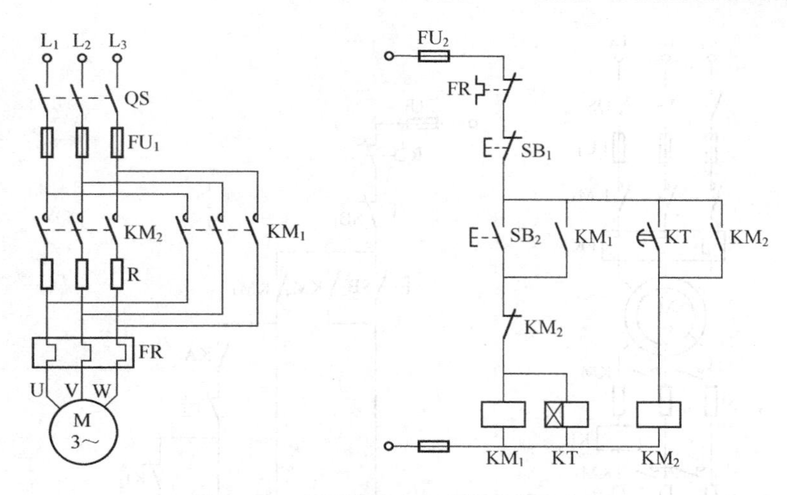

图4-52　定子绕组串电阻降压启动电路

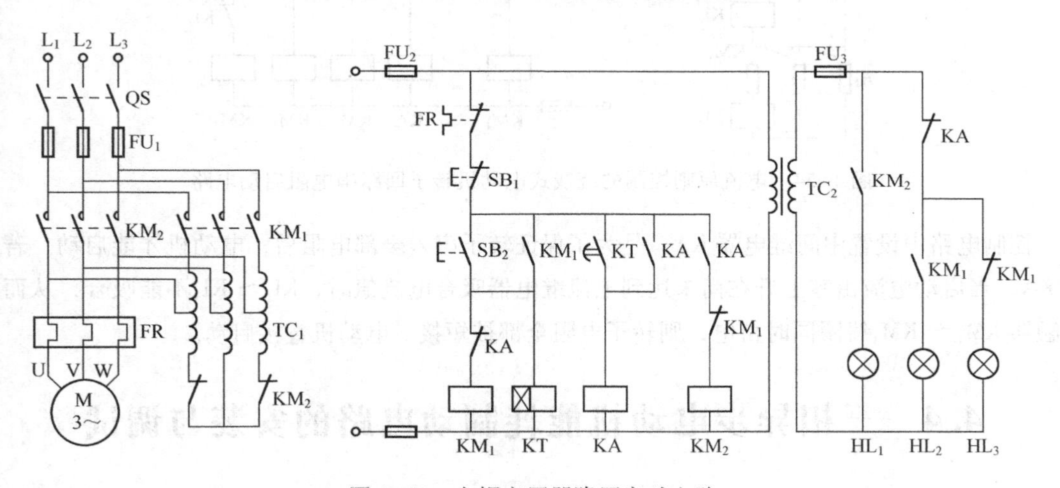

图4-53　自耦变压器降压启动电路

3. 三相绕线式异步电动机转子串电阻启动电路

图4-54所示为按电流原则控制的绕线式电动机转子回路串电阻启动电路。图中R_1、R_2、R_3为转子外接电阻，启动前电阻全部接入电路，在启动过程中，利用电流继电器根据电动机转子电流大小的变化来分级切除电阻。KI_1、KI_2、KI_3为欠电流继电器，其线圈串接在转子回路中。这三个欠电流继电器的吸合电流值相同，但释放值不同，其中KI_1的释放电流最大，最先释放，KI_2次之，KI_3释放电流最小。KA为中间继电器。

电动机启动过程如下：

合上QS，按下启动按钮SB_2→KM_4线圈得电并自锁→KA通电动作→电动机串全部电阻启动（刚启动时，启动电流很大，三个欠电流继电器全部动作，KI_1、KI_2、KI_3常闭触点都断开，接触器KM_1、KM_2、KM_3不动作）。随着电动机转速上升，转子电流减少，KA_1最先释放，其常闭触点复位，KM_1线圈得电，R_1电阻被短接，随着转子电流继续减少，KA_2、KA_3依次释放，KM_2、KM_3依次动作，切除全部电阻，电动机进入正常运行。

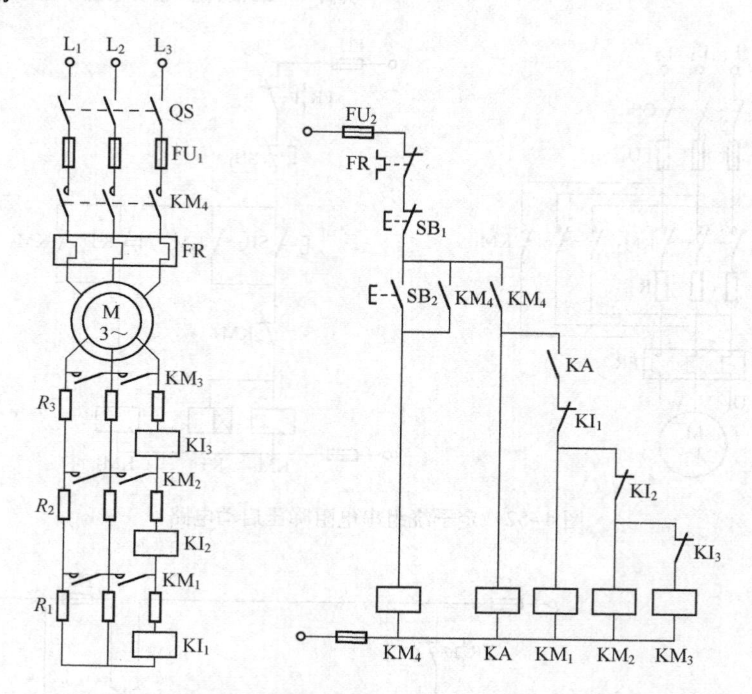

图 4-54　电流原则控制的绕线式电动机转子回路串电阻启动电路

控制电路中设置中间继电器 KA，是为了保证转子串入全部电阻后，电动机才能启动。若没有 KA，当启动电流由零上升在尚未达到电流继电器吸合电流值时，KI_1 ～ KI_3不能吸合，从而使接触器 KM_1 ～ KM_3线圈同时得电，则转子电阻全部被短接，电动机直接启动。

4.4　三相异步电动机能耗制动电路的安装与调试

当电动机定子绕组断电后，由于惯性作用，电动机不能马上停止运转。而很多生产机械需要迅速、准确停车，这就要求对电动机采取有效的制动控制。常用的电气制动方法有能耗制动、反接制动等。

4.4.1　速度继电器

速度继电器是一种当转速达到规定值时其触点动作的继电器，主要用作反接制动控制，所以又称作反接制动继电器。

图 4-55（a）所示为速度继电器的结构原理图，它主要由转子、定子和触点系统三部分组成，转子是一个圆柱形永久磁铁，定子是一个笼形空心圆环，由硅钢片叠成，并装有笼形绕组。

速度继电器的转子与被控电动机的轴相连，当电动机转动时，转子旋转磁场在定子绕组中产生感应电动势和感应电流，并在磁场作用下产生电磁转矩，使定子沿转子同一方向转动，当转到一定角度时，定子上的摆锤推动簧片动作，使常闭触点分断，常开触点闭合。

通常速度继电器都有两对转换触点，一对在正转时动作，另一对在反转时动作。通常速度继电器动作转速为130 r/min，复位转速在100 r/min以下。

速度继电器符号如图4-55（b）所示。

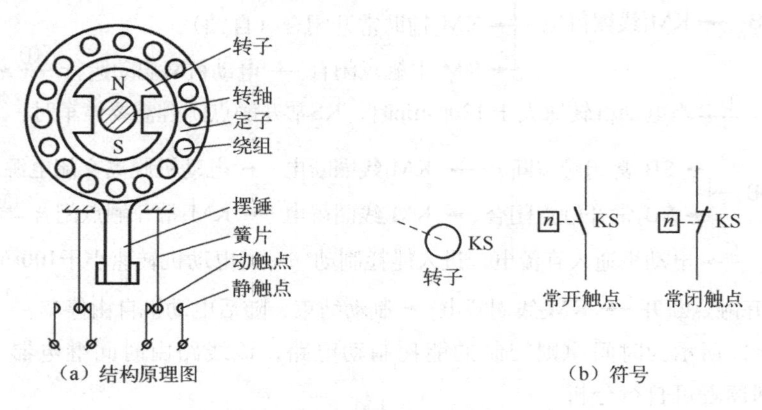

（a）结构原理图　　（b）符号

图4-55　速度继电器

4.4.2　正反转能耗制动电路的安装与调试

能耗制动是指电动机脱离三相交流电源后，迅速在定子两相绕组中通入直流电流，利用定子恒定磁场在电动机转子上产生的制动转矩，使电动机快速停下来。

1. 识读电路图

1）单向能耗制动电路

图4-56所示为电动机单向运行能耗制动控制电路。图4-56（a）主电路中，KM_1为运行接触器，KM_2为能耗制动接触器，KS为速度继电器，TC为整流变压器，VC为桥式整流模块，R为能耗制动电阻。

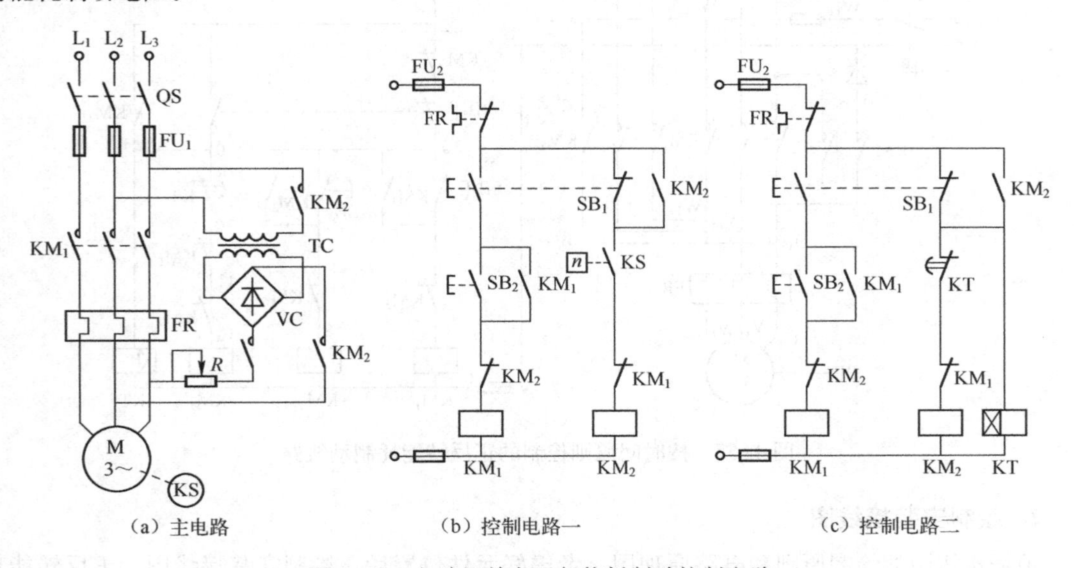

（a）主电路　　（b）控制电路一　　（c）控制电路二

图4-56　电动机单向运行能耗制动控制电路

图4-56（b）所示为速度原则控制的能耗制动电路，其工作原理分析如下：

启动时，合上 QS，

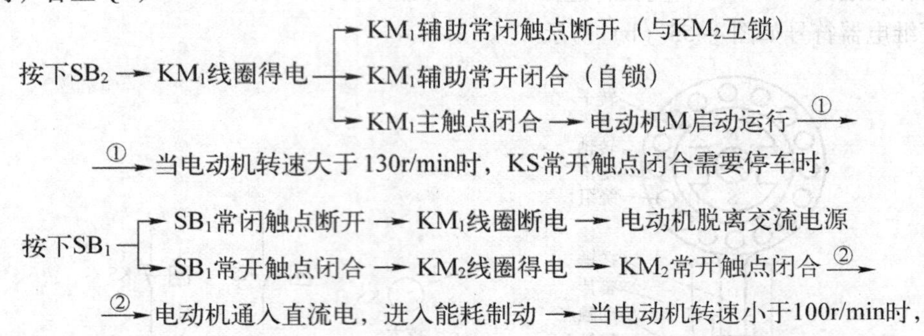

图 4-56（c）所示为时间原则控制的能耗制动电路，该线路由时间继电器 KT 控制制动过程，其工作原理读者可自行分析。

2）正反转能耗制动电路

图 4-57 所示为时间原则控制的正反转能耗制动控制电路。图中 KM_1、KM_2 为正反转接触器，KM_3 为能耗制动接触器。如果电动机正处于正向运转过程中，当停车时，其制动过程如下：

按下SB_1
→ KM_1线圈断电 → 电动机脱离交流电源
→ KM_3线圈得电 → 电动机通入直流电，进入能耗制动
→ KT线圈得电 —延时t→ KT常闭触点断开，KM_3线圈断电 ①→

①→ 制动结束，随后电动机自由停车。

电动机处于反向运转过程时的能耗制动过程与正向运行时类似，在此不再赘述。

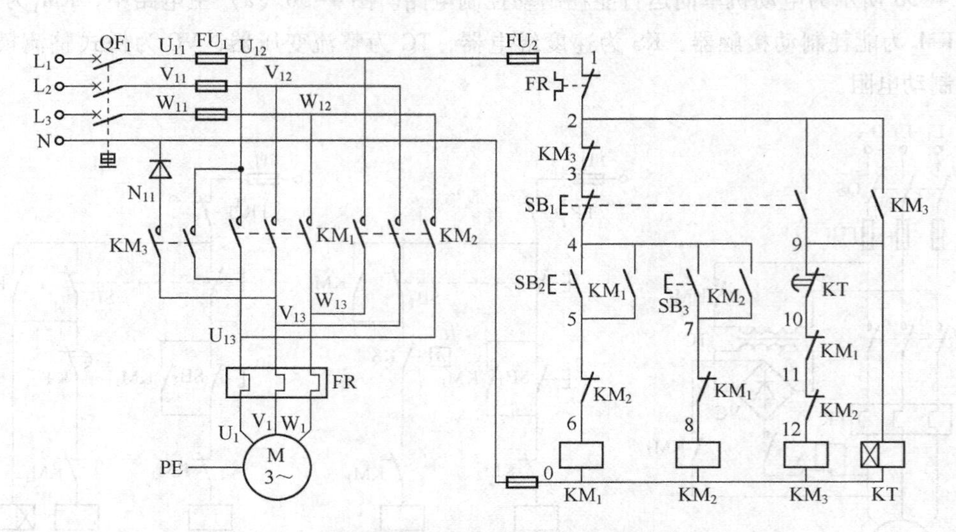

图 4-57　按时间原则控制的正反转能耗制动线路

2. 绘制安装接线图

根据接线图的绘制原则和电路原理图，考虑好元件位置后，绘制安装接线图。正反转能耗制动电路的参考接线图如图 4-58 所示。

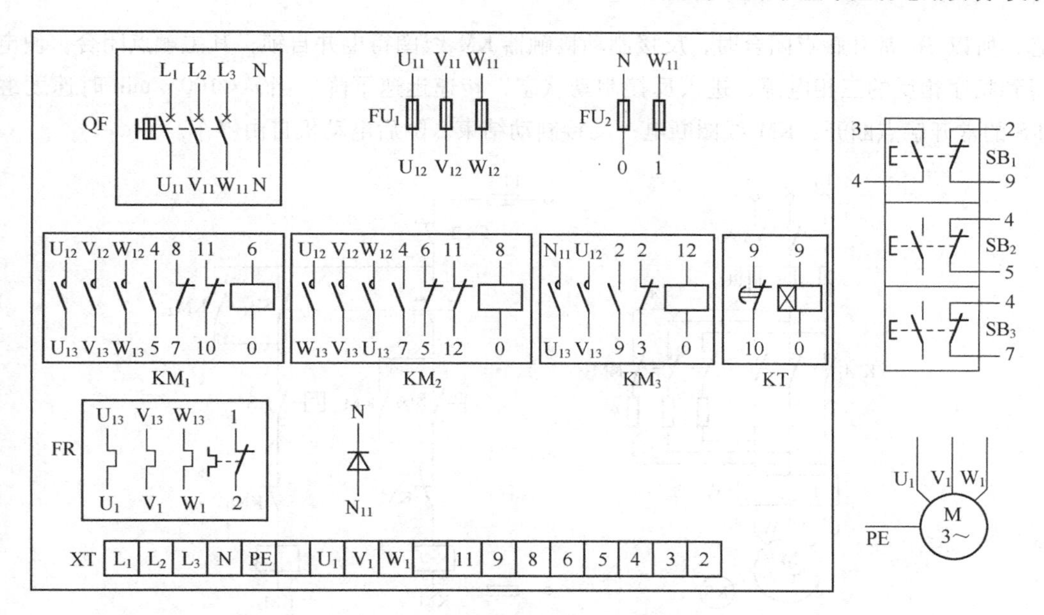

图 4-58　正反转能耗制动电路安装接线图

3. 固定元器件并完成电路接线

（1）检查元器件质量。

（2）对照图 4-58 所示安装接线图，按要求固定元器件。

（3）按工艺要求，先接主电路，再接控制电路。

4. 自检

（1）对照电路图，检查是否有掉线、错线，接线是否牢固等。

（2）参阅图 4-25、图 4-26 所示的检测方法，对线路进行故障检查。

5. 通电调试

经自检，确认安装的电路无安全隐患后，可通电调试。时间继电器延时时间调整为 5 s。

4.4.3　反接制动电路及双速电机控制电路

1. 反接制动控制电路

反接制动的实质是通过改变电源相序，产生一个与转子转向相反的电磁转矩，进而实现制动。由于反接制动瞬间，转差率 $s\approx2$，为限制制动瞬间的电流冲击，往往在定子绕组中串入限流电阻。另外，当电动机转速降到很低时应立即切断电流，以防止电动机反向启动。

1）单向反接制动控制电路

图 4-59 所示为电动机单向运行反接制动控制电路。图中 KM_1 为正常运转接触器，KM_2 为反接制动接触器，KS 为速度继电器，R 为反接制动限流电阻。

启动时，按下启动按钮 SB_2，接触器 KM_1 线圈得电并自锁，电动机通电运行，当 $n>130$ r/min 时速度继电器 KS 的常开触点闭合，为反接制动做好准备。当按下停止按钮 SB_1，常闭触点断开 KM_1 线圈断电，电动机脱离电源，由于惯性，电动机转速仍较高，KS 的常开触点依然处于闭合状态，所以SB_1常开触点闭合时，反接制动接触器KM_2线圈得电并自锁，其主触点闭合，使电动机得到相序相反的三相电源，进入反接制动状态，转速迅速下降。当$n<100$ r/min时速度继电器KS的常开触点断开，KM_2线圈断电，反接制动结束。随后电动机自由停车。

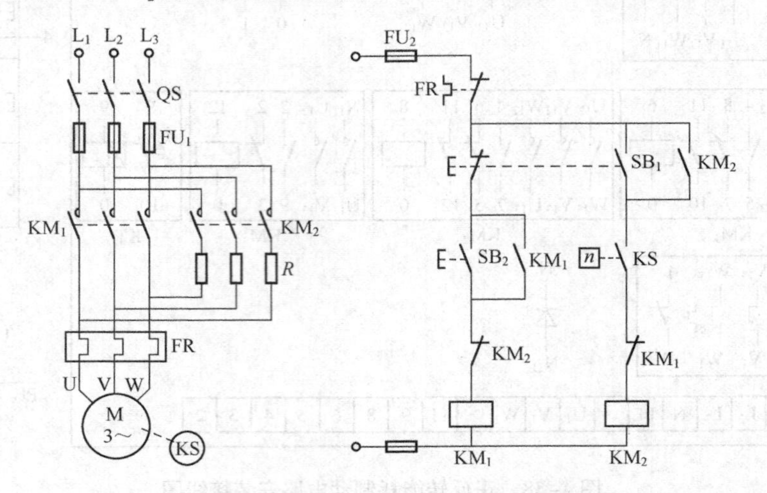

图4-59　电动机单向运行反接制动控制电路

2）正反向反接制动控制电路

图4-60所示为正反向反接制动控制电路。图中KM_1、KM_2为正反向运转接触器，接触器KM_3用于短接电阻，KA_1～KA_3为中间继电器，KS为速度继电器，其中KS-1为正转方向动作的常开触点，KS-2为反向常开触点，R为启动与反接制动电阻。该控制电路工作原理分析如下：

正向启动：

合上QS→按下正转按钮SB_2→KM_1线圈得电→①

①→KM_1辅助常闭触点断开（互锁）

①→KM_1辅助常开闭合（自锁）

①→KM_1主触点闭合→电动机M串电阻降压启动→②

②→当转速大于130r/min时，KS-1触点闭合→KM_3线圈得电→③

③→KM_3主触点闭合，把电阻R短接→电动机全压运行

需要停车时，

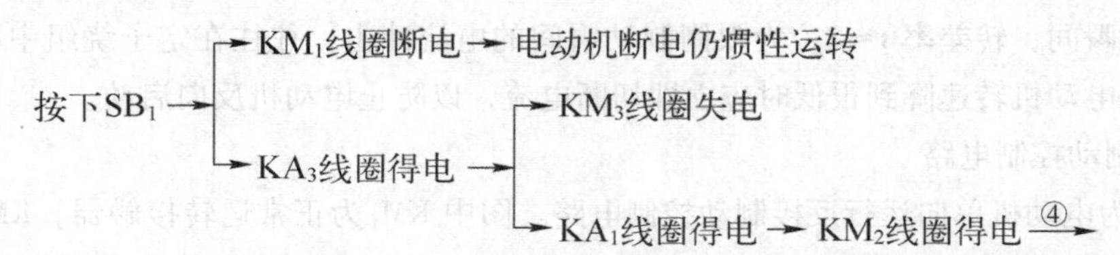

④→电动机串电阻进行反接制动，当转速小于100r/min时，KS-1触点断开→⑤

⑤→KA_1线圈失电→KA_3、KM_2线圈失电→反接制动结束，随后电动机自由停车。

电动机反向启动和停车时反接制动过程与上述过程相同，读者可自行分析。

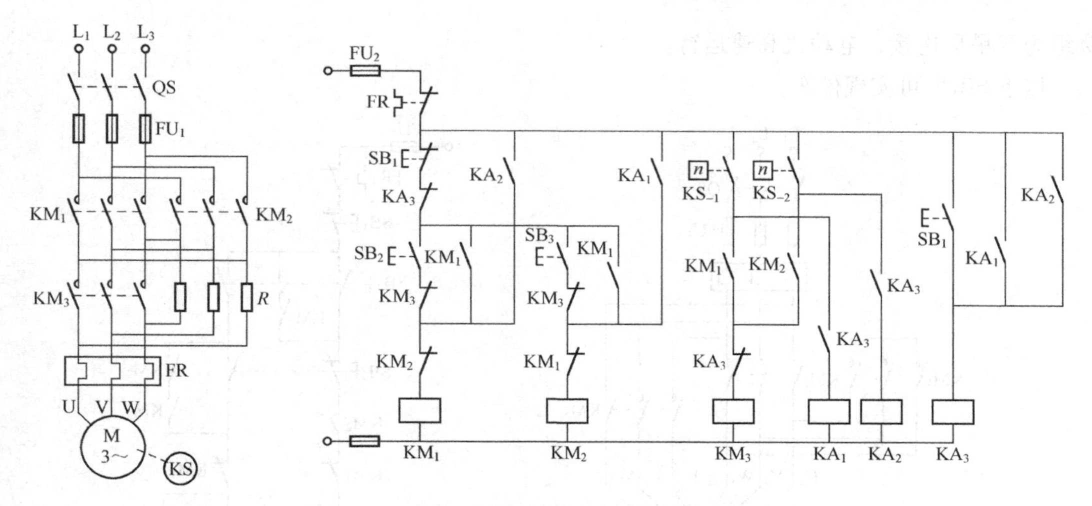

图4-60　电动机正反转运行反接制动控制电路

2. 双速电动机控制电路

双速电动机是通过变换磁极数来实现调速的。双速电动机的变极方式有Y/YY和△/YY两种。根据变极调速理论，若定子绕组接成△时电动机磁极数为4，则将定子绕组改接成YY时磁极数即为2。如图4-61（a）所示，△接法时将绕组的 U_1、V_1、W_1 这三个接线端子与电源线连接，U_2、V_2、W_2 三个接线端子悬空，电动机以4极运行，为低速；图4-61（b）所示将 U_2、V_2、W_2 这三个接线端子接电源，U_1、V_1、W_1 短接形成双星（YY），电动机以2极运行，为高速。为保证变极前后电动机转向不变，要求变极的同时还要改变电源相相序。

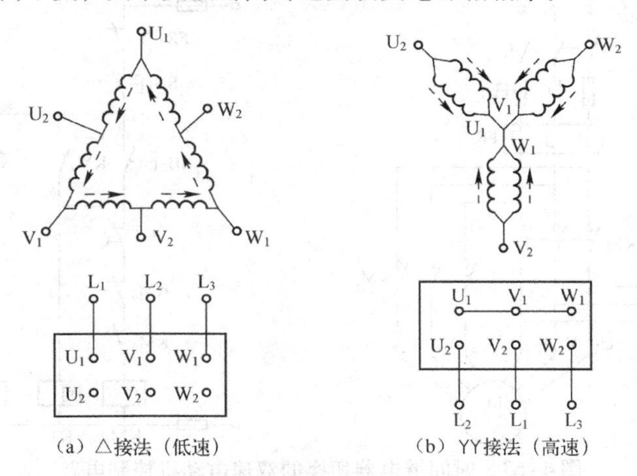

图4-61　4极/2极△－YY形的双速电动机定子绕组接线图

1）按钮切换的双速电动机控制电路

图4-62所示为按钮切换双速电动机控制电路，图中 KM_1 为△接低速运转接触器，KM_2、KM_3 为YY接高速运转接触器。其工作原理如下：

按下低速启动按钮 SB_2，接触器 KM_1 线圈得电，其主触点闭合，自锁和互锁触点动作，定子绕组为三角形连接，电动机低速运转。

按下高速启动按钮 SB_3，接触器 KM_1 线圈先断电，随后 KM_2、KM_3 线圈同时得电，此时定子绕组为双星形连接，电动机高速运行。

按下 SB_3 即可实现停车。

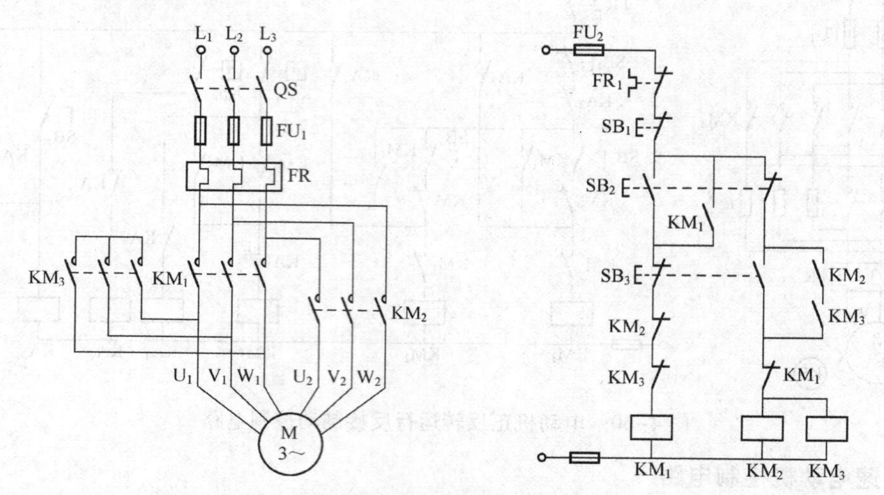

图 4-62　按钮切换的双速电动机控制电路

2）时间继电器切换的双速电动机控制电路

按钮切换双速电动机控制的线路较简单，安全可靠，但在有些场合为了减小电动机高速启动时的冲击，要求先低速启动，然后再切换到高速运行。时间继电器切换的双速电动机控制电路如图 4-63 所示，其工作原理读者可自行分析。

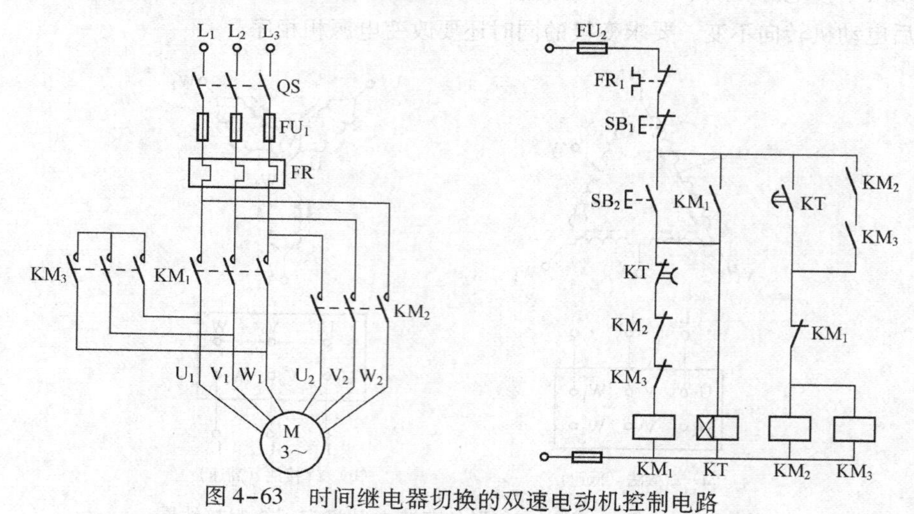

图 4-63　时间继电器切换的双速电动机控制电路

思考与练习题

1. 交流接触器主要由哪几部分组成？并简述交流接触器的工作原理。
2. 在电动机的控制电路中，热继电器与熔断器各起什么作用？两者能否互相替换？为什么？
3. 常用的熔断器有哪几种类型？如何正确选用熔断器？
4. 什么是熔体的额定电流？它与熔断器的额定电流是否相同？

5. 电动机的启动电流很大，但是电动机在启动时，热继电器不会动作，为什么？

6. 画出下列电器元件的图形符号，并标出对应的文字符号。

(1) 熔断器；(2) 复合按钮；(3) 通电延时型时间继电器；

(4) 断电延时型时间继电器；(5) 交流接触器；(6) 断路器；

(7) 闸刀开关；(8) 热继电器

7. 分析图4-64 (a) ～(e) 中各控制电路按正常操作时会出现什么现象？若不能正常工作请加以改进。

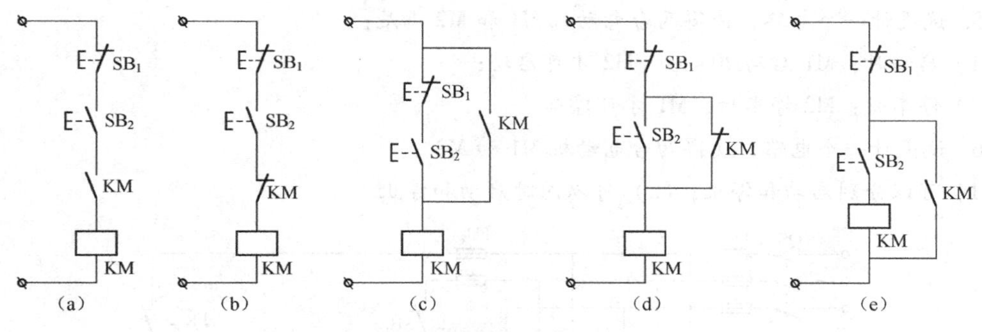

图4-64　习题7

8. 某机床主轴电动机型号为Y132S－4，额定功率为5.5 kW，电压380 V，电流11.6 A，定子绕组采用△接法，启动电流为额定电流的6.5倍，若选用断路器作电源开关，用按钮、接触器控制电动机运行，并需要有短路保护和过载保护。试选择断路器、按钮、接触器、熔断器、热继电器的型号和规格。

9. 正反转电路中要求设置“互锁”，何谓互锁控制？如何实现电气互锁？如何实现机械互锁？

10. 图4-65所示为电动机正反转控制电路图，指出图中错误之处，说明原因并加以改正。

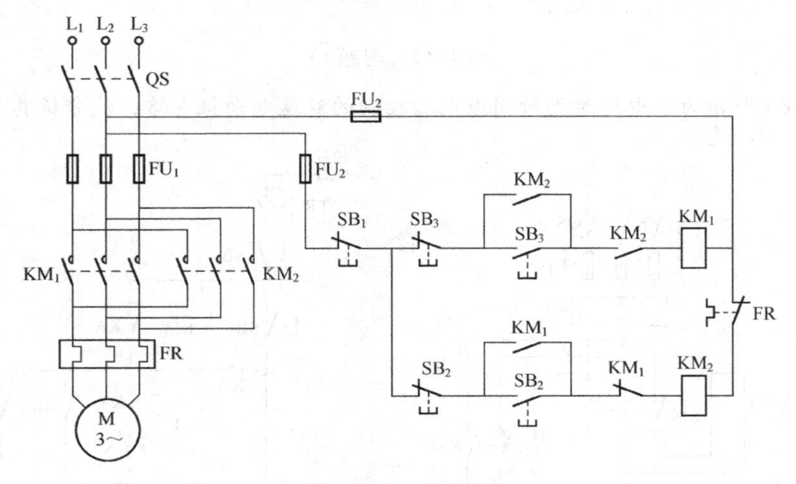

图4-65　习题10

11. 试设计一个双重互锁正反转运行电路，并要求能正向能点动，且具有短路保护和过载保护。

12. 试设计一个小车运行的控制电路，小车由三相异步电动机驱动，在A、B轨道间自动往复循环。如图4-66所示，其动作过程如下：按下启动按钮，小车前进，至B点处自动停车并装料

（需 1 min），装料完毕后自动后退，至 A 点处自动停止并卸料（需 30 s），卸料完毕后自动前进，如此往复循环。要求具有必要的保护措施。

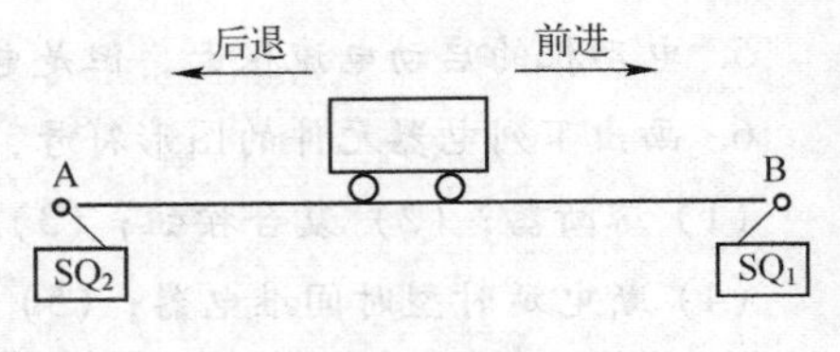

图 4-66 习题 12

13. 图 4-67 所示为抽水机电动机控制电路，其属于什么启动方法？并分析其工作过程。

14. 试设计一个电路，使得两台电动机 M1、M2 满足：M1 启动 5 s 后，M2 自动启动；再运行 10 s 后两电动机同时停止。

15. 试设计一个电路，使得两台电动机 M1 和 M2 满足：

（1）启动时：M1 启动 20 s 后，M2 才可启动；

（2）停车时：M2 停车后，M1 才可停车。

16. 试设计一个电路，使得两台电动机 M1 和 M2：

（1）可以分别启动和停止；（2）可以同时启动和停止。

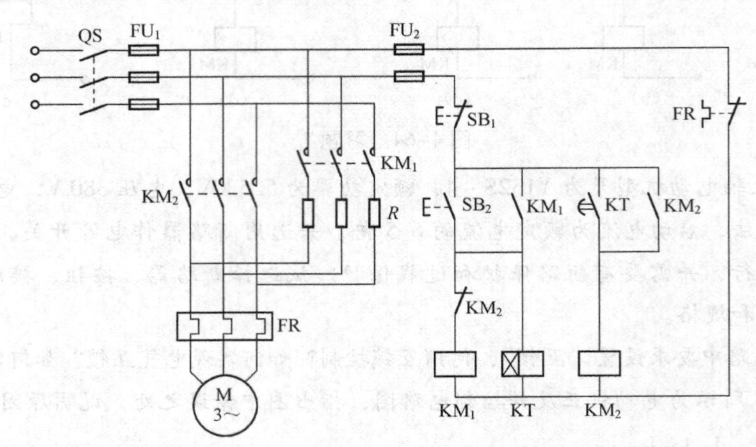

图 4-67 习题 13

17. 图 4-68 所示为断电延时型时间继电器控制的双速电动机电路，试分析其工作原理。

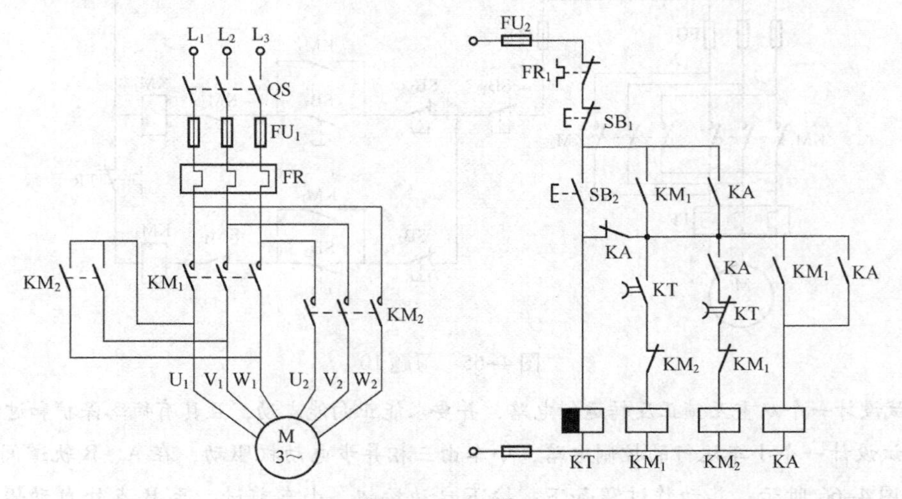

图 4-68 习题 17

项目5 常用机床设备的电气控制

学习目标

- 了解常用机床设备的运动形式及控制要求；
- 熟悉 CW6140 型车床电气控制原理，并能对其常见的故障进行分析与处理；
- 熟悉 Z3050 型摇臂钻床电气控制原理，并能对其常见的故障进行分析与处理；
- 熟悉 X62W 型万能铣床电气控制原理，并能对其常见的故障进行分析与处理；
- 熟悉 T68 型镗床电气控制原理，并能对其常见的故障进行分析与处理。

项目引言

通过本项目的学习，应能够正确识读 CW6140 型车床、Z3050 型摇臂钻床、X62W 型万能铣床、T68 型镗床等常用机床设备的电气控制原理图及工作原理，并掌握电气故障分析方法，进而排除机床设备常见的电气故障，填写维修记录。

5.1 CW6140 车床电路分析与故障排除

CW6140 型车床是一种应用极为广泛的金属切削通用机床，其主要用于车削外圆、内圆、端面、螺纹和成形表面，也可通过尾架进行钻孔和铰孔等加工，它的加工范围较广，但自动化程度较低，适用于小批量生产及修配车间使用。

5.1.1 CW6140 型车床的运动形式及控制要求

1. 主要结构

CW6140 型车床的外形如图 5-1 所示，主要由床身、主轴变速箱、进给箱、溜板箱、刀架、尾架、光杆和丝杆等部组成。

床身是用来支撑和安装车床的各个部件，保证其相对位置。

主轴变速箱的功能是支承主轴并使之旋转，包含主轴、传动机构、操纵机构等。主轴前端安装三爪卡盘等附件用来夹持工件。电动机带动变速箱内的齿轮轴转动，通过改变齿轮的传动比，可得到不同的转速，然后通过皮带轮传动把运动传给主轴。

进给箱内装有进给运动的变速齿轮，可调整进给量和螺距，并将运动传至光杆和丝杆。

溜板箱是进给运动的操纵机构，它将光杆的旋转运动转变为车刀的横向或纵向移动，用以车削端面或外圆，或将丝杆的旋转运动变为车刀的纵向移动，用以车削螺纹。溜板箱内设有互锁机构，使光杆、丝杆两者不能同时使用。

刀架则用来安装车刀，并在溜板箱的带动下作纵向、横向或斜向进给运动。

尾架安装在床身导轨上，尾架的套筒内安装顶尖用来支承长轴类零件的另一端，也可装上钻头、铰刀等工具，进行钻孔、铰孔等工作。

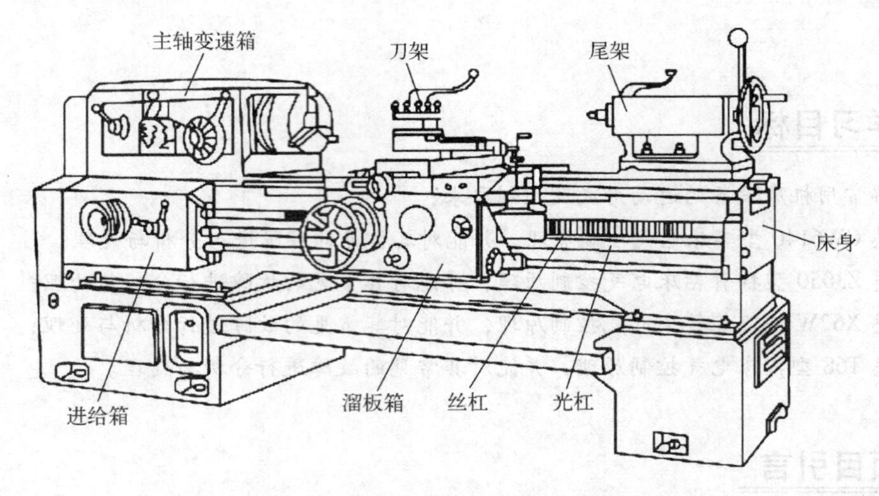

图 5-1　CW6140 型车床外形

2. 运动形式

（1）主运动：车床的主运动为工件的旋转运动，是由电动机通过皮带传到主轴箱、主轴通过卡盘或尾架上的顶尖带动工件旋转。

（2）进给运动：车床的进给运动是指刀架的纵向或横向直线运动。进给运动也是由主轴电动机拖动。

3. 电力拖动特点及控制要求

CW6140 型车床共有两台三相异步电动机，即冷却泵电动机 M_1、主轴电动机 M_2。从车削工艺要求出发，对电动机的控制要求如下：

（1）冷却泵电动机 M_1：拖动冷却泵供出冷却液。采用直接启动、单方向连续运行。

（2）主轴电动机 M_2：拖动主轴旋转并通过进给机构实现进给运动。要求主轴电动机能够正、反转，且采用Y-△降压启动。

（3）必须有过载、短路、欠压和失压保护

（4）具有安全的局部照明装置。

5.1.2　CW6140 型车床电气控制电路分析

CW6140 型车床电气原理图如图 5-2 所示，图中各电气元件符号及功能说明如表 5-1 所示。

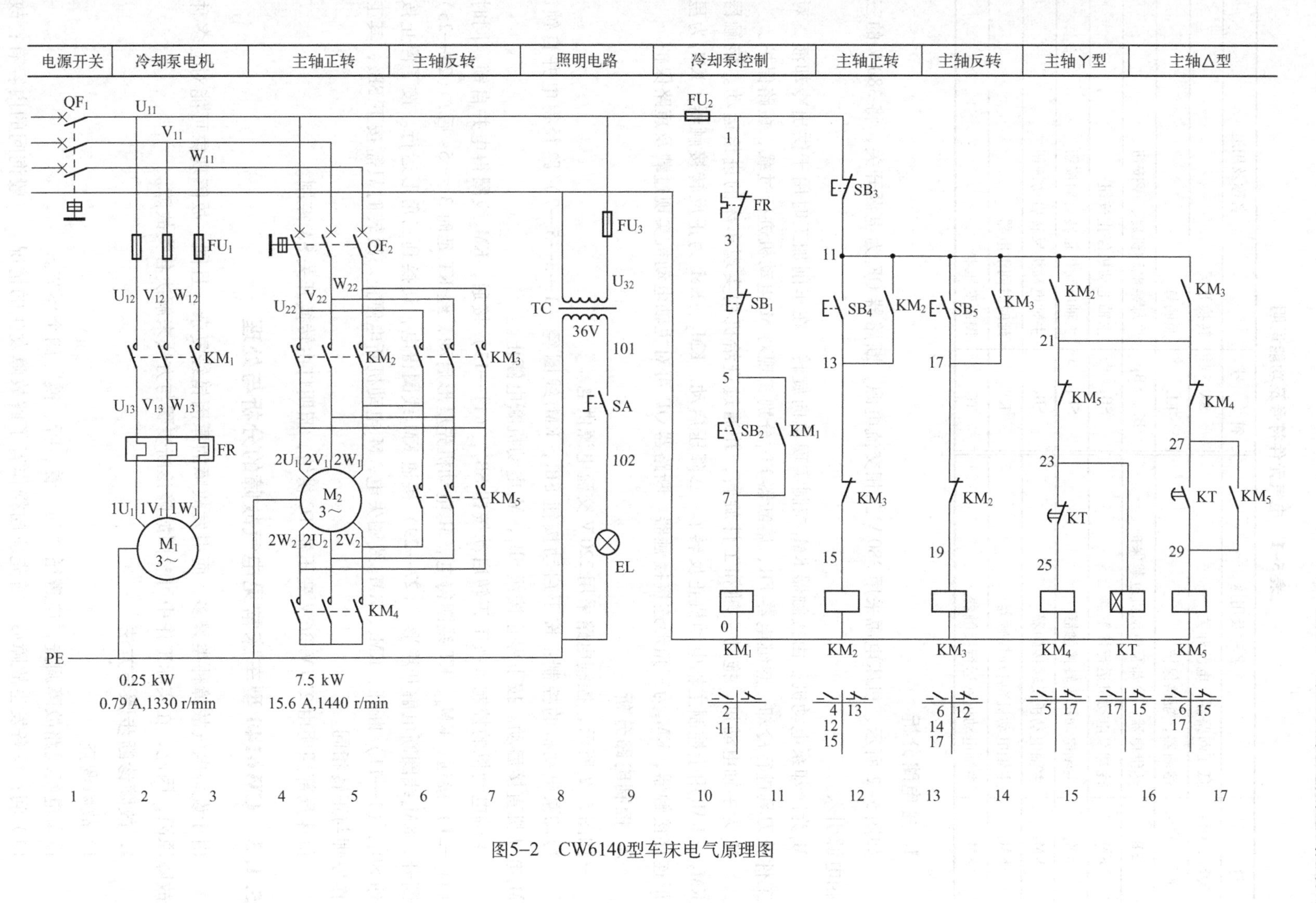

图5-2　CW6140型车床电气原理图

表 5-1　电气元件符号及功能说明

符　号	名称及用途	符　号	名称及用途
QF_1、QF_2	低压断路器，电源开关	SA	转换开关
FU_1～FU_3	熔断器，短路保护	EL	照明灯
FR	热继电器，冷却泵电动机过载保护	SB_1、SB_2	冷却泵电动机启、停按钮
KM_1	冷却泵电动机运行接触器	SB_3	主轴电动机停止按钮
KM_2	主轴电动机正转接触器	SB_4	主轴电动机正转启动按钮
KM_3	主轴电动机反转接触器	SB_5	主轴电动机反转启动按钮
KM_4	主轴电动机Y启动接触器	KT	延时时间继电器
KM_5	主轴电动机△运行接触器	TC	控制变压器

1. 主电路分析

如图 5-2 所示，机床电源采用 380 V 三相交流电源，断路器 QF_1 为电源开关，将 380 V 的三相电源引入。

M_1 为冷却泵电动机，由接触器 KM_1 控制实现单向旋转，在车削加工时用于供出冷却液，对工件及刀具进行冷却。热继电器 FR、熔断器 FU_1 分别实现对 M_1 电动机进行过载、短路保护。

M_2 为主轴电动机，拖动主轴和工件旋转，并通过进给机构实现车床的进给运动。接触器 KM_2～KM_5 用于控制主轴电动机正反转Y－△降压启动。KM_2、KM_3 为正反转接触器，KM_4 为星形连接接触器，KM_5 为三角形连接接触器。断路器 QF_2 可对主轴电动机实现过载及短路保护。

2. 控制电路分析

如图 5-2 所示，控制电路采用 220 V 交流电源供电。

冷却泵电动机的控制：按下启动按钮 SB_2，KM_1 线圈经（1—3—5—7）路径得电并自锁，M_1 电动机直接启动。按下停止按钮 SB_1，M_1 电动机断电停止。

主轴电动机的控制：按下正转启动按钮 SB_4，（11—13）接通，KM_2 线圈得电并自锁，同时（11—21）接通，KM_4、KT 线圈得电，M_2 电动机先星形启动，经 KT 延时 3～5s 后，（23—25）断开，KM_4 线圈断电解开星形，（27—29）接通 KM_5 线圈得电，切换到三角形运行。按下停止按钮 SB_3，（1—11）断开，KM_2、KM_5 线圈失电，M_2 电动机断电停止。反转时只需按下 SB_5，其工作原理与正转相同。

机床局部照明由 220 V/36 V 变压器 TC 供给，照明灯由转换开关 SA 控制。

5.1.3　CW6140 型车床常见电气故障的分析与处理

由于设备电气故障种类繁多，而引发故障的原因错综复杂，且同一故障现象可能对应多种故障原因，因此，在实际工作中可参照故障诊断步骤与方法来解决各类故障。

1. 故障诊断步骤与方法

1）故障调查

设备电气线路故障调查，应遵循“问、看、听、摸”四个环节。

（1）问：设备发生故障后，首先应向操作者了解故障发生的情况。一般询问的内容有：故障发生在开车前、开车后、还是发生在运行中？是运行中自行停车，还是发现异常情况后操作者停下来的？什么样的异常情况（如响声、气味、冒烟或冒火等）？以前是否发生过类似的故障，是怎样处理的？等等。

（2）看：连接导线有无松动、脱落现象；熔丝是否熔断；电动机转速是否正常。

（3）听：通过听电动机和其他一些电器在运行时声音是否正常，可以帮助寻找故障的部位。

（4）摸：电动机、变压器和电器元件的线圈发生故障时，温度显著上升，可切断电源后用手去摸。

2）电路分析

根据调查结果，参考该设备的电气原理图进行分析，初步判断出故障产生的部位，然后逐步缩小故障范围，直至找到故障点并加以排除。

分析故障时应有针对性，如接地故障一般先考虑电气柜外的电气装置，后考虑电器柜内的电器元件；断路和短路故障，应先考虑动作频繁的元件，后考虑其他元件。

3）断电检查

先断开设备总电源，然后根据故障可能的部位，检查连接导线有无松动或脱落，电器可动部分是否被卡住，电动机转动是否灵活，逐步找出故障点。

4）通电检查

断电检查仍未找到故障点时，可对设备做通电检查。

先用万用表测量电源进线电压值是否正常，再合上开关，观察各电器元件是否按要求动作，直至查到发生故障的部位。

2. CW6140型车床常见电气故障的分析与处理

表5-2所示为CW6140型车床常见电气故障与处理方法。

表5-2　CW6140型车床常见电气故障与处理方法

序号	故障现象	故障分析	处理方法
1	按下SB_2，接触器KM_1不吸合，冷却泵电动机不转	（1）外电源断电，缺相； （2）熔断器FU_2熔断或接触不良； （3）热继电器FR触点未复位或常闭触点接触不良； （4）接触器KM_1线圈断线或接线脱落； （5）按钮SB_1、SB_2触点接触不良或按钮接线错误	（1）检查电源进线，相间电压应为380 V； （2）更换同规格熔丝或旋紧熔断器； （3）检查热继电器常闭触点的接触情况，并予以修复； （4）检查KM_1线圈是否断线或接头接触情况，并予以修复，接触器衔铁若卡死应拆下重装； （5）检查按钮触点或线路接线，并予以修复或改正
2	按下SB_2，接触器KM_1能吸合，但不能自锁	自锁电路不起作用	（1）检查KM_1的自锁触点是否良好并予以修复； （2）检查接线或紧固接线端
3	按下SB_2，接触器KM_1正常吸合，冷却泵电动机不启动但有“嗡嗡”声	冷却泵电动机电源缺相： （1）FU_1中有一相熔丝熔断或接触不良； （2）KM_1主触点有一相接触不良； （3）冷却泵电动机绕组断线或接线脱落	（1）更换同规格熔丝或旋紧熔断器； （2）检查KM_1的主触点是否良好并予以修复，紧固接线端； （3）检查电动机绕组、接线

续表

序号	故障现象	故障分析	处理方法
4	按下 SB_4，接触器 KM_2、KM_4 正常吸合，但延时时间到后 KM_4、KM_5 不切换	（1）时间继电器不工作、触点接线错误； （2）KM_5 线圈回路断线或接线脱落	（1）检查时间继电器触点接线； （2）检查 KM_5 线圈回路
5	按下 SB_4，接触器 KM_2、KM_4、KM_5 能正常吸合并切换，但主轴电动机不启动	主轴电动机主电路有错误： （1）接触器 KM_2、KM_4 主触点接触不良； （2）主电路接线有错误； （3）主轴电动机绕组断线或接线脱落	（1）检查 KM_2、KM_4 的主触点是否良好并予以修复，紧固接线端； （2）检查电动机绕组、接线，并予以修复
6	主轴电动机Y启动正常，但切换到△运行时转速变慢并发出"嗡嗡"声	主轴电动机△接时缺相运行	检查 KM_5 主触点接触是否良好，接线是否正确，有无脱落
7	照明灯不亮	（1）熔断器 FU_3 熔断或接触不良； （2）照明灯损坏； （3）转换开关 SA 损坏； （4）变压器一、二次绕组断线或松脱	（1）更换同规格熔丝或旋紧熔断器； （2）更换同规格灯泡； （3）更换同规格开关； （4）检查接线，修复或更换变压器

5.2　Z3050 型摇臂钻床电路分析与故障排除

钻床是一种孔加工设备，可以用来钻孔、扩孔、铰孔、攻丝及修刮端面等多种形式的加工。钻床的结构形式很多，有立式钻床、台式钻床、摇臂钻床及其他专用钻床等。在各类钻床中，摇臂钻床操作方便灵活，特别适用于多孔大型零件的孔加工。

5.2.1　Z3050 型摇臂钻床的运动形式及控制要求

1. 主要结构

如图 5-3 所示，摇臂钻床主要由底座、内外立柱、摇臂、主轴箱、工作台等部分组成，内立柱固定在底座上，在它的外面套着外立柱，外立柱可绕着内立柱作回转运动，摇臂一端

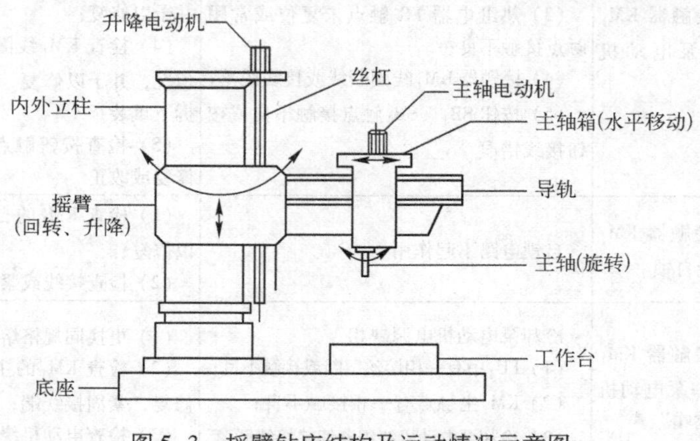

图 5-3　摇臂钻床结构及运动情况示意图

的套筒部分与外立柱上滑动配合，借助于丝杠的正反转可使摇臂沿外立柱作上下移动。由于丝杆与外立柱连成一体，而升降螺母固定在摇臂上，因此摇臂只能与外立柱一起绕内立柱回转。

主轴箱是一个复合部件，它包括主轴电动机、主轴传动机构、进给和变速机构以及钻床的操作机构。主轴箱安装在摇臂的水平导轨上，可以通过手轮操作使其在水平导轨上移动。

2. 运动形式

当需要钻削加工时，利用特殊的夹紧装置将摇臂紧固在外立柱上，外立柱紧固在内立柱上，主轴箱紧固在摇臂导轨上，然后进行加工。钻削加工时，钻头一边进行旋转切削，一边进行纵向进给，其运动形式为：

（1）主运动：主轴带动钻头的旋转运动。

（2）进给运动：钻头的上下移动。

（3）辅助运动：用来调整钻头与工件间的相对位置。在作辅助运动时，相应的夹紧机构应松开，完成后再夹紧。辅助运动有以下3种：

摇臂升降运动——由升降电动机驱动，摇臂沿外立柱的上下移动，用于改变钻头与工件的相对高度。这时，摇臂与外立柱之间的液压夹紧机构应松开。

摇臂回转运动——依靠人力推动，使外立柱带着摇臂和主轴箱绕内立柱回转，改变钻头与工件的相对位置。这时，内、外立柱之间的液压夹紧机构应松开。

主轴箱水平移动——手动转动手轮，使主轴箱在摇臂导轨上横向移动，改变主轴与工件的相对位置。这时主轴箱与摇臂的夹紧机构应松开。

3. 电力拖动特点及控制要求

（1）由于摇臂钻床的运动部件较多，为简化传动装置，采用多电动机拖动。主轴电动机承担主钻削任务及进给任务；摇臂升降、夹紧放松和冷却泵则各用一台电动机拖动。

（2）加工螺纹时要求主轴能正反转。摇臂钻床的正反转一般用机械方法实现，电动机只需单方向转动。

（3）摇臂升降由电动机的正反转实现，外立柱绕内立柱的旋转靠人力作用实现。

（4）摇臂的夹紧与放松以及立柱的夹紧与放松由一台异步电动机配合液压装置来完成，要求这台电动机能正反转。摇臂的回转及主轴箱的水平移动都采用手动完成。

（5）钻削加工时应由冷却泵供出冷却液对钻头进行冷却，冷却泵电动机为单方向旋转。

（6）应具有必要的联锁与保护环节。

5.2.2 Z3050型摇臂钻床控制系统分析

1. 液压系统工作原理

Z3050型摇臂钻床有两套液压系统。一套是由主轴电动机拖动齿轮泵的主轴操纵机构系统，用于实现主轴正反转、停车制动、空挡、预选及变速，这套系统是机械操纵的，故不详述。另一套是由液压泵电动机拖动液压泵的液压夹紧系统，用于夹紧和松开主轴箱、摇臂及立柱。这套夹紧机构液压系统的工作示意图如图5-4所示。

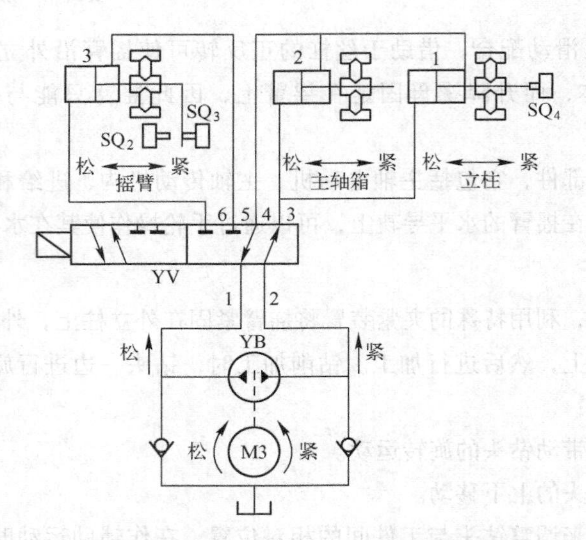

图 5-4　夹紧机构液压系统的工作示意图

系统由液压泵电动机 M_3 拖动液压泵 YB 供出压力油，通过六位二通电磁阀 YV 分配压力油进入不同油腔，实现夹紧、松开动作。夹紧机构液压系统的工作情况如下：

（1）电磁阀 YV 线圈不通电时，（1—4）、（2—3）相通，压力油供给主轴箱、立柱夹紧机构，若这时 M_3 正转，则液压使两个夹紧机构都夹紧（压下微动开关 SQ_4）；否则，夹紧机构都放松（SQ_4 释放）。

（2）电磁阀 YV 线圈得电时，（1—6）、（2—5）相通，压力油供给摇臂夹紧机构，若这时 M_3 反转，使夹紧机构夹紧，弹簧片压下微动开关 SQ_3，而 SQ_2 释放。若 M_3 正转，则夹紧机构放松，弹簧片压下 SQ_2，而 SQ_3 释放。

可见，操纵哪个夹紧机构松开或夹紧，既决定于 YV 线圈是否通电，还决定于 M_3 的转向。

2. 电气线路分析

Z3050 型摇臂钻床电气原理图如图 5-5 所示，各电气元件符号及功能说明如表 5-3 所示。

1）主电路分析

Z3050 型摇臂钻床共有 4 台电动机，除冷却泵电动机采用转换开关直接启动外，其余 3 台电动机均采用接触器直接启动。

M_1 是主轴电动机，由接触器 KM_1 控制，只要求单方向旋转，主轴的正反转由机械手柄操作。M_1 装在主轴箱顶部，带动主轴及进给传动，热继电器 FR_1 是过载保护元件。

M_2 是摇臂升降电动机，装于主轴顶部，用接触器 KM_2、KM_3 控制正反转，因为该电动机短时间工作，故不设过载保护电器。

M_3 是液压油泵电动机，由接触器 KM_4、KM_5 控制正反转，用于供给夹紧装置压力油，以实现夹紧和松开动作。热继电器 FR_2 是其过载保护元件。

M_4 是冷却泵电动机，功率很小，由转换开关 SA_1 直接启动和停止。

2）控制电路分析

（1）主轴电动机 M_1 的控制。

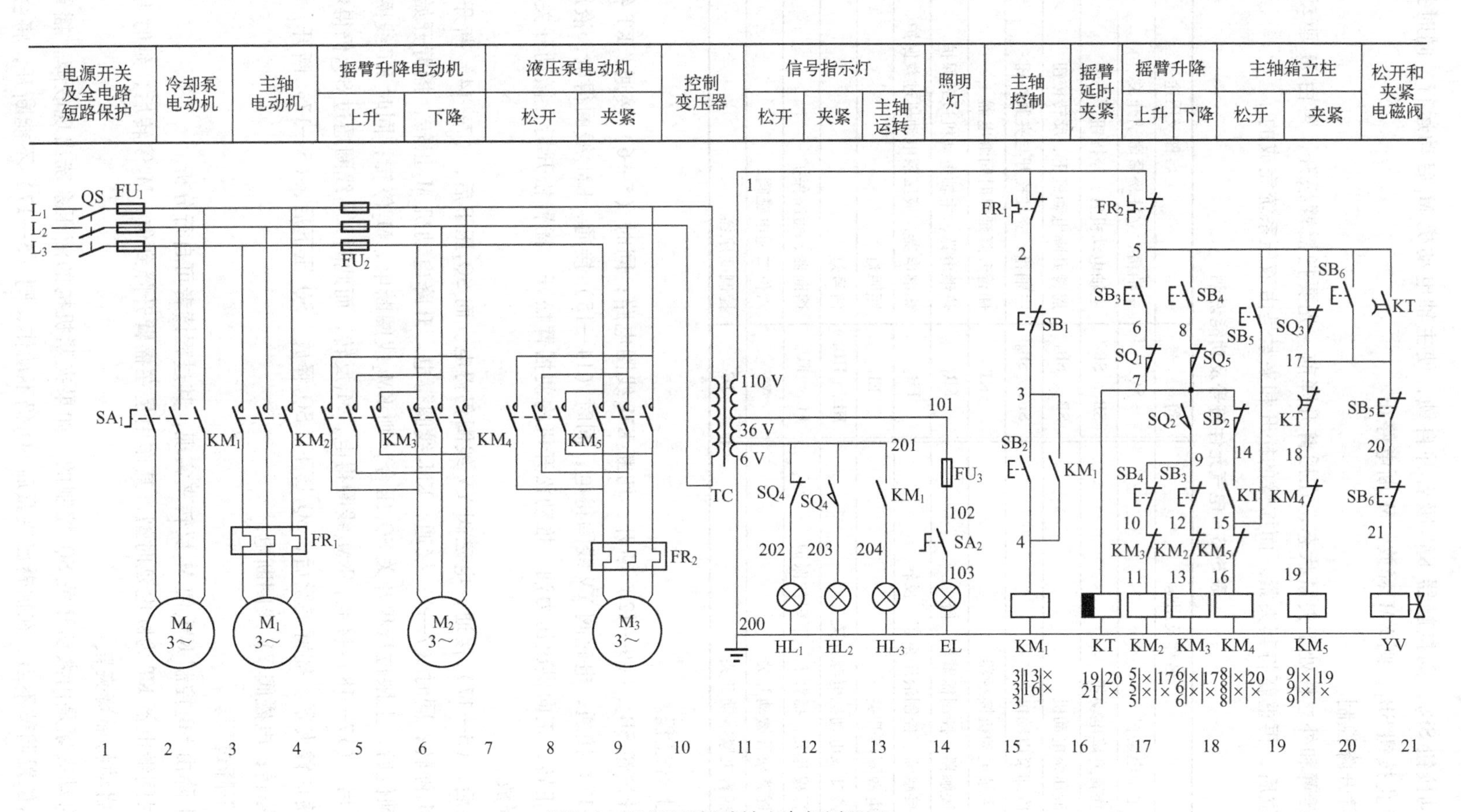

图5-5 Z3050型摇臂钻床电气原理图

按下启动按钮 SB_2，则接触器 KM_1 吸合并自锁，使主轴电动机 M_1 启动运行，同时指示灯 HL_3 亮。按停止按钮 SB_1，则 KM_1 释放，M_1 断电停止。

（2）摇臂升降控制。

常态下摇臂和外立柱处于夹紧状态，在摇臂升降前，先要把摇臂松开，再由 M_2 驱动升降；摇臂升降到位后，再重新将其夹紧。而摇臂的松开和夹紧是由液压系统完成的。

表 5-3　电气元件符号及功能说明

符　　号	名称及用途	符　　号	名称及用途
M_1	主轴电动机	SQ_4	主轴箱、立柱松紧微动开关
M_2	摇臂升降电动机	SB_1、SB_2	主轴电动机启、停按钮
M_3	液压泵电动机	SB_3、SB_4	摇臂升降电动机正、反转按钮
M_4	冷却泵电动机	SB_5、SB_6	主轴箱、立柱松开与夹紧按钮
KM_1	主轴电动机接触器	KT	摇臂升降延时时间继电器
KM_2、KM_3	接触器，控制摇臂升、降	FR_1	热继电器，主轴电动机过载保护
KM_4、KM_5	接触器，控制液压泵正、反转	FR_2	热继电器，液压泵电动机过载保护
QS	电源隔离开关	EL	照明灯
SA_1	冷却泵电动机电源开关	HL_1～HL_3	信号灯
SQ_1、SQ_5	行程开关，摇臂上、下限位保护	FU_1～FU_4	熔断器，短路保护
SQ_2	摇臂松开微动开关	YV	六位二通电磁阀
SQ_3	摇臂夹紧微动开关	TC	控制变压器

① 摇臂上升过程。

按住上升按钮 SB_3，（9—12）断开，切断 KM_3 线圈电路；同时（5—6）接通，KT 线圈得电，则（5—17）接通，电磁阀 YV 线圈得电，同时（14—15）接通，KM_4 线圈得电，液压泵电动机 M_3 点动正转，正向供出压力油，推动松开机构使摇臂松开。摇臂松开后，微动开关 SQ_2 压下，而 SQ_3 释放。

SQ_3 释放后，（5—17）接通，电磁阀 YV 线圈仍得电。而 SQ_2 压下后，（7—14）断开，KM_4 线圈断电，M_3 停转；同时（7—9）接通，KM_2 线圈得电，升降电动机 M_2 正转，摇臂开始上升。当摇臂上升到位后，上限位行程开关 SQ_1 压合，则 KM_2 线圈断电，M_2 停转；同时 KT 线圈断电，延时 1 ～ 3 s 后，（17—18）接通，KM_5 线圈得电，M_3 反转，而此时 YV 线圈通过 SQ_3 仍得电，故液压系统能使摇臂夹紧。摇臂夹紧后，SQ_3 压下，SQ_2 释放。SQ_3 压下后，（5—17）断开，KM_5 线圈断电，M_3 停转；电磁阀 YV 线圈断电。

② 摇臂下降过程。

摇臂的下降由 SB_4 控制 KM_3 使 M_2 反转来实现，其过程读者可自行分析。

图中的时间继电器 KT 为断电延时型，其作用是在摇臂升降到位、M_2 停转后，延时 1 ～ 3 s 后，再使 M_3 启动将摇臂夹紧。

摇臂的自动夹紧是由微动开关 SQ_3 控制的。如果夹紧机构的液压系统出现故障，摇臂夹不紧，或因 SQ_3 位置调整不当，在摇臂已夹紧后 SQ_3 仍不动作，则（5—17）不能断开，将会使 M_3

出现长时间过载运行而损坏，为此需设置热继电器 FR_2 作过载保护。

（3）主轴箱与立柱的松开夹紧控制。

主轴箱在摇臂上的夹紧、松开与内外立柱之间的夹紧与松开，均采用液压操纵，且由同一油路控制，所以它们是同时进行的。

按下松开按钮 SB_5，（5—15）接通，KM_4 线圈得电，M_3 点动正转，拖动液压泵送出压力油。与摇臂升降不同，这时（17—20）断开，电磁阀 YV 线圈不得电，液压系统只实现主轴箱和立柱的松开。松开后，微动开关 SQ_4 释放，指示灯 HL_1 亮。因摇臂仍处于夹紧状态，此时可以手动操作主轴箱沿摇臂的水平导轨移动，也可以推动摇臂使外立柱绕内立柱回转。

按下夹紧按钮 SB_6，KM_5 线圈得电，M_3 点动反转，液压系统使主轴箱和立柱都夹紧。夹紧后，SQ_4 压下，指示灯 HL_2 亮，而 HL_1 熄灭。

（4）冷却泵电动机的控制与工作照明。

扳动转换开关 SA_1，就可接通或断开冷却泵电动机 M_4 的电源，对其直接控制。EL 为钻床局部照明灯，由 SA_2 控制。

5.2.3 Z3050型摇臂钻床常见电气故障的分析与处理

表 5-4 所示为 Z3050 型摇臂钻床常见电气故障与处理方法。

表 5-4 Z3050 型摇臂钻床常见电气故障与处理方法

序号	故障现象	故障分析	处理方法
1	主轴电动机不能启动	原因可能是： （1）外电源断电，缺相； （2）熔断器 FU_1 熔丝熔断； （3）热继电器 FR_1 触点未复位或常闭触点接触不良； （4）接触器 KM_1 线圈接线脱落或主触点接触不良； （5）按钮 SB_1 或 SB_2 触点接触不良； （6）电动机损坏	（1）检查电源进线，相间电压应为 380 V； （2）更换同规格熔丝； （3）将热继电器复位，或检查其常闭触点的接触情况； （4）检查 KM_1 线圈是否断线或接头接触情况，并予以修复； （5）检查按钮触点或线路接线，并予以修复或改正； （6）修复或更换电动机
2	摇臂不能上升	（1）液压系统故障，使摇臂没有完全松开； （2）微动开关 SQ_2 安装位置不当或紧固螺钉发生松动； （3）电动机 M_2 电源相序接反； （4）接触器 KM_2 主触点接触不良或线圈断线； （5）按钮 SB_3 触点接触不良	（1）找到具体原因并排除； （2）调整好 SQ_2 位置并安装牢固； （3）调整电源相序； （4）修复或更换接触器； （5）修复或更换按钮
3	摇臂升、降后夹不紧	主要是由于微动开关 SQ_3 安装位置不当或菱形块的夹紧装置问题，SQ_3 动作过早，使液压泵电动机 M_3 在摇臂还未充分夹紧时就过早停止旋转	应将 SQ_3 的触点调整到适当的位置或调整菱形块的夹紧装置

续表

序号	故障现象	故障分析	处理方法
4	主轴箱和立柱的松紧动作不正常	（1）按钮 SB_5、SB_6 触点接触不良或接线松动； （2）液压系统出现故障	（1）更换按钮或拧紧松脱线头； （2）找到具体原因并排除
5	摇臂升、降极限保护失灵	限位保护开关 SQ_1、SQ_5 损坏，或是其安装位置移动	更换限位开关或调整好 SQ_1、SQ_5 位置并切实安装牢固

5.3　X62W 型万能铣床电路分析与故障排除

铣床主要用于加工平面、斜面、沟槽，装上分度头后可加工直齿齿轮和螺旋面，装上圆工作台后可加工凸轮和弧形槽。按结构形式和加工性能不同，可分为卧式铣床、立式铣床、龙门铣床及各种专用铣床。X62W 型万能铣床是应用较广泛的中型卧式铣床。

5.3.1　X62W 型万能铣床的运动形式及控制要求

1. 主要结构

X62W 型万能铣床的结构如图 5-6 所示。它主要由底座、床身、悬梁、刀杆支架、工作台、溜板、升降台等几部分组成。床身固定在底座上，内装主轴传动机构和变速机构，床身顶部有水平导轨，悬梁可沿导轨水平移动。刀杆支架装在悬梁上，可在悬梁上水平移动。升降台可沿床身前面的垂直导轨上下移动。溜板在升降台的水平导轨上可做平行于主轴轴线方向横向移动。工作台安装在溜板的水平导轨上，可沿导轨做垂直于主轴轴线的纵向移动。此外，溜板可绕垂直轴线左右旋转 45°，故工作台还能在倾斜方向进给，可以加工螺旋槽，故称万能铣床。

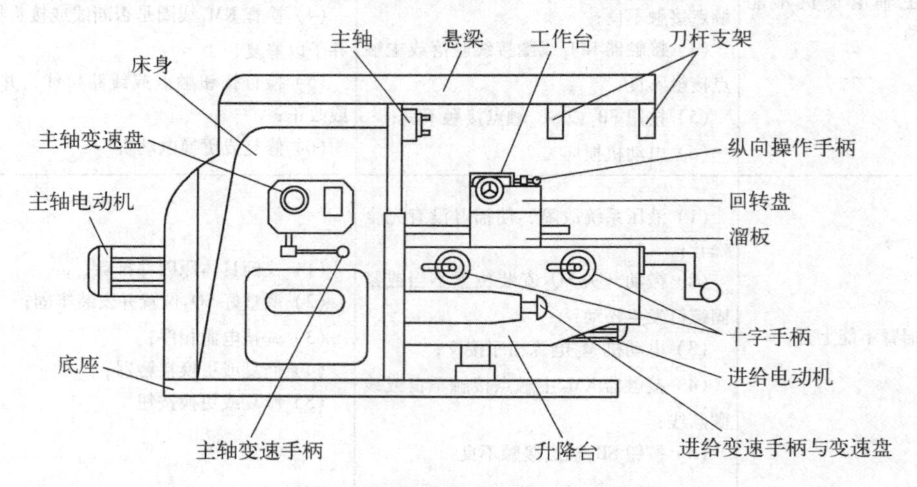

图 5-6　X62W 型万能铣床结构示意图

2. 运动形式

（1）主运动：主轴带动铣刀的旋转运动。

（2）进给运动：指工件相对于铣刀的移动，包括工作台带动工件在上下、前后、左右6个方向上的直线运动或圆工作台的旋转运动。

（3）辅助运动：指调整工件与铣刀的相对位置。包括工作台带动工件在上下、前后、左右6个方向上的快速移动。

3. 电力拖动特点及控制要求

（1）根据加工工艺的要求，铣削分为顺铣和逆铣两种方式，所以要求主轴电动机能够正、反转，通常采用转换开关改变电源相序来实现。

（2）进给电动机拖动工作台做上下、前后、左右6个方向的进给运动，故要求进给电动机能够正、反转。

（3）因6个方向的进给运动在同一时间内只允许一个方向上的运动，故采用机械操纵手柄和行程开关配合的方法实现6个方向的进给运动的联锁。

（4）对于铣床的主运动与进给运动，要求进给运动一定要在铣刀旋转之后才能进行，否则将损坏刀具或机床，为此，进给电动机与主轴电动机需实现顺序控制。

（5）为使主轴迅速停转，主轴电动机采用反接制动停车方式。

（6）主轴运动和进给运动采用变速孔盘进行速度选择。为保证变速齿轮进入良好的啮合状态，这两种运动分别通过行程开关实现变速后的瞬时点动。

（7）在使用圆工作台时，工作台的上下、左右、前后几个方向的运动都不允许进行。

（8）冷却泵电动机只要求正转。

5.3.2　X62W型万能铣床电气控制电路分析

X62W型万能铣床电气原理图如图5-7所示，图中各电气元件符号及功能说明如表5-5所示。

表5-5　电气元件符号及功能说明

符　号	名称及用途	符　号	名称及用途
M_1	主轴电动机	SQ_4	工作台向后、向上进给限位开关
M_2	进给电动机	SQ_6	进给变速冲动开关
M_3	冷却泵电动机	SQ_7	主轴变速冲动开关
KM_3	主电动机启、停控制接触器	SA_1	圆工作台转换开关
KM_2	主轴反接制动接触器	SA_3	冷却泵电动机启、停开关
KM_4、KM_5	进给电动机正反转接触器	SA_4	照明灯开关
KM_6	进给快速移动接触器	SA_5	主轴换向开关
KM_1	冷却泵启、停控制接触器	QS	电源隔离开关
KS	速度继电器	SB_1、SB_2	分设在两处的主轴启动按钮
YA	电磁铁线圈	SB_3、SB_4	分设在两处的主轴停止按钮
R	限流电阻	SB_5、SB_6	工作台快速移动按钮
SQ_1	工作台向右进给右限位开关	FR_1～FR_3	用于过载保护的热继电器
SQ_2	工作台向左进给左限位开关	FU_1～FU_4	用于短路保护的熔断器
SQ_3	工作台向前、向下进给限位开关	TC	变压器

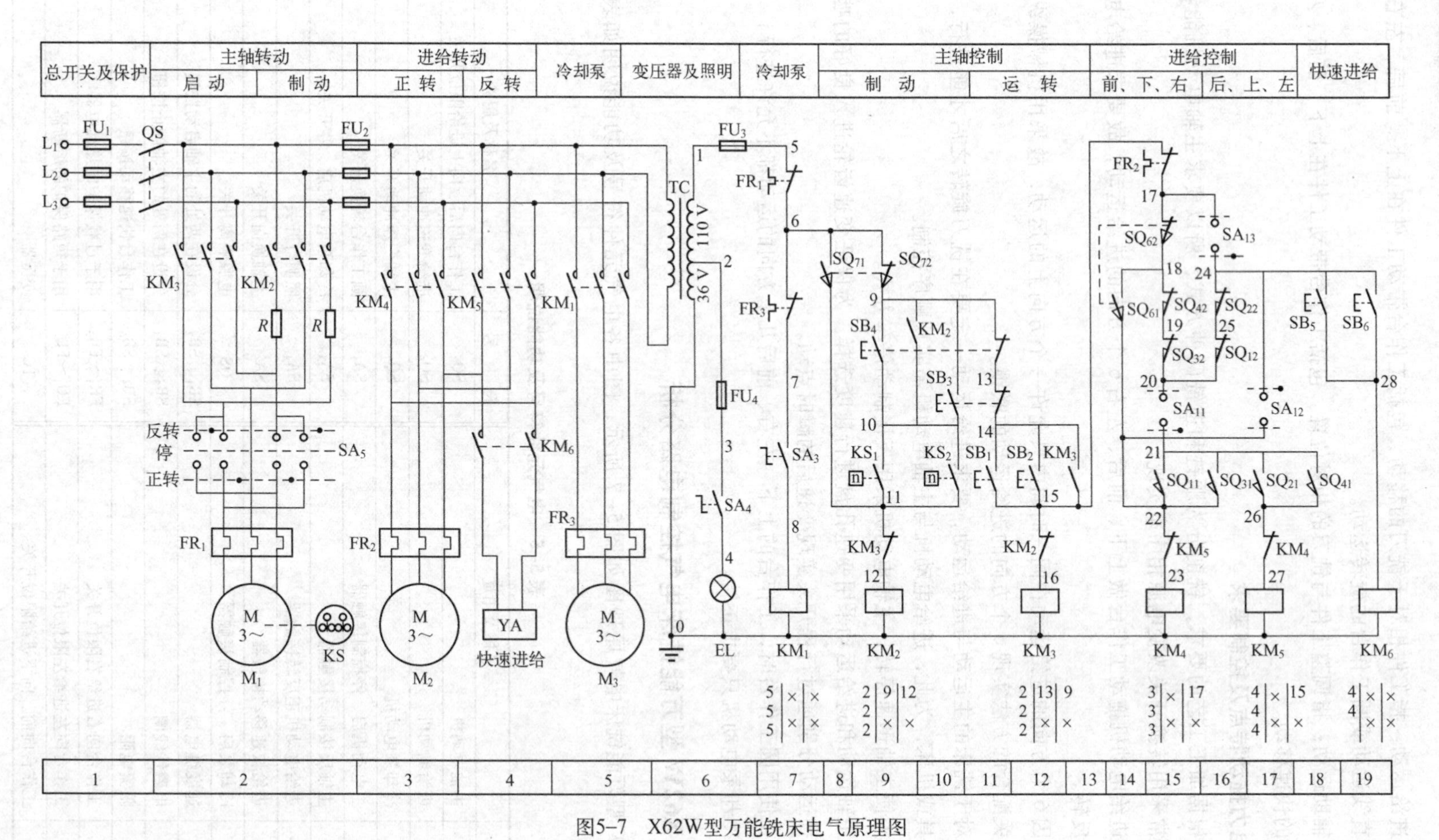

图5-7 X62W型万能铣床电气原理图

1. 主电路分析

主电路中有3台电动机，M_1是主轴电动机，它拖动主轴带动铣刀进行铣削加工；M_2是进给电动机，它拖动升降台及工作台进给；M_3是冷却泵电动机，供应冷却液。每台电动机均有热继电器做过载保护。

（1）主轴电动机M_1通过转换开关SA_5选择正反转，由KM_3实现启、停运行控制，并通过与接触器KM_2、制动电阻器R及速度继电器KS的配合，实现M_1的停车反接制动。

（2）进给电动机M_2通过接触器KM_4、KM_5实现正反转控制，并与接触器KM_6、电磁铁YA配合，实现快速进给控制。

（3）冷却泵电动机M_3只能正转，通过接触器KM_1来控制。

2. 控制电路分析

控制电路电压为110V，由控制变压器TC供给。

1）主轴电动机M_1的控制

（1）启动控制。启动前，选好主轴转速，并将主轴换向转换开关SA_5扳到所需转向上，然后通过按下SB_1或SB_2，KM_3线圈得电，M_1电动机按给定方向启动旋转。按下SB_3或SB_4，M_1电动机停转。SB_1、SB_2与SB_3、SB_4是分别装在两个操作板上，以实现两地控制。

（2）制动控制。为使M_1电动机能迅速停车，采用速度继电器KS实现反接制动。制动时，按停止按钮SB_3或SB_4，接触器KM_3线圈断电，因速度继电器KS仍高速转动，其常开触点KS_1或KS_2闭合，（10—11）接通，接触器KM_2线圈得电，使M_1电动机串电阻R实现反接制动。当电动机速度小于100 r/min时速度继电器的常开触点断开，KM_2线圈断电，反接制动结束，随后电动机自由停车。

（3）变速冲动控制。主轴变速是利用变速手柄与变速冲动开关SQ_7通过机械上的联动进行控制的。在需要变速时，先将变速手柄拉出，再转动变速盘（改变齿轮传动比）至所需的转速，然后再将变速手柄复位。在手柄拉出过程中，瞬间压动了主轴变速冲动开关SQ_7，其常闭触点SQ_{71}闭合，常开触点SQ_{72}断开，KM_2线圈经（6—11—12）瞬时通电，则M_1电动机瞬时反向点动，使齿轮系统抖动一下，达到良好啮合。变速完成后，推回手柄，SQ_7复位，即SQ_{71}断开，SQ_{72}闭合。若瞬时点动一次没有实现齿轮良好啮合，可重复上述动作。

2）工作台进给电动机的控制

工作台的进给运动分为常速（工作）进给和快速进给。工作进给必须在主轴启动后才可进行，快速进给属于辅助运动，是点动控制，即使不启动主轴也可进行。

因工作台的左右、前后、上下6个方向的进给运动在同一时间内只允许一个方向上的运动，故6个方向运动都通过操纵手柄和行程开关联锁的方法实现进给电动机M_2正转或反转来实现。各进给方向开关位置及其动作状态如表5-6～表5-8所示。

（1）工作台纵向进给控制。工作台的纵向（左、右）进给运动是由纵向操纵手柄与行程开关来SQ_1、SQ_2组合控制的。当工作台做纵向进给运动时，十字手柄应放在“停止”位置，圆工作台转换开关SA_1打在“断开”位置。

如表5-6所示，若将纵向操纵手柄扳向“向左”时，手柄联动机构压合SQ_2，则其常闭触点SQ_{22}断开，常开触点SQ_{21}闭合，因这时SA_1在“断开”位置，即（20—21）接通、（17—24）

接通，故KM_5线圈通过（15—17—18—19—20—21—26—27）路径得电，则M_2电动机反转，带动工作台向左运动。当工作台左移到极限位置时，挡铁撞向纵向操纵手柄，使其回到“停止”位置，实现工作台终点停车。

表5-6　工作台纵向进给时开关位置动作说明

开关触点		纵向操纵手柄位置		
		向左	停止	向右
SQ_1	SQ_{11}	–	–	+
	SQ_{12}	+	+	–
SQ_2	SQ_{21}	+	–	–
	SQ_{22}	–	+	+

表中：+表示接通，–表示断开

表5-7　工作台横向及升降进给时开关位置动作说明

开关触点		十字操纵手柄位置		
		向前、向下	停止	向后、向上
SQ_3	SQ_{31}	+	–	–
	SQ_{32}	–	+	+
SQ_4	SQ_{41}	–	–	+
	SQ_{42}	+	+	–

表5-8　圆形工作台转换开关SA_1位置说明

触点＼位置	接　通	断　开
SA_{11}（20—21）	–	+
SA_{12}（24—22）	+	–
SA_{13}（17—24）	–	+

若将操纵手柄扳向“向右”时，手柄联动机构压合SQ_1，则KM_4线圈通过（15—17—24—20—21—22）路径得电，则M_2电动机正转带动工作台向右运动。

（2）工作台横向和升降进给控制。工作台的横向（前、后）和升降（上、下）进给运动是由十字操纵手柄与行程开关来SQ_3、SQ_4组合控制的。十字手柄有5个位置，即上、下、前、后和停止，5个位置是联锁的。当十字手柄扳向“上”或“下”时，机械机构将电动机传动链与升降台上下移动丝杆相连；当十字手柄扳向“前”或“后”时，机械机构将电动机传动链与溜板下面的丝杆相连；当十字手柄扳向“停止”时，传动链脱开，电动机停转。

如表5-7所示，若将十字手柄扳到“向前”（或“向下”）位置时，手柄联动机构压下SQ_3，其常闭触点SQ_{32}断开，常开触点SQ_{31}闭合，KM_4线圈通过（15—17—24—25—20—21—22—23）路径得电，则M_2电动机正转，带动工作台向前（或向下）运动。同样，当工作台到达极限位置时，挡铁撞向十字手柄，使其回到“停止”位置，实现工作台终点停车。

若将十字手柄扳“向后”（或“向上”）时，手柄联动机构压合SQ_4，则KM_5线圈通过（15—17—24—25—20—21—26—27）路径得电，则M_2电动机反转带动工作台向后（或向上）运动。

(3) 进给变速冲动控制。与主轴变速时一样，进给变速时也需要使 M_2 电动机瞬间点动一下，使齿轮易于啮合。只有在纵向操纵手柄处于“停止”位置时才能进行变速冲动。在操纵进给变速手柄和变速盘时，瞬间压动 SQ_6，使 KM_4 线圈经（15—17—24—20—18—22—23）路径瞬时得电，M_2 电动机正向点动。变速完成后，推回手柄，SQ_6 复位。

(4) 工作台快速移动控制。在铣床不进行铣削加工时，工作台可以快速移动。工作台6个方向的快速移动也是由进给电动机 M_2 拖动的。在需要快速移动时，可在慢速移动中按下 SB_5 或 SB_6，则接触器 KM_6 线圈得电，快速电磁铁线圈 YA 得电，工作台便按原移动方向快速移动，松开 SB_5 或 SB_6，快速移动停止，工作台仍按原方向慢速进给。

(5) 圆工作台的控制。为扩大铣床的加工能力，如铣削圆弧、凸轮曲线，可在工作台上加装圆工作台。圆工作台的回转运动也是由进给电动机 M_2 拖动的。

使用圆工作台时，先将转换开关 SA_1 扳到“接通”位，如表5-8所示，这时触点 SA_{12} 接通，SA_{11} 和 SA_{13} 断开；再将纵向操纵手柄和十字操纵手柄扳到“停止”位，此时行程开关 SQ_1～SQ_4 均处于不受压状态。按下主轴启动按钮 SB_1 或 SB_2，主轴电动机 M_1 启动，接触器 KM_4 线圈通过（15—17—18—19—20—25—24—22—23）路径得电，M_2 电动机正转，带动工作台做旋转运动。

可见，圆工作台只能沿一个方向做旋转运动，且圆工作台运动控制的通路需要经过 SQ_1～SQ_4 四个行程开关的常闭触点，所以扳动工作台任意一个进给手柄，都会使圆工作台停止工作，这就保证了工作台的进给运动与圆工作台的旋转运动不能同时进行。

3）冷却泵电动机的控制与工作照明

冷却泵电动机由转换开关 SA_3 和接触器 KM_1 来控制启动与停止。铣床局部照明由变压器 TC 供给36V安全电压，由转换开关 SA_4 控制照明灯。

5.3.3　X62W型万能铣床常见电气故障的分析与处理

表5-9所示为X62W型万能铣床常见电气故障与处理方法。

表5-9　X62W型万能铣床常见电气故障与处理方法

序号	故障现象	故障分析	处理方法
1	主轴电动机不能启动	原因可能是： (1) 外电源断电，缺相； (2) 熔断器 FU_1～FU_3 熔丝熔断； (3) 热继电器 FR_1 触点未复位或常闭触点接触不良； (4) 主轴换向开关 SA_5 在停止位置； (5) 按钮 SB_1～SB_4 触点接触不良； (6) 主轴变速冲动行程开关 SQ_7 的常闭触点接触不良； (7) 接触器 KM_3 线圈接线脱落或主触点接触不良； (8) 电动机损坏	(1) 检查电源进线，相间电压应为380 V； (2) 更换同规格熔丝； (3) 将热继电器复位，或检查其常闭触点的接触情况； (4) 将 SA_5 扳到所需转向上； (5) 检查按钮触点或线路接线，并予以修复或改正； (6) 修复或更换行程开关； (7) 检查 KM_1 线圈是否断线或接头接触情况，并予以修复； (8) 修复或更换电动机

续表

序号	故障现象	故障分析	处理方法
2	主轴停车时没有制动	（1）接触器 KM_2 线圈接线脱落或主触点接触不良； （2）速度继电器 KS 常开触点接触不良	（1）检查 KM_2 线圈是否断线或接头接触情况，并予以修复； （2）检查 KS 常开触点接触情况
3	工作台能左、右进给，但不能前后、上下进给	（1）行程开关 SQ_3、SQ_4 常开触点接触不良； （2）行程开关 SQ_1、SQ_2 常闭触点接触不良； （3）十字手柄位置是否正确，操作是否失灵	（1）修复或更换行程开关； （2）修复或更换行程开关； （3）检查操作手柄位置，考虑是否由于机械磨损或位移使操作失灵
4	工作台各个方向都不能进给	（1）圆工作台转换开关 SA_1 不在"断开"位置； （2）接触器 KM_4、KM_5 主触点接触不良； （3）电动机 M_2 接线松脱或电动机绕组烧坏； （4）行程开关 SQ_1、SQ_2、SQ_3、SQ_4 的位置发生变动或被撞坏； （5）热继电器 FR_2 触点未复位或常闭触点接触不良	（1）将 SA_1 扳到"断开"位置； （2）修复接触器主触点； （3）重新接好线或更换电动机； （4）更换行程开关或调整好位置，并切实固定牢固； （5）将热继电器复位，或检查其常闭触点的接触情况
5	工作台不能快速进给	（1）牵引电磁铁机械卡死或线圈接线头脱落、线圈损坏； （2）按钮 SB_5、SB_6 触点接触不良； （3）接触器 KM_6 主触点接触不良或线圈回路不通	（1）检查电磁铁线圈回路，或更换电磁铁； （2）检查按钮触点，并予以修复； （3）检查 KM_6 线圈是否断线或接头接触情况，并予以修复
6	变速时不能冲动	多数是由于冲动行程开关 SQ_6、SB_7 经常收到频繁冲击，使开关位置改变或接触不良	修理或更换开关，并调整好开关的动作距离

5.4 T68 型镗床电路分析与故障排除

镗床是一种精密加工机床，主要用于加工精确的孔和各孔间相互位置要求较高的零件。除能完成镗孔外，镗床还可以进行铣削、钻孔、扩孔及加工端面等。按用途不同，镗床可分为卧式镗床、立式镗床、坐标镗床和专用镗床等。T68 型属中型卧式镗床。

5.4.1 T68 型镗床的运动形式及控制要求

1. 主要结构

T68 型镗床主要由床身、前立柱、镗头架、后立柱、尾座、溜板和工作台等部件组成，其结构如图 5-8 所示。

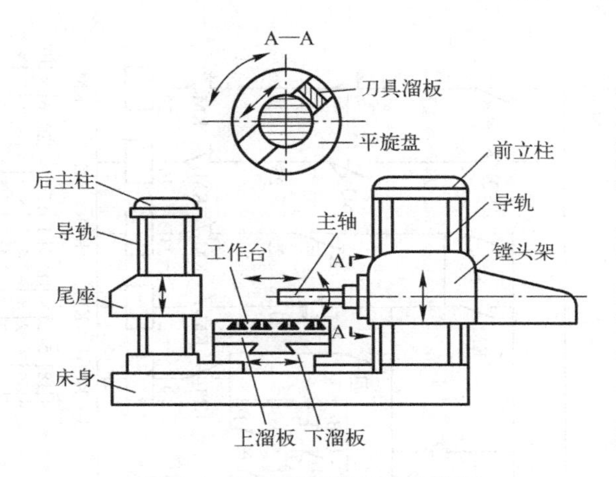

图5-8 T68型镗床结构示意图

床身是一个整体铸件，在它的一端固定有前立柱，在前立柱的垂直导轨上装有镗头架，镗头架可沿导轨垂直移动。镗头架上装有主轴、主轴变速箱、进给变速箱与操纵机构等部件。切削刀具固定在主轴前端的锥形孔里，或装在平旋盘的刀具溜板上。床身的另一侧装有后立柱，后立柱可沿床身导轨在主轴轴线方向调整位置。在后立柱导轨上安装有尾座，用来支撑主轴的末端，尾座与镗头架同时升降，保证两者的轴心在同一水平线上。工作台由下溜板、上溜板和回转工作台3层组成。下溜板可在床身轨道上作纵向移动，上溜板可在下溜板上作横向移动，回转工作台可在上溜板上转动。

2. 运动形式

（1）主运动：为主轴和平旋盘的旋转运动。

（2）进给运动包括：主轴的轴向进给、平旋盘刀具溜板的径向进给、镗头架的垂直进给、工作台的纵向进给和横向进给。

（3）辅助运动包括：工作台的回转、后立柱的轴向移动、尾座的垂直移动及各部分的快速移动等。

3. 电力拖动特点及控制要求

（1）T68型镗床的主运动和进给运动由同一台电动机即主轴电动机拖动，由各自传动链传动，均采用机械变速，为便于变速后齿轮的啮合，要求有变速冲动。

（2）为适应各种加工工艺，要求主轴电动机有较宽的调速范围，一般选用双速笼型异步电动机，有高、低两种速度供选择，且高速运转时须先经低速启动。

（3）由于进给运动有几个方向，故要求主轴电动机能正反转，且可进行点动调整；为保证主轴停车迅速、准确，应设置制动停车环节。

（4）各进给运动部件要求能快速移动，一般由单独的快速进给电动机拖动，采用点动控制方式。

（5）由于运动部件较多，应设有必要的联锁与保护环节。

5.4.2 T68型镗床电气控制电路分析

T68型镗床电气原理图如图5-9所示，图中各电气元件符号及功能说明如表5-10所示。

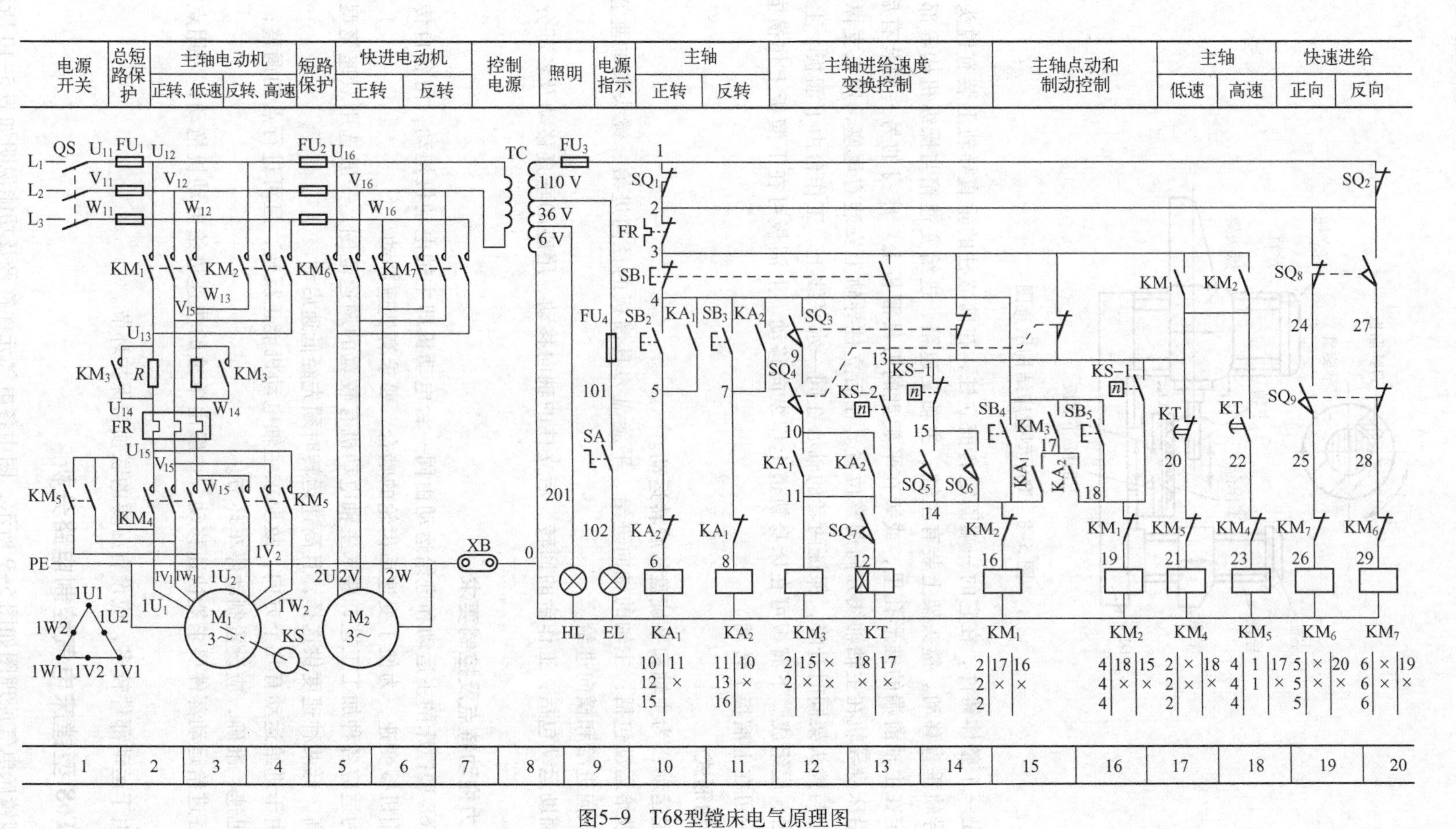

图5–9　T68型镗床电气原理图

表5-10　电气元件符号及功能说明

符　号	名称及用途	符　号	名称及用途
M_1	主轴双速电动机	SB_2	主轴电动机正转启动按钮
M_2	快速移动电动机	SB_3	主轴电动机反转启动按钮
QS	电源隔离开关	SB_1	主轴电动机停止按钮
SA	照明灯开关	SB_4、SB_5	主轴电动机正、反转点动按钮
KM_1、KM_2	主轴电动机正、反转接触器	SQ_1	工作台、主轴箱进给操纵手柄联动行程开关
KM_3	主轴电动机反接制动接触器	SQ_2	主轴进给手柄、平旋盘刀具溜板进给操纵手柄联动行程开关
KM_4	主轴电动机低速接触器	SQ_3	主轴变速用操纵手柄联动行程开关
KM_5	主轴电动机高速接触器	SQ_4	进给变速用操纵手柄联动行程开关
KM_6、KM_7	快速移动正、反转接触器	SQ_5	主轴变速冲动行程开关
KA_1、KA_2	接通主轴正、反转中间继电器	SQ_6	进给变速冲动行程开关
KT	时间继电器	SQ_7	主轴电动机高速挡行程开关
KS	速度继电器	SQ_8、SQ_9	快速操纵手柄联动行程开关
R	反接制动限流电阻	TC	控制变压器
FR	热继电器，主轴电动机过载保护	EL	照明灯
FU_1~FU_4	熔断器，短路保护	HL	电源指示灯

1. 主电路分析

M_1为主轴电动机，由接触器KM_1、KM_2控制其正反转；KM_4控制M_1低速运转（定子绕组接成三角形，为4极），KM_5控制M_1高速运转（定子绕组接成双星形，为2极），KM_3控制M_1反接制动限流电阻。热继电器FR作M_1过载保护。

M_2为快速移动电动机，由接触器KM_6、KM_7控制其正反转；M_2为短时运行，不需要过载保护。

2. 控制电路分析

在启动M_1之前，首先应调整主轴箱和工作台的位置，调整完后行程开关SQ_1、SQ_2的常闭触点均处于闭合状态，（1—2）接通；并且选择主轴速度及进给速度，当主轴变速及进给变速完成后，行程开关SQ_3、SQ_4被压下。

1）主轴电动机M_1低速正反转控制

由正反转启动按钮SB_2、SB_3操作，由中间继电器KA_1、KA_2及正反转接触器KM_1、KM_2，并配合KM_3、KM_4、KM_5来完成M_1电动机的正反转运行控制。当选择M_1低速时，将主轴速度选择手柄置于“低速”挡位，此时行程开关SQ_7处于释放状态，其触点（11—12）断开。

需要正转时，按下SB_2，（4—5）接通，KA_1线圈经（1—4—5—6）路径得电并自锁，则（10—11）及（14—17）接通，KM_3线圈经（1—4—9—10—11）路径得电，KM_3主触点闭合短接电阻R；同时（4—17）接通，KM_1线圈经（1—4—17—14—16）路径得电，则（3—13）接

通，KM_4线圈经（1—3—13—20—21）路径得电，其主触点将定子绕组接成三角形，电动机 M_1 正向全压启动低速运行。

反向低速运行是由 SB_3、KA_2、KM_3、KM_2、KM_4控制的，其控制过程与正向低速类似。

2）M_1电动机高速运行控制

将主轴速度选择手柄置于“高速”挡位，此时行程开关 SQ_7常开触点闭合，（11—12）接通。按下启动按钮 SB_2，KA_1线圈得电并自锁，相继使 KM_3、KT、KM_1、KM_4线圈得电，则 M_1电动机低速正向启动，待时间继电器 KT 延时时间到，（13—20）断开，KM_4线圈断电，同时（13—22）接通，KM_5线圈得电，其主触点将定子绕组接成双星形，M_1由低速自动变为高速运行。

反向高速运行是由 SB_3、KA_2、KM_3、KT、KM_2、KM_4和 KM_5控制的，其控制过程与正向高速类似。

3）M_1电动机的停车制动控制

M_1采用反接制动，KS 为与 M_1同轴的反接制动用的速度继电器，它在控制电路中有 3 对触点：常开触点（13—18）在 M_1正转时动作，另一对（13—14）在 M_1反转时动作，还有一对常闭触点（13—15）提供变速冲动控制。下面以 M_1电动机正向运行时的反接制动为例加以说明。

按下 SB_1，则（3—4）断开，使先前得电的 KA_1、KM_3、KT、KM_1、KM_5线圈相继断电，同时（3—13）接通，KM_2、KM_4线圈分别经（1—3—13—18—19）、（1—3—13—20—21）路径得电，使 M_1电动机在低速下串电阻进行反接制动。当 M_1电动机转速降至 100 r/min 时，KS 常开触点（13—18）断开，KM_2、KM_4线圈随之断电，反接制动过程结束，随后电动机自由停车。

如果是 M_1反转时进行制动，则由 KS 常开触点（13—14）闭合，使 KM_1、KM_4得电进行反接制动。

4）M_1电动机的点动控制

SB_4、SB_5分别为正反转点动控制按钮。当需要进行点动调整时，可按下 SB_4（或 SB_5），使 KM_1（或 KM_2）线圈得电、KM_4线圈也随之得电，由于此时 KA_1、KA_2、KM_3、KT 线圈均没通电，所以 M_1电动机串电阻低速启动。因 KM_1、KM_4没有自锁，所以 M_1为点动运行。

5）主轴变速与进给变速控制

T68 型镗床的主轴变速与进给变速可在停车时进行也可在运行中进行。变速时将变速手柄拉出，转动变速盘，选好转速后再将手柄推回。拉出手柄时相应的变速行程开关不受压，推回手柄时相应的行程开关受压，SQ_3、SQ_5为主轴变速用行程开关，SQ_4、SQ_6为进给变速用行程开关。与变速有关的行程开关 SQ_3 ～ SQ_6的状态如表 5-11 所示。

表 5-11　主轴和进给变速操纵手柄行程开关 SQ_3～SQ_6状态表

	相关行程开关的触点	① 正常工作时	② 变速时（拉出手柄）	③ 变速后齿轮未啮合好手柄推不上时
主轴变速	SQ_3常开触点（4—9）	+	−	−
	SQ_3常闭触点（4—13）	−	+	+
	SQ_5常开触点（14—15）	−	−	+

续表

	相关行程开关的触点	① 正常工作时	② 变速时（拉出手柄）	③ 变速后齿轮未啮合好手柄推不上时
进给变速	SQ_4常开触点（9—10）	+	−	−
	SQ_4常闭触点（3—13）	−	+	+
	SQ_6常开触点（14—15）	−	+	+

以主轴正向低速运转时进行变速分析。将变速手柄拉出，SQ_3不受压而复位，SQ_3常开触点（4—9）断开，则KM_3线圈断电，KM_1、KM_4线圈随之断电，电动机M_1断电，但在惯性的作用下仍旋转。由于SQ_3常闭触点（4—13）接通，而速度继电器 KS 触点（13—18）早已接通，所以使KM_2、KM_4线圈得电，电动机M_1在低速状态下串电阻进行反接制动。当转速降至 100 r/min 时，（13—18）断开，KM_2、KM_4线圈断电，制动过程结束。此时便可以转动变速盘，选好转速后将手柄推回，则SQ_3受压，SQ_5不受压。SQ_3受压后（4—9）的接通使KM_3、KM_1、KM_4线圈相继得电，电动机按原来的转向在新的转速下运行。同样道理，如果变速前M_1电动机处于高速运转状态，那么变速后电动机仍先低速启动，经延时后再切换到高速运转状态。

SQ_5为变速冲动行程开关。在变速时，如果齿轮未啮合好，变速手柄就推不上，SQ_5被压合，则KM_1线圈经（1—3—13—15—14—16）路径得电，随后KM_4线圈得电，则M_1电动机低速串电阻启动。当转速升高到 130 r/min 时，（13—15）断开，KM_1、KM_4线圈断电，同时（13—18）接通，KM_2、KM_4线圈相继得电，则M_1电动机进行串电阻反接制动，随后转速又下降，当转速降至 100 r/min 时，速度继电器又复位，KM_2、KM_4线圈断电，KM_1、KM_4线圈再次得电，M_1转速再次上升……，这样使M_1的转速在 100 ～ 130 r/min 之间反复升降，进行连续低速冲动，直至齿轮啮合好以后，主轴变速手柄才能推上，使SQ_3被压合，SQ_5不受压，变速冲动才结束。

进给变速的控制与主轴变速的控制过程相同，只是在进给变速控制时，拉动的是进给变速手柄，动作的行程开关是SQ_4和SQ_6。

6）快速移动电动机M_2的控制

主轴箱、工作台或主轴的快速移动，是由快速操纵手柄联动的行程开关SQ_8、SQ_9及接触器KM_6、KM_7，进而控制M_2电动机正反转来实现的。快速操纵手柄扳在中间位置时，SQ_8、SQ_9均不受压，M_2电动机停转。

7）联锁保护

为了防止工作台及主轴箱与主轴同时进给，将行程开关SQ_1和SQ_2的常闭触点并联接在控制电路（1—2）之间，当工作台及主轴箱进给手柄在进给位置时，SQ_1常闭触点断开；而当主轴的进给手柄在进给位置时，SQ_2的常闭触点断开；如果两个手柄都在进给位置，则（1—2）断开，镗床不能工作。

3. 照明及信号灯电路

由变压器 TC 提供 36 V 安全电压供给照明灯 EL，EL 的一端接地，SA 为灯开关，由FU_4提供照明电路的短路保护。HL 为 6 V 的电源指示灯。

5.4.3　T68 型镗床常见电气故障的分析与处理

表 5-12 所示为 T68 型镗床常见电气故障与处理方法。

表 5-12 T68 型镗床常见电气故障与处理方法

序号	故障现象	故障分析	处理方法
1	主轴电动机不能启动	主轴电动机 M_1 是双速电动机，正反转控制一般不可能同时损坏，故原因可能是： （1）熔断器 FU_1、FU_2、FU_3 至少有一个熔丝熔断； （2）工作台进给操纵手柄、主轴进给操纵手柄的位置不正确，压合 SQ_1、SQ_2 动作； （3）热继电器 FR 触点未复位或常闭触点接触不良； （4）主轴电动机损坏	（1）更换同规格熔丝； （2）将操纵手柄置于正确的位置； （3）将热继电器复位，或检查其常闭触点的接触情况； （4）修复或更换电动机
2	置于“高速”挡时，主轴电动机能低速启动，但不能高速运行而自动停机	（1）时间继电器 KT 常开触点接触不良； （2）行程开关 SQ_7 安装的位置移动； （3）SQ_7 触点接线松脱或接触不良； （4）KM_4 常闭触点接触不良	（1）更换或修复时间继电器； （2）重新安装调整 SQ_7 的位置； （3）检查 SQ_7 接线或触点接触情况，并予以修复； （4）修复或更换 KM_4 接触器
3	主轴电动机不能制动	（1）速度继电器损坏，触点不能正常动作； （2）KM_1 常闭触点或 KM_2 常闭触点接触不良	（1）修复或更换速度继电器； （2）修复或更换接触器
4	主轴变速手柄拉出后，主轴电动机不能冲动	（1）若变速手柄拉出后，主轴电动机仍以原来的转速和转向旋转，没有变速冲动，这是由于行程开关 SQ_3 常开触点无法断开造成的； （2）若变速手柄拉出后，主轴电动机能反接制动，但转速降为零时，不能进行低速冲动，这往往由于 SQ_3、SQ_5 安装不牢固，位置偏移，常开触点无法闭合，或是因速度继电器 KS 的常闭触点不能闭合所致	（1）修复或更换行程开关 SQ_3； （2）重新安装 SQ_3、SQ_5 的位置，或更换速度继电器
5	电动机在高速运行时的转向与低速运行时的转向相反	双速电动机的电源进线错误，将三相电源在高速运行和低速运行时，都接成同相序	改变三相电源相序

思考与练习题

1. 分析图 5-2 所示 CW6140 车床电气控制电路，说明：

（1）照明灯由 36V 安全电压供电，为什么它的一端还要接地？

（2）当熔断器 FU_1 烧断一相时，会出现什么现象？

（3）若冷却泵电动机只能点动，则可能的故障原因是什么？

（4）按正反向启动按钮时，主轴电动机的转向未改变，则可能的原因是什么？

（5）主轴电动机能正常Y形启动，但延时时间到后电动机自动停转，则可能的故障原因是什么？

2. 分析图5-5所示Z3050型摇臂钻床电气控制电路，说明：

（1）KT和YV线圈各在什么时候通电动作？KT各触点的作用是什么？

（2）电路中设有哪些联锁和保护环节？

（3）钻床大修后，若摇臂升降电动机M_2的三相电源相序接反会发生什么事故？试车时应如何检测？

3. 分析图5-7所示X62W型铣床电气控制电路，说明：

（1）若主轴未启动，工作台能否进行进给？

（2）工作台六个方向的进给移动都正常，但不能快速移动，试分析原因。

（3）主轴采用什么方式制动？有何特点？

4. 分析图5-9所示T68型镗床电气控制电路，

（1）行程开关SQ_7的作用是什么？

（2）试述主轴选择“高速”挡时电动机的启动过程。

（3）如何实现变速时的连续反复低速冲动？

项目❻ 常用纺织设备的电气控制

学习目标

- 了解棉纺织生产工艺流程。
- 熟悉 FA002 型抓棉机电气控制原理，并能对其常见的故障进行分析与处理；
- 熟悉 FA502 型细纱机电气控制原理，并能对其常见的故障进行分析与处理。

项目引言

本项目主要介绍 FA002 型抓棉机和 FA502 型细纱机的电气控制原理图及其工作原理、电气故障分析方法，以及纺织设备常见的电气故障排除方法。

6.1 FA002 型抓棉机电路分析与故障排除

抓棉机属于开清棉类机械，开清棉是棉纺织生产的第一道工序，完成开松、除杂、混合及成卷的任务。

抓棉机用于抓取各种等级的原棉和化纤，同时也有开松和混合的作用。抓棉机打手将压紧的棉块松解成细小的棉束，棉束通过气流经输棉管道送至下一机台，供下一道工序使用。

抓棉机按行走方式不同分为圆盘式和往复式两类。FA002 型属圆盘式自动抓棉机。

6.1.1 FA002 型抓棉机的主要结构及控制要求

1. 主要结构及运动形式

FA002 型圆盘式自动抓棉机的外形及结构示意图如图 6-1（a）、（b）所示，主要由小车、打手、内外围墙板、地轨、伸缩管等组成。

原棉堆放在内、外围墙板之间的棉箱中，小车及抓棉打手由支架连接沿地轨作环行回转，肋条压紧原棉表面，锯齿形刀片打手伸出肋条部分逐层均匀地抓取棉束，小车每回转一周，打手间隙下降一定高度，如此循环直至原棉抓净为止。

打手的结构如图 6-1（c）所示，由锯齿刀片、端盘、打手轴等组成。锯齿刀片的齿数自里向外由稀到密，使抓取的棉束更小而均匀，有利于后续机台混合、除杂。

2. 电气控制要求

FA002 型抓棉机共有三台电动机，即抓棉打手电动机 M_1、小车电动机 M_2、打手升降电动机

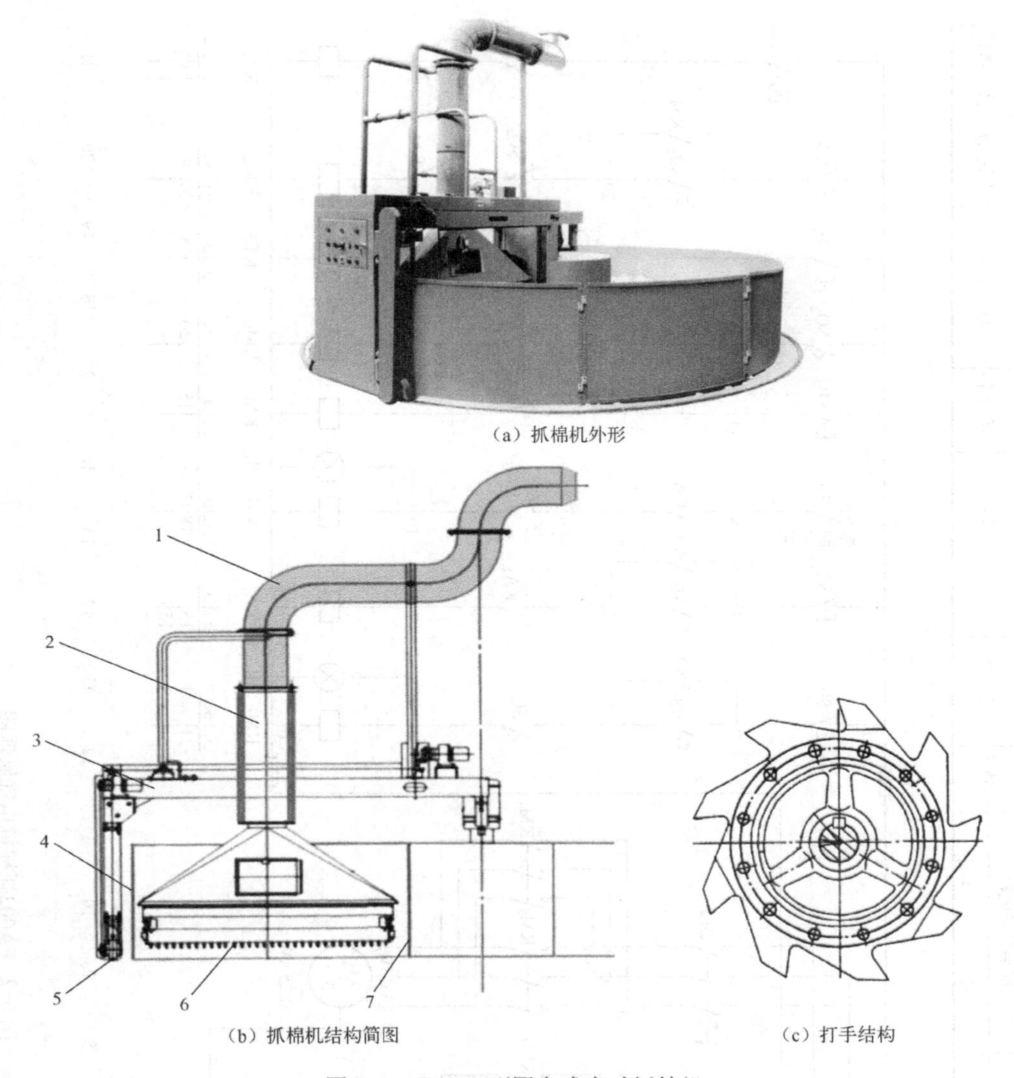

（a）抓棉机外形

（b）抓棉机结构简图

（c）打手结构

图6-1　FA002 型圆盘式自动抓棉机

1—输棉管；2—伸缩管；3—小车支架；4—外围墙板；5—地轨；6—打手；7—内围墙板

M_3。从抓棉工艺要求出发，对电动机的控制要求如下：

小车沿地轨作顺时针方向运行，它的运行和停止受前方机台棉箱内的光电开关控制。当光电开关检测到棉束过多时，小车停止运行，当前方机台要棉时，小车运行，以保证均匀供棉。同时，小车每转一周，打手就下降 3 ～ 6 mm，以实现连续抓棉；下降的距离由行程开关动作的时间长短来控制。打手运行到上、下极限位置时开关 SQ_3、SQ_4 动作。当抓棉打手因绕花堵车而降速到 500 r/min 以下时，机架上的速度继电器动作，使打手电动机和小车电动机立即停转，防止电动机因堵转损坏，人工排除故障后再重新启动。

6.1.2　FA002 型抓棉机电气控制电路分析

FA002 型抓棉机电气原理图如图 6-2 所示，图中各电气元件符号及功能说明如表 6-1 所示。

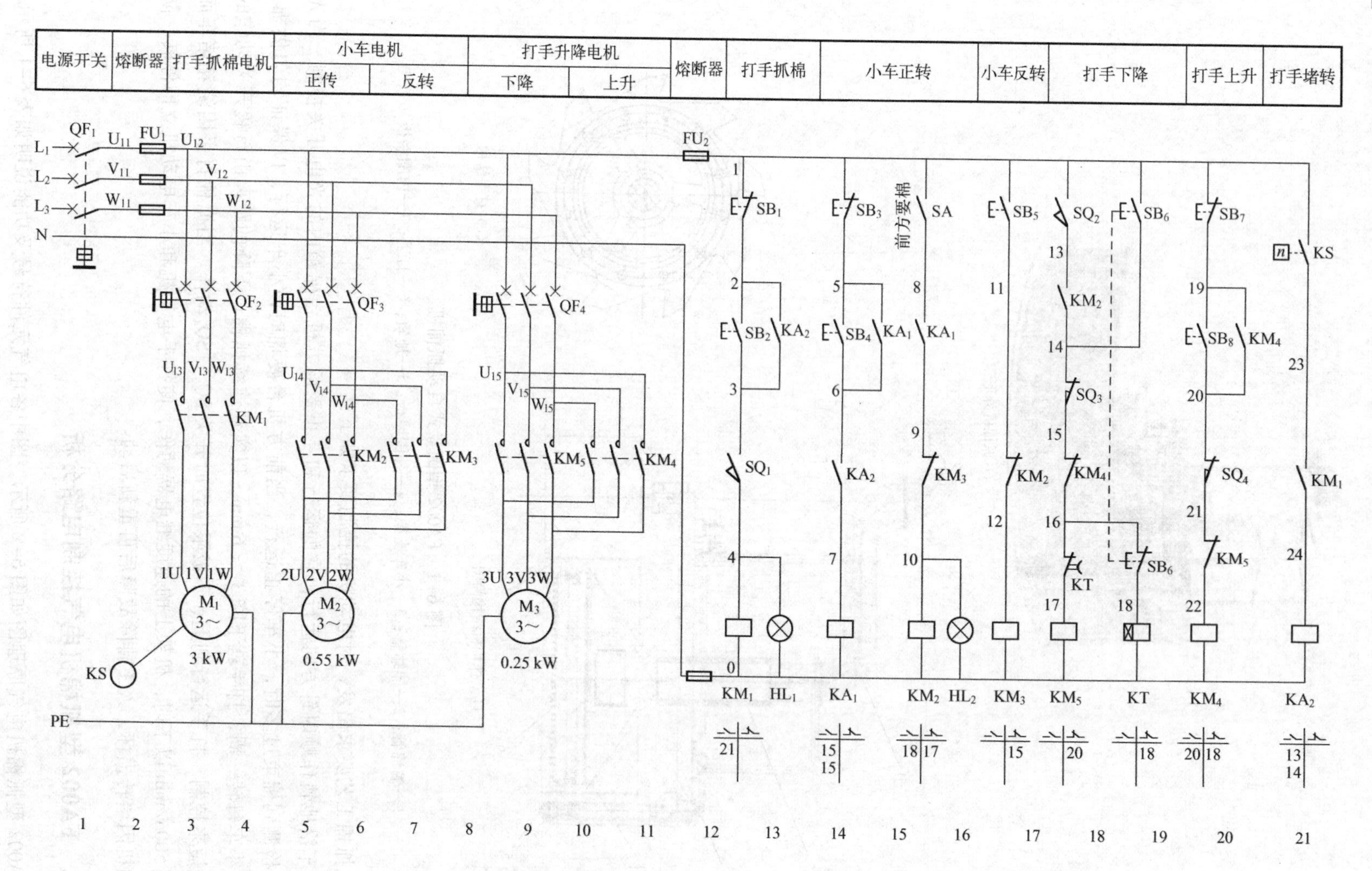

图 6-2　FA002抓棉机电气原理图

表6-1 电气元件符号及功能说明

符 号	名称及用途	符 号	名称及用途
QF_1～QF_4	低压断路器，电源开关	KA_1	中间继电器，控制小车正转
FU_1、FU_2	熔断器，短路保护	KA_2	中间继电器，堵转时使打手停止
KM_1	打手电动机运转接触器	KT	控制打手不能连续下降的时间继电器
KM_2、KM_3	小车电动机正、反转接触器	KS	速度继电器
KM_4、KM_5	打手电动机升、降接触器	SA	光电检测开关
SB_2、SB_1	打手电动机启、停按钮	SQ_1	棉斗视窗位置开关
SB_4、SB_3	小车正转启、停按钮	SQ_2	打手自动下降行程开关
SB_5	小车反转点动按钮	SQ_4、SQ_3	打手上、上限位行程开关
SB_6	打手点动下降按钮	HL_1	打手运转指示灯
SB_8、SB_7	打手上升启、停按钮	HL_2	小车正转指示灯

1. 主电路分析

断路器QF_1为电源总开关，QF_2～QF_4为各电动机支路的电源开关。主电路中有三台笼型异步电动机，其中M_1为打手抓棉电动机，受接触器KM_1控制；M_2为小车行走电动机，KM_2控制小车正转，KM_3控制小车反转；M_3为打手升降电动机，KM_4控制打手上升，KM_5控制打手下降。各支路的QF对电动机起到短路、过载和欠压保护。

2. 控制电路分析

1）电路的联锁与保护功能

（1）棉斗视窗上装有位置开关，只有关好视窗，才能启动打手抓棉电动机。

（2）打手抓棉电动机高速运转后小车方可正转；小车正转后，打手方可自动间隙下降。

（3）小车正反转互相联锁，打手上升与下降互相联锁，打手上升与下降均具有终端限位保护。

（4）若打手因绕花堵车时，打手速度下降，当转速$n<500$ r/min时，全机自动停车。只有故障排除后才能重新启动。

（5）若打手肋条顶住棉包致使小车不能向前行走，而小车又恰巧停在中心柱上的机械撞块与打手自动下降行程开关相接触的地方，便会导致打手连续下降，造成机械事故。为此需设置时间继电器避免打手长时间连续下降。

2）工作原理

（1）打手电动机启动。在棉斗视窗关好的情况下，（3—4）接通，按下SB_2，KM_1线圈经（1—2—3—4）路径得电，主触点闭合，打手抓棉电动机M_1启动，同时打手运转指示灯HL_1亮。随着M_1电动机转速上升，速度继电器KS常开触点闭合，（1—23）接通，中间继电器KA_2线圈得电，（2—3）及（6—7）接通，为小车正向回转做好准备。

（2）小车正转。按下SB_4，中间继电器KA_1得电并自锁，且（8—9）接通。当前方棉箱需要供棉时，光电开关SA闭合，（1—8）接通，则接触器KM_2线圈经（1—8—9—10）路径得电，M_2电动机正转启动，小车行走开始回转抓棉，指示灯HL_2亮。当前方棉箱中棉量较多时，（1—8）断开，KM_2线圈断电小车停止正转。同时，KM_2辅助常开触点（13—14）闭合为打手下降做好准备。

（3）打手间隙下降。小车每正转一周，中心柱上的机械撞块触动行程开关 SQ_2 一次，而（1—13）的接通使接触器 KM_5 线圈得电，打手下降。下降量为 3 ～ 6 mm/次，可以通过调节行程开关与机械撞块相互接触的时间来改变。当打手下降到下限位时，SQ_3 动作，打手下降自动停止。时间继电器 KT 可避免打手连续下降，当中心柱上的机械撞块与打手自动下降行程开关 SQ_3 接触后，时间继电器 KT 线圈与打手下降接触器 KM_5 线圈同时得电，若时间过长（可根据实际需要调整），则时间继电器常闭触点（16—17）断开，KM_5 线圈断电，打手停止下降。

（4）停车。当按动停止按钮 SB_1 时，全机停车。

（5）调整操作。SB_5 为小车反向运转点动按钮，SB_6 为打手点动下降按钮，SB_8 为打手上升启动按钮，SB_7 为打手上升停止按钮。

6.1.3　FA002 型抓棉机常见电气故障的分析与处理

FA002 型抓棉机是回转抓棉，电源部分由滑环引入，控制电路采用顺序控制，且与各工艺行程开关紧密配合，所以维修时应掌握其工艺流程，看懂电气图。

1. 故障 1：小车不能正常行走

故障分析：若打手能运转而小车不能正常行走，是因为 KM_2 线圈没得电，（1—8—9—10—0）路径没形成通路。原因可能是下一机台凝棉器风机没启动，输棉管道里棉量过多致使光电开关常开触点不能闭合，（1—8）断开；或者是速度继电器常开触点接触不良，（1—23）不通，KA_1 线圈不得电。

故障排除：检查凝棉器风机是否已开启；检查速度继电器常开触点接触情况。

2. 故障 2：打手连续下降

故障分析：打手连续下降是因为接触器 KM_5 线圈持续得电，原因可能是 SQ_2 长时间被压合致使（1—13）一直接通；或者是时间继电器 KT 常闭触点有故障，在延时时间到后（16—17）没有断开。

故障排除：检查位置开关 SQ_2 是否移位了；检查时间继电器是否损坏。

6.2　FA502 型细纱机电路分析与故障排除

细纱机是纺织厂的主要设备之一。细纱是纺纱过程中的最后一道工序，它将粗纱纺制成符合一定号数（或支数）和品质要求的细纱，便于后加工。

细纱工序的任务包括：

（1）牵伸：将粗纱均匀地抽长拉细到所要求的线密度。

（2）加捻：将牵伸后的须条加上适当的捻度，使细纱具有一定的强力、弹性和光泽。

（3）卷绕：将纺成的细纱按一定的成形要求卷绕在筒管上，便于运输和后道工序加工。

6.2.1　细纱机的主要结构及控制要求

1. 主要结构及工艺流程

细纱机由喂入机构、牵伸机构、加捻和卷绕机构组成。喂入机构的作用是将粗纱或条子抽引出来并喂给牵伸机构。牵伸后的须条由前罗拉输出，经加捻成细纱后卷绕在筒管上。

细纱机的工艺流程如图6-3所示。粗纱从套在粗纱架托锭的粗纱管上退绕出来，经过导纱杆和横动导纱器喂入牵伸装置进行抽长拉细。牵伸后的须条由前罗拉输出，通过导纱钩、钢丝圈经加捻后卷绕到紧套在锭子上的筒管上。锭子高速回转，通过有一定张力的纱条带动钢丝圈在钢领板上高速回转，钢丝圈每转一圈，就给牵伸后的须条加上一个捻回。同时，由于钢丝圈和钢领的摩擦阻力，使钢丝圈的转速小于锭子转速，遂产生卷绕。受成形机构的控制钢领板按一定规律升降，保证了细纱卷绕在纱管上形成等螺距圆锥形的管纱。

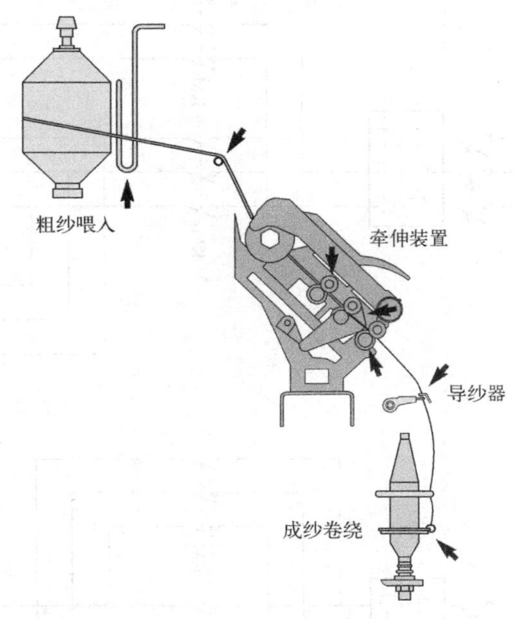

图6-3 细纱机的工艺流程

2. 电气控制要求

FA502细纱机共有三台电动机，分别为主电动机、吸风电动机和钢领板电动机。细纱机的牵伸、加捻和卷绕工艺由主电动机带动机械实现；吸棉风机也称为风机，一方面把纺纱时出现的断头吸入棉箱，以防止纱线缠绕在罗拉上，另一方面吸走纱线上的飞绒，一定程度上减少了车间的含尘量；而钢领板电动机在细纱机开始工作时带动上升到始纺位置（复位），再在落纱时带动钢领板下降到落纱位置。

三台电动机之间要求有联锁控制，即在风机启动之后，钢领板电动机正转使钢领板复位后主电动机方能启动。具体控制要求如下：

（1）开车前能使钢领板自动复位。

（2）在纺纱过程中，无论何时停车，能自动适位停车。

（3）满管落纱或提前落纱，能使钢领板自动下降及适位停车。

（4）开车时主机先低速启动，再自动切换高速运行。

6.2.2 FA502型细纱机电气控制电路分析

FA502型细纱机电气原理图如图6-4所示，图中各电气元件符号及功能说明如表6-2所示。

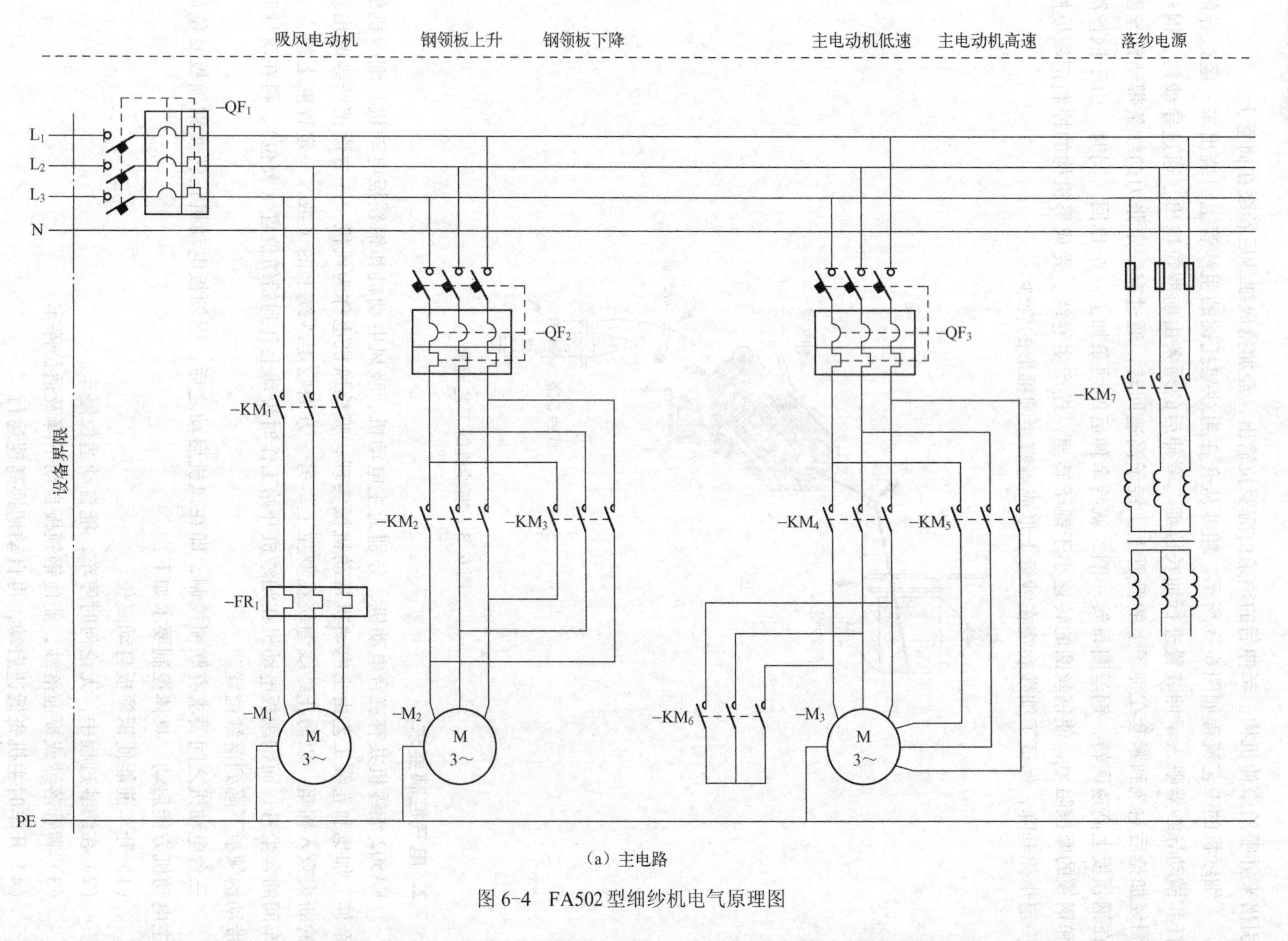

（a）主电路

图 6-4 FA502 型细纱机电气原理图

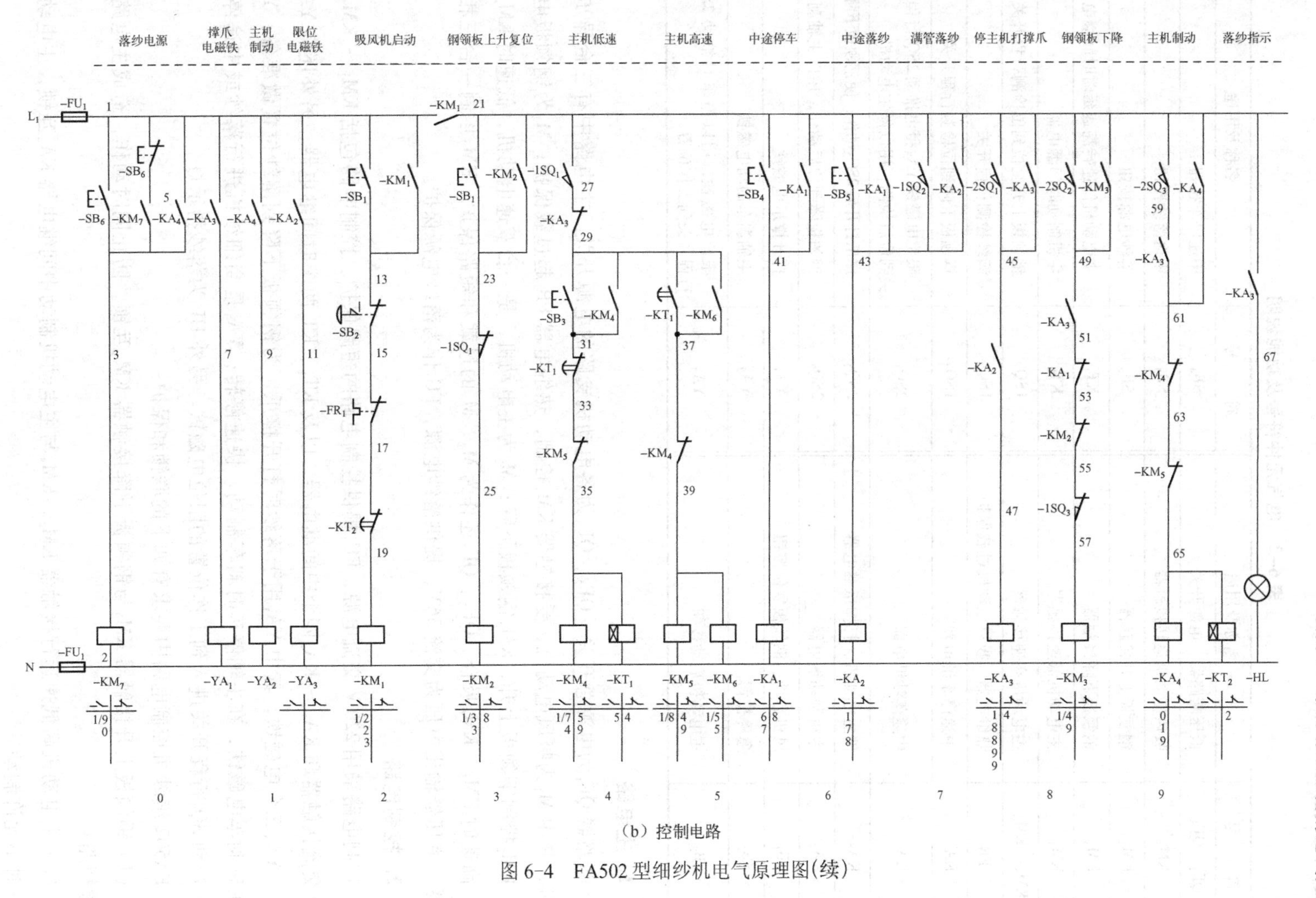

（b）控制电路

图 6-4　FA502 型细纱机电气原理图(续)

表 6-2 电气元件符号及功能说明

符　号	名称及用途	符　号	名称及用途
QF_1～QF_3	低压断路器，电源开关	SB_4	中途停车按钮
KM_1	吸风电动机运转接触器	SB_5	中途落纱按钮
KM_2	钢领板上升接触器	SB_6	落纱电源按钮
KM_3	钢领板下降接触器	KT_1	主电动机低速转高速延时时间继电器
KM_4	主电动机低速接触器	KT_2	主机制动时间继电器
KM_5、KM_6	主电动机高速接触器	$1SQ_1$	钢领板上升复位到位检测行程开关
FR	热继电器，吸风电动机过载保护	$1SQ_2$	满纱检测行程开关
KA_1	中途停车继电器	$1SQ_3$	钢领板下降到位检测行程开关
KA_2	中途落纱继电器	$2SQ_1$	限位电磁铁 YA_3 得电推动2SQ 行程开关到位后检测，用以停主电动机
KA_3	停主电动机、打撑爪继电器	$2SQ_2$	撑爪打开后 $2SQ_2$ 动作，使钢领板下降
KA_4	主机制动继电器	$2SQ_3$	钢领板降到位后动作，用以主轴刹车
SB_1	风机启动、钢领板复位按钮	YA_1	打开撑爪电磁铁
SB_2	急停按钮	YA_2	主轴刹车制动电磁铁
SB_3	主电动机启动按钮	YA_3	限位电磁铁，用以停车时推动 2SQ 行程开关到工作位置

1. 主电路

断路器 QF_1 为电源总开关，QF_2、QF_3 为各电动机支路的电源开关。主电路中有三台异步电动机，其中 M_1 为吸风电动机，受接触器 KM_1 控制，热继电器 FR 起过载保护；M_2 为钢领板电动机，KM_2 控制钢领板上升，KM_3 钢领板下降；M_3 为主电动机，是一台双速电动机，低速时 KM_4 吸合，高速时 KM_5、KM_6 吸合。QF_2、QF_3 还作为 M_2、M_3 的过载和短路保护。KM_7 控制一台三相变压器，变压器输出电压为交流 36V，提供落纱电源，FU 作为落纱电源保护。

2. 控制电路

控制电路采用 220 V 交流电源，FU_1 提供控制电路的短路保护。控制电路包括 KM_1 ～ KM_7 这 7 个交流接触器和 KA_1 ～ KA_4 四个中间继电器，以及 KT_1、KT_2 两个时间继电器，另外还有 YA_1、YA_2、YA_3 三个电磁铁，其中 YA_1 用于落纱时打开撑爪，为钢领板下降到落纱位置做准备；YA_2 为主轴刹车电磁铁，在主轴停车时刹车制动，快速停转；YA_3 是当细纱机进行落纱或中途停车时，推动 SQ_2 行程开关进入到工作位置的限位电磁铁。另外 HL 为落纱指示灯。

FA502 细纱机控制电路中要求有如下的联锁和保护：

（1）钢领板上升接触器 KM_2 与钢领板下降接触器 KM_3 互锁，防止同时动作，造成主电路的电源短路；

（2）主电动机高低速运行接触器 KM_4、KM_5 与主电动机制动中间继电器 KA_4 互锁，主电动机运行时不允许制动。

（3）停主电动机中间继电器 KA 与主电动机低速启动接触器互锁，防止在主电动机制动时，主电动机通电运转。

（4）风机接触器KM_1联锁其他接触器，保证开车时必须先启动风机。

3. FA502细纱机工作原理

1）开机

合上总电源开关QF_1，按风机启动按钮SB_1，接触器KM_1得电自锁，吸风电动机M_1启动；同时接触器KM_2得电自锁，钢领板升降电动机M_2启动，钢领板上升，到达始纺位置时，触动行程开关$1SQ_1$，（23—25）断开，KM_2线圈失电，钢领板上升停止。此时，$1SQ_1$常开触点闭合，（21—27）接通，为主电动机启动做好准备。

按下主电动机启动按钮SB_3，KM_4、KT_1线圈得电并自锁，主电动机低速启动，当KT_1设定的延时时间达到后，（31—33）断开，主机低速接触器KM_4线圈断电，同时（29—37）接通，高速接触器KM_5、KM_6线圈得电并自锁，主电动机高速运行，细纱机开始正常纺纱。

2）自动落纱且适位停车

当检测到筒管上的纱线满管时，开关$1SQ_2$动作，（21—43）接通，中间继电器KA_2线圈得电自锁，（21—67）接通，落纱指示灯亮；（1—11）接通，YA_3限位电磁铁线圈得电将2SQ行程开关座推向工作位置，$2SQ_1$、$2SQ_2$、$2SQ_3$依次动作。

（1）当$2SQ_1$动作时，（21—45）接通，中间继电器KA_3线圈得电并自锁，（27—29）断开，使主电动机高速接触器KM_5、KM_6断电，主电动机M_3断电保持惯性回转；同时（1—7）接通，撑爪电磁铁线圈YA_1通电，打开撑爪，为钢领板下降做准备。

（2）当撑爪打开后$2SQ_2$动作，接触器KM_3线圈经（1—21—49—51—57）路径得电并自锁，M_2电动机反转使钢领板下降。当钢领板下降到落纱位置时，$1SQ_3$动作，（55—57）断开，KM_3线圈断电，M_2停止。

（3）当$2SQ_3$动作时，中间继电器KA_4得电自锁，主机制动电磁铁线圈YA_2得电，YA_2吸力拉下制动器连杆，全机刹车停转；同时时间继电器KT_2线圈得电，延时3～5 s后，（17—19）断开，KM_1线圈断电，风机及主机全部停止，撑爪落下，制动器打开，行程开关2SQ复位，满纱指示灯熄灭，为再次开车做好准备。当工人落纱完毕后，仍按上述步骤开机。

3）中途落纱

在细纱机工作中，如果需要在满管之前提前落纱，只要按下中途落纱按钮SB_5，就能产生如满管落纱时的各种动作，最后适位停车。从原理图上可以看出，SB_5和$1SQ_2$并联，作用一样。

4）中途停车

纺纱过程中，遇有特殊情况下需要停车，而后又可以继续纺纱，此种情况下可以按下中途停车按钮SB_4，就能实现自动适位停车。从原理图上可以看出，SB_4按钮按下后接通KA_1，而KA_1一组常开触点与$1SQ_2$和SB_5并联，作用一样。但KA_1的一组常闭触点（51—53）断开后，切断钢领板下降接触器线路，因此不会产生钢领板下降的动作。除此之外其他动作与中途落纱一样，最终实现适位停车。

一旦需要再次开车，可按正常方式启动设备，但由于钢领板没有下降，仍在始纺位，$1SQ_1$行程开关的常闭触点仍然处于断开状态，所以钢领板不会执行上升复位，当启动主电动机后，可以继续进行纺纱。

5）紧急停车

如在细纱机工作过程中遇到事故需要紧急停车，可按下急停按钮 SB_2，控制电路失电，这种情况下不能适位停车。

6.2.3 FA502 型细纱机常见电气故障的分析与处理

FA502 细纱机电气控制电路相对复杂，但都是由基本电路组合而成的，主电路包括一个单向运转控制、一个正反向运转控制和一个双速电动机控制，控制电路采用顺序控制，设备启动后自动完成纺纱到纺完后的落纱，工艺行程开关与机械配合紧密，所以维修时应掌握细纱机的工艺流程，看懂电气图。

1. 故障1：开机时主电动机 M_3 能低速启动，但一段时间后没有转为高速，而是停机

故障分析：M_1 能低速启动，说明 KM_4 接触器是好的，启动后不能自动转为高速运行且自动停机，又说明时间继电器 KT_1 是工作的，其常闭触点（31—33）能切断 KM_4 线圈支路，而常开触点（29—37）并未能接通 KM_5、KM_6 线圈支路。应重点检查 KT_1 的常开触点（29—37）。此外，还应该检查 KM_5、KM_6 回路中互锁的 KM_4 的常闭触点（37—39）以及自锁用的 KM_6 常开触点（29—37），照此思路还应检查 KM_6 线圈有无故障。

故障排除：在断电的时候，根据电路图用电阻法检查出故障点。

（1）检查控制电路中（29—37—39—2）支路是否形成通路。

① 检查 KT_1（29—37）、KM_6（29—37）两组触点的 29 号线与 SB_3 按钮的 29 号线是否相通；

② 检查 KT_1（29—37）、KM_6（29—37）两组触点的 37 号线与 KM_4（37—39）的 37 号线是否相通；

③ 检查 KM_4（37—39）的 39 号线与高速接触器 KM_5、KM_6 线圈的 39 号线是否相通；

④ 检查接触器 KM_5、KM_6 线圈的零线侧与 KM_4 的零线是否相通；

⑤ 检查 37 号线与 KM_5 线圈零线侧之间的电阻值，正常应为该接触器线圈电阻值的一半，若阻值无穷大，则说明 KM_4（37—39）常闭触点有问题；若阻值为零或是一个接触器线圈的阻值，则说明 KM_5 或 KM_6 线圈有问题，必要时可断开两线圈的并线，分别检测，以确定哪个接触器出现故障；

⑥ 若以上检查都正确，可进一步检查 KM_6（29—37）触点是否完好，可手动按下 KM_6 接触器，检查该触电是否闭合，如果该触点完好，则问题肯定出在 KT_1（29—37）触点，检查 KT_1。

（2）若检测到（29—37—39—2）支路形成通路，则需检查主电路中 KM_5、KM_6 主触点接触情况。可手动按下 KM_5、KM_6 接触器衔铁，检查主触点是否闭合。

2. 故障2：运行时不能自动落纱，设备一直在运转

故障分析：主机能正常运转，但满管时不能自动停，说明中间继电器 KA_3 线圈没得电。重点查 $1SQ_2$、$2SQ_1$ 的动作情况和中间继电器 KA_2。

故障排除：断开主电路电源，只测试控制电路的继电器、接触器动作情况。

按下中途落纱按钮，看 KA_2 能否吸合。

（1）如果 KA_2 不能吸合，则可初步判断是满管检测开关 $1SQ_2$ 有问题，检查其常开触点接触情况；如果 $1SQ_2$完好，则可按下中途停车按钮进一步检查 KA_1能否吸合，若 KA_1能吸合，KA_2不吸合，说明故障在 KA_2的线圈接线上，检查其线圈接线是否松脱；若 KA_1也不能吸合，说明电源故障，检查 21 号线及零线。

（2）如果 KA_2能吸合，说明故障在 KA_3线圈支路上，可检查 $2SQ_1$、KA_2常开触点以及该支路的线路连接。若 KA_2常开触点完好，则有可能是 $2SQ_1$行程开关故障，也可能是限位电磁铁 YA_3故障，当然也有可能是因 2SQ 移位导致限位电磁铁得电后未能把 2SQ 行程开关推进到工作位置。

思考与练习题

1. 分析图 6-2 所示 FA002 型抓棉机电气控制电路，说明：

（1）满足什么条件小车才能前进？

（2）电路中时间继电器 KT 的作用？

（3）打手自动下降与哪个行程开关有关？

（4）怎样防止打手因绕花堵死而烧坏电动机？

2. 分析图 6-4 所示 FA502 型细纱机电气控制电路：

（1）中途落纱与中途停车两种停车方式的区别。

（2）若限位电磁铁（YA_3）损坏，会出现什么故障？

（3）中途停车时若钢领板也出现下降，试分析该故障可能的原因。

（4）落纱时，主机断电，并逐渐减速直至停转，但风机始终在运行，分析该故障的原因。

附录

附录A　常用低压电器的主要技术参数

表 7-1　HK2 系列闸刀开关主要技术数据

额定电压/V	额定电流/A	级数	熔断器极限分断电流/A	控制电动机功率/kW	机械寿命/次	电气寿命/次
250	10	2	500	1.1	10 000	2 000
	15		500	1.5		
	30		1 000	3.0		
380	15	3	500	2.2	10 000	2 000
	30		1 000	4.0		
	60		1 000	5.5		

表 7-2　按钮主要技术参数

型　号	额定电压 额定电流	结构形式	触点对数		按　钮	
			常开	常闭	钮数	颜　色
LA10—2H	AC 380 V DC 220V 5A	一般式	2	2	2	黑、红或绿、红
LA10—3H		一般式	3	3	3	黑、绿、红
LA18—22		一般式	2	2	1	红、绿、黄、白、黑
LA18—22X		旋钮式	2	2	1	黑
LA18—22Y		钥匙式	2	2	1	锁芯本色
LA18—22J		紧急式	2	2	1	红
LA19—11		一般式	1	1	1	红、绿、蓝、黄、白、黑
LA19—11J		紧急式	1	1	1	红
LA19—11D		带指示灯式	1	1	1	红、绿、蓝、白、黑

表 7-3　部分熔断器主要技术数据

型　号	熔断器 额定电流/A	额定电压/V	熔体额定电流/A	极限分断 电流/kA
RC1A—5	5	380	2，5	0.25
RC1A—10	10		2，4，6，10	0.5
RC1A—15	15		6，10，15	0.5
RC1A—30	30		20，25，30	1.5
RC1A—60	60		40，50，60	3

续表

型　号	熔断器额定电流/A	额定电压/V	熔体额定电流/A	极限分断电流/kA
RL1—15	15	500	2，4，6，10，15	3
RL1—60	60		20，25，30，35，40，50，60	3.5
RM10—15	15	380	6，10，15	1.2
RM10—60	60		15，20，25，30，40，50，60	3.5
RT14—20	20		2，4，6，10，16，20	100
RT14—32	32		2，4，6，10，16，20，25，32	100
RT18—32	32		2，4，6，10，16，20，25，32	100
RT18—63	63		10，16，20，25，32，40，50，63	100

表 7-4　CJ20 系列接触器主要技术数据

型　号	AC-3，380 V 下，主触点额定电流/A	辅助触点额定电流/A	额定操作频率/(次/h)	线圈电压/V	可控制电动机功率/kW	
					220 V	380 V
CJ20—10	10	5	1 200	交流 36；110；127；220；380	2.2	4
CJ20—16	16				4.5	7.5
CJ20—25	20				5.5	11
CJ20—40	40				11	22
CJ20—63	63		600		18	30
CJ20—100	100				28	50

表 7-5　CJX2 系列接触器主要技术数据

型　号	触点工作电压/V	主触点额定电流/A		额定操作频率/(次/h)		可控制电动机功率/kW
		AC-3	AC-4	AC-3	AC-4	
CJX2—09	380	9	3.5	1 200	300	4
CJX2—12	380	12	5	1 200	300	5.5
CJX2—18	380	18	7.7	1 200	300	7.5
CJX2—25	380	25	8.5	1 200	300	11
CJX2—32	380	32	12	600	300	15
CJX2—40	380	40	18.5	600	300	18.5

表 7-6　热继电器熔断器主要技术数据

型　号	额定电流/A	热元件等级		
		编号	额定电流/A	刻度电流调节范围/A
JR16—20/3 JR16—20/3D	20	1	0.35	0.25～0.35
		2	0.5	0.32～0.5
		3	0.72	0.45～0.72
		4	1.1	0.68～1.1

续表

型　号	额定电流/A	热元件等级		
		编号	额定电流/A	刻度电流调节范围/A
JR16—20/3 JR16—20/3D	20	5 6 7 8	1.6 2.4 3.5 5	1.0～1.6 1.5～2.4 2.2.～3.5 3.2～5
		9 10 11 12	7.2 11 16 22	4.5～7.2 6.8～11 10～16 14～22

表 7-7　DZ15 系列塑壳式断路器主要技术数据

型　号	壳架额定电流/A	极　数	额定电压/V	脱扣器额定电流/A	额定短路通断能力/kA	电气、机械寿命/次
DZ15—40	40	1	220 V	6，10，16，20，25，32，40	3	15 000
		2，3，4	380 V			
DZ15—63	63	1	220 V	10，16，20，25，32，40，50，63	5	10 000
		2，3，4	380 V			

表 7-8　DZ108 系列塑壳式断路器技术数据

型　号	额定电流/A	额定电流整定范围/A	额定工作电压/V	极数 P	额定短路分断能力/kA		AC-3 下控制电动机最大功率/kW	
					380 V	660 V	380 V	660 V
DZ108—20	3.2	2～3.2	380 660	3	1.5	1.0	10	16
	4	2.5～4						
	5	3.2～5						
	6.3	4～6.3						
	8	5～8						
	10	6.3～10						
	12.5	8～12.5						
	16	10～16						
	20	14～20						
DZ108—32	4	2.5～4	380 660	3	10	3	16	26
	6.3	4～6.3						
	10	6.3～10						
	12.5	8～12.5						
	16	10～16						
	20	12.5～20						
	25	16～25						
	32	22～32						

表 7-9　JLXK1 行程开关主要技术数据

型　号	额定电压/V		额定电流/A	触点数量		结构形式
	交流	直流		常开	常闭	
JLXK1—111	500	440	5	1	1	单轮防护式
JLXK1—211						双轮防护式
JLXK1—111M						单轮密封式
JLXK1—211M						双轮密封式
JLXK1—311						直动防护式
JLXK1—311M						直动密封式
JLXK1—411						直动滚轮防护式
JLXK1—411M						直动滚轮密封式

表 7-10　JZ7 系列中间继电器技术数据

型　号	额定电压/V		吸引线圈电压/V	触点额定电流/A	触点数量		最高操作频率/(次/h)
	交流	直流			常开	常闭	
JZ7—22	500	440	36, 127, 220, 380	5	2	2	1 200
JZ7—41			36, 27, 220, 380		4	1	
JZ7—44			12, 36, 127, 220, 380		4	4	
JZ7—62			12, 36, 127, 220, 380		6	2	
JZ7—80			12, 36, 127, 220, 380		8	0	

附录 B　电气绘图软件 PCschematic 简介

一、PCschematic 软件概述

PCschematic ELautomation 是用于电力电气和电子设计的专业 CAD 绘图软件。它是基于 Windows 平台的 CAD 软件，由丹麦的软件开发小组 DPS CAD - center Aps 开发而成的。软件除了使用自己的图形文件格式 Pro 和 Sym，它也可以输入其他 CAD 应用格式的文件，如 DWG 和 DXF 格式的文件；另外还可以把 Pro 格式的文件输出为 DWG 和 DXF 格式的文件。

1. 工作界面

启动 PCschematic ELautomation 后，便进入了软件的主界面（所用软件为 PCsELcad10.0.1 中文版）。为了便于介绍软件的功能，新建一个设计方案，工作界面布局如图 8-1 所示。

2. 菜单栏

1）“文件” 菜单

“文件” 菜单中包含最常用的命令，如图 8-2 所示。其中具体命令如下：

- 新建：创建一个新的绘图文件，即 . PRO 文件。

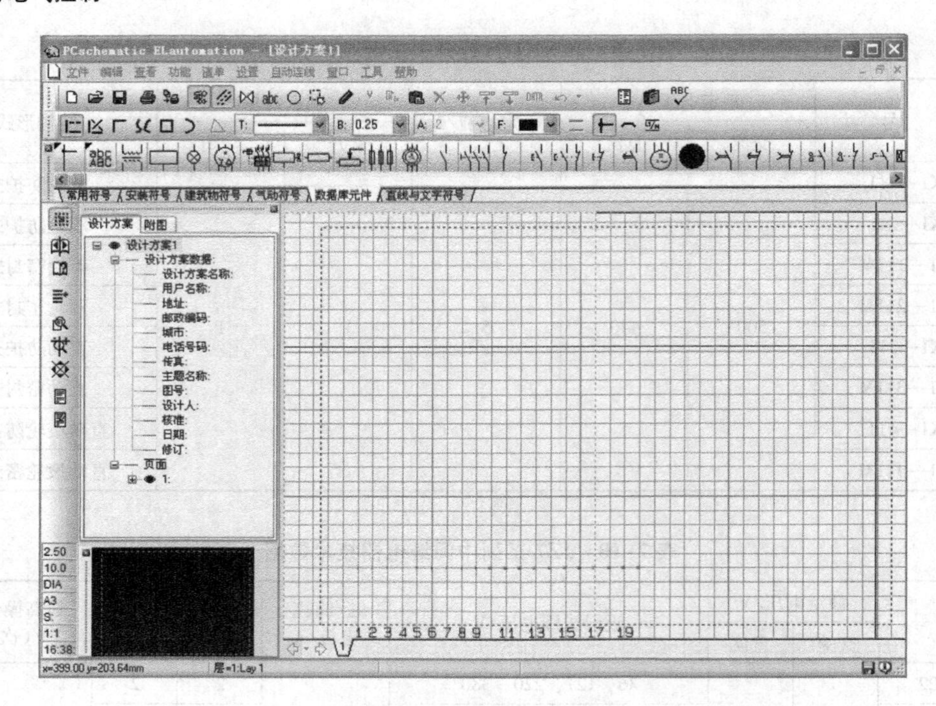

图 8-1　软件主界面

- 打开：打开一个已存在的绘图文件，可以在工作区对此文件进行编辑和修改。
- 关闭：关闭当前打开的设计方案。
- 保存：保存当前的 PRO 文件，编辑文件名称和路径位置即可保存文件。
- 另存为：可命名一个新的 PRO 文件或者重新命名一个已存在的文件。
- 全部保存：可以对打开的多个文件进行同时保存。
- 打开部件图：打开单元部件文件，即 . STD 文件。
- 保存部件图为：保存当前打开或编辑的部件图文件。
- 打印页面：打印当前所在的文件页面。
- 打印：打开文件属性，可以调整页边距等。
- 打印机设置：设置打印机型号。
- 模块：显示程序装载的模块清单。
- 退出：退出程序。

在菜单栏的末端，显示的是按照时间顺序浏览过的历史文件及其路径。

2）“编辑” 菜单

“编辑” 菜单下的具体命令如图 8-3 所示。

- 撤销：取消当前的操作，可以取消一次或者多次操作。
- 绘图：选中后，鼠标进行编辑状态，配合其他的命令，在工作区内绘图。
- 剪切：剪切选中的对象。
- 复制：复制选中的对象。
- 粘贴：将剪切或复制的对象粘贴到工作区中。

- 删除：删除选中的图像。
- 移动：移动选中的对象。
- 旋转：旋转选中的对象，每次旋转 90°，逆时针方向。
- 垂直镜像：将选中的对象左右翻转。
- 水平镜像：将选中的对象上下翻转。
- 对齐：使选中的对象处于同一条水平线或垂直线上。
- 间隔：设置选中对象间的间距。
- 连接信号：用来在 IC 符号或 PLC 符号上连接信号母线和电气连接点。
- 插入线的端点：对已存在的线插入一个端点。
- 修整线：修整所画线的弯曲程度。
- 全选：可以选中当前页面上的所有对象和层上的所有对象两种方式。
- 查找：在当前文件中搜索符合文本类型的对象。
- 替换：在搜索的同时替换符合条件的对象。
- 复制到工具栏：将选中的对象复制到工具栏中。
- 从工具栏中复制：在工具栏中选择需要的对象并复制。
- 数据：显示所选对象的属性。
- 下一个：从选中的对象开始，按自上而下、从左到右的顺序显示下一个对象。
- 前一个：从选中的对象开始，按自下而上、从右到左的顺序显示下一个对象。
- 清除页面：清除当前页面中的所有对象。
- 清除设计方案：清除当前设计方案中的所有对象。

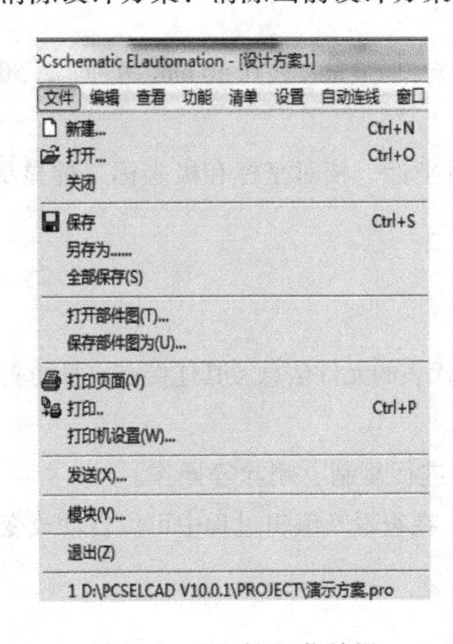

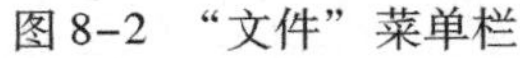

图 8-2 “文件”菜单栏

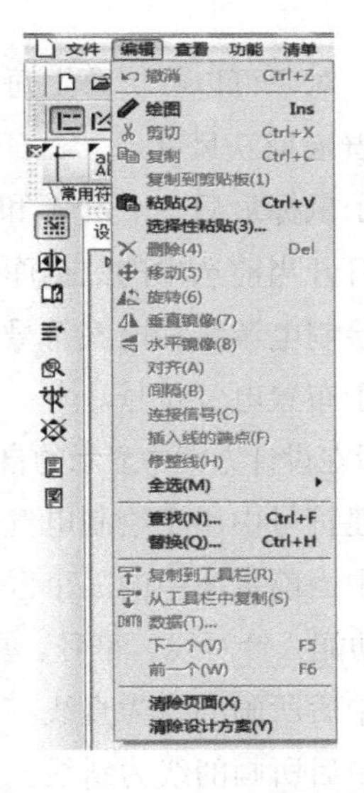

图 8-3 “编辑”菜单栏

3）“功能”菜单

“功能”菜单是一个非常重要的菜单栏，包含了许多 PCschematic ELautomation 软件所独有的功能。“功能”菜单下的具体命令如图 8-4 所示。

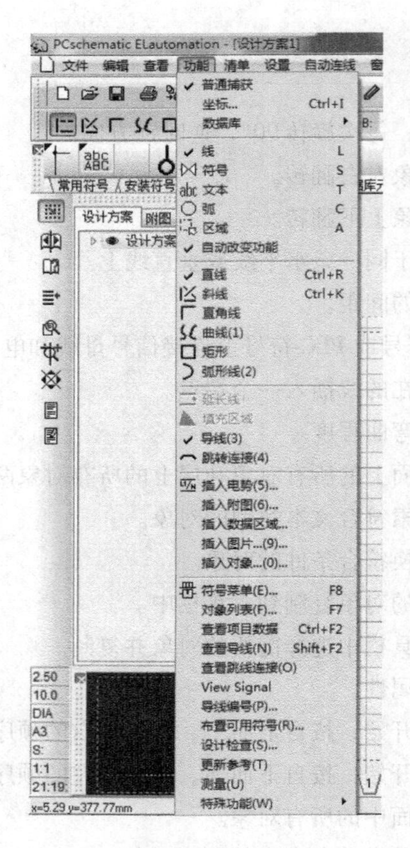

图 8-4 “功能”菜单栏

● 普通捕获：对象可以在屏幕上每次移动的距离，分 2. 50 mm 和 0. 50 mm 两种，2. 50 mm 是电气图中标准的普通捕获尺寸。

● 坐标：显示鼠标最后一点的 X 和 Y 位置，有绝对坐标、相对坐标和极坐标三种显示方法。

● 数据库：打开当前选中的数据库文件。

● 线：用于绘制电源线和电气符号间的连接导线。

● 符号：用于布置电气符号。

● 文本：编辑在设计方案中显示的自由文本，符号所代表的元件信息及其连接点自身的文本等。

● 弧：在创建符号中用于绘制电气符号。

● 区域：选中当前页面中的一个区域，选中后可以进行复制、删除等操作。

● 自动改变功能：针对线、符号、文本等不同对象，在查看及编辑过程中可以自动改变功能。

● 直线：选中后所画的线为直线。

● 斜线：选中后所画的线为斜线。

● 直角线：选中后所画的线为直角折线。

● 曲线：选中后所画的线为曲线。

● 矩形：选中后所画的图形为矩形。

● 弧形线：选中后所画的线为弧形。

- 延长线：在画线时被自动选中，用来实现动作的连续性。
- 填充区域：在画出的圆形、矩形和椭圆中填充颜色。
- 导线：选中后表示为导线。
- 跳转连接：电气连接点之间选择跳转，不交叉相连。
- 插入电势、附图、数据区域、图片和对象：主要针对外部数据的导入。
- 符号菜单：选中后打开电气符号库文件，可从中选择需要的符号。
- 对象列表：显示符号、菜单、文本等信息。
- 查看项目数据：选中后导线呈红色显示，电气符号呈绿色显示，易于观察和比较。
- 查看导线：检查导线的连接情况，主要观察有无断线、连接错误等问题。
- 导线编号：对主电路和控制电路导线进行编号。
- 布置可用符号：布置一个元件所有没有布置的符号。
- 设计检查：可以帮助检查自己的设计，如出现问题会出现警告信息。
- 更新参考：在设置中更改参考十字后选择该命令，整个设计方案都以新参考更新。
- 测量：标注电气图中任意两点之间的距离，单位为 mm。
- 特殊功能：可以改变页面功能、电路号、项目号、为符号添加前缀等，建议初学者暂不使用。

其他菜单栏的功能，读者可通过帮助文件自学。

3. 程序工具栏

程序工具栏中包含一组常用菜单命令的快捷方式，使用它可以快速开始一个新的项目，其中包括“新建”、“打开”、“保存”、“打印”、“剪切”、“复制”、“粘贴”和其他几个常用的操作。另外，软件还提供了几个特有的工具，例如“线”、“符号”、“文本”、“弧”、“区域”、和“绘图笔”等按钮，有了它们可以在绘图时进行更加快捷的操作。程序工具栏如图 8-5 所示。

图 8-5　程序工具栏

4. 命令工具栏

命令工具栏会根据在程序工具栏中所选的对象类型有不同的显示，它包含了针对不同绘图对象（线、符号、文本、弧和区域）的功能和编辑工具。下面依次介绍不同绘图对象时的效果。

（1）当程序工具栏中选中对象类型为“线”时，命令工具栏如图 8-6 所示。

图 8-6　线工具栏

在软件中可以画两种类型的线：导线和自由线，下面分别介绍一下各个按钮的功能。

直线：画直线时，会自动画出直角线或折线，关闭导线按钮，激活直线按钮，在线的起始位置单击，在每次要改变线的方向时单击下鼠标，双击停止画线。如果关闭绘图笔按钮，可以单击或拖动线的顶点或线的端点改变线的形状。如果要插入一个线的端点，可以在线上右击，选择插入线的端点。

斜线：画斜线时，可以人为决定线的角度。单击斜线按钮，画出的线还和系统设定的捕捉有关系。如果关闭绘图笔按钮，可以单击或拖动线的顶点来改变线的形状。

直角线：画直角线时，只需指定线的起点和终点，程序会自动创建一条直角连接线。要让线反向弯折，按空格键即可。

曲线：利用该命令可以画出曲线，在曲线转折的地方单击即可。在关闭绘图笔状态后，可以单击和拖动“+”标记的地方来改变曲线的形状。注意，曲线用于画实线。

半圆线：该命令可以绘制连贯的半圆线，以用于一些特殊的图形。半圆线是半个圆，逆时针方向画出。同样，半圆线只用于绘制实线。

填充区域：如果绘图前已经激活填充区域按钮，那么可以在画出的矩形、圆和椭圆中填充颜色。如果不能选中填充区域，此按钮是暗色的。

T（线的类型）：通过指定线的类型区域选择要在绘图时所用线的类型，如图 8-7 所示。

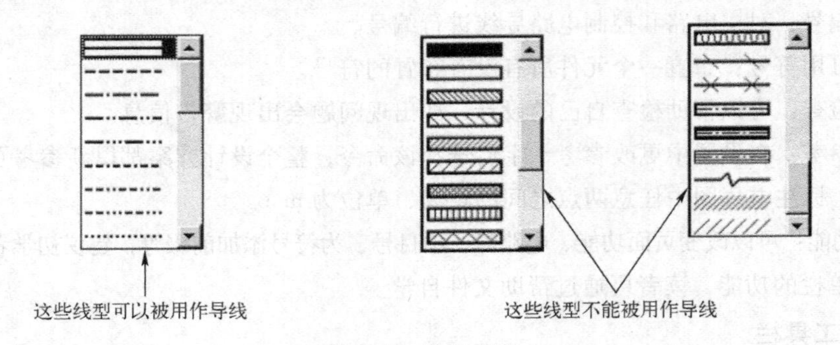

图 8-7　线的类型

B（线宽）：可以决定画线时使用的线宽，线宽就是线的两个边界之间的宽度。

A（线距）：对有些线的类型，比如阴影线，必须指定两条线之间的距离，这叫做线距。它的计算，是从一条线的中心到另一条线的中心。

F（线的颜色）：选择线的颜色时，可以选择 14 种不同的颜色。颜色可以在屏幕上显示，但不会被打印出来。

（2）程序工具栏中选中对象类型为“符号”时，符号工具栏如图 8-8 所示。

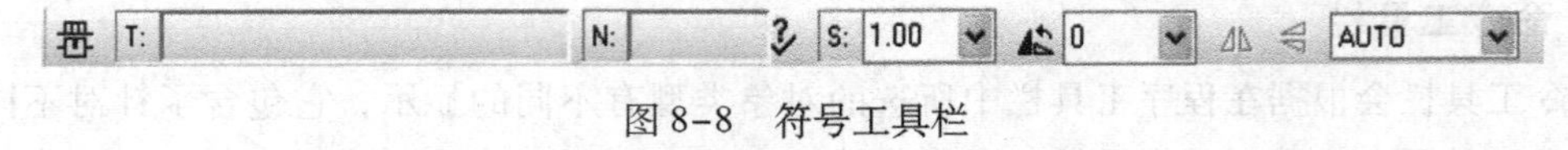

图 8-8　符号工具栏

符号菜单：可以打开符号所在的途径对话框，寻找需要的电气符号，快捷键为【F8】。注意，此时选择的电气符号是没有数据库链接的，需要自行添加。

符号名称：显示当前选中符号的名称，后面所加的一个对号按钮是用来在放置符号时进行自动命名的。

符号大小：定义当前符号的尺寸大小。应当在符号放置前进行定义大小，放置后再定义大小是无效的。符号的尺寸从 0.1 到 10 大小不等，根据需要自行选择。

符号旋转：在符号被选中的情况下，对符号进行逆时针旋转，每一次旋转 90°。

（3）程序工具栏中选中对象类型为“文本”时，命令工具栏如图 8-9 所示。

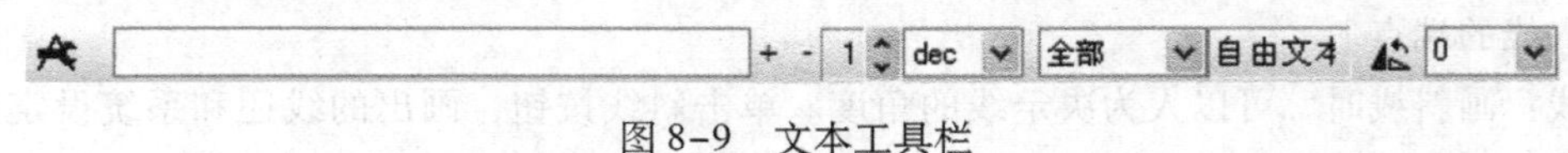

图 8-9　文本工具栏

文本属性：按下此按钮后，打开文本属性对话框，对编辑的文本进行大小、颜色、字体等设置。注意，一般软件默认的输入字体为PCschmatic，这种字体在显示汉字时会出现乱码，建议更改为Times New Roman字体。在文本属性的后面是输入文本窗口。

显示属性：在下拉菜单中可以选择需要显示的属性，可以显示自由文本、数据区域、符号名、符号类型等，按照需要进行选择即可，一般默认为自由文本。

文本旋转：在文本被选中后，对文本进行逆时针旋转，每一次旋转90°。

（4）程序工具栏中选中对象类型为“弧/圆周”时，命令工具栏如图8-10所示。

图8-10　弧/圆周工具栏

其中，R是圆弧或圆弧的半径，V1是圆弧的起始角度，V2是圆弧的终止角度，B是线的宽度，F是线的颜色，E是椭圆因素。如果E被设为1，画出的是一个普通的圆；如果不是1，则为各种形状的椭圆。

5. 符号选取栏

在符号栏里可以布置一些最常用的符号，绘图时可以随时使用并布置到图纸中，如图8-11所示。可以根据自己的习惯将选取栏中的符号进行添加或删除，方法为：选中要删除的符号，在右键菜单中进行删除即可；要添加一个新的符号，在选取栏的空白处右击，选择布置符号命令，到元件库中找寻出布置需要的符号进行添加。

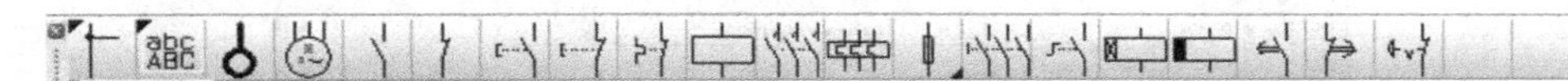

图8-11　符号选取栏

6. 编辑栏

编辑栏包括一些页面功能和缩放功能，还包括了页面设置方面的信息，如图8-12所示。

捕捉：可以在普通捕捉（2.50 mm）和精确捕捉（0.5 mm）间切换。如果使用精确捕捉，则编辑栏下方的捕捉按钮会有红色的背景。

页面切换：以当前页面为基准，向前一页或向后一页，快捷键为【Pageup】和【Pagedown】。

页面菜单：显示当前设计方案中存在的内容，可以通过相关命令进行添加或删除相关页面，并且可以对页面的页码、参考指示、名称等进行修改。

层：设置工作层和指定哪些层需要在屏幕上进行显示，具体内容以后将详细讲解。

缩放：对设计方案页面上的局部进行放大。单击此按钮后，按住鼠标左键，选中需要放大的区域，即可对页面进行局部放大。

放大或缩小：以当前页面为中心对图纸进行放大或缩小。缩小的快捷键为【Ctrl + End】，放大的快捷键为【Ctrl + Home】。

图8-12　编辑栏

滑动：滑动按钮可以使窗口按照箭头的方向移动。按【Ctrl】键，也可以使用箭头键移动窗口，放大一个区域后，也可以使用屏幕右侧和下边的滑动条来移动窗口，并把它拖动到另一个位置，则显示的窗口就会相应移动。

缩放到页面：记忆当前页面所处的状态，在这种状态改变后，按下该按钮或快捷键【Home】就可以回到原来的状态。

刷新：刷新屏幕上的图像。

二、典型电气控制电路绘制

1. 标准方案的建立

PCschematic ELautomation 程序是一个面向设计方案的程序。这就意味着设计方案中的所有信息都集中在一个文件中。因此，不需要转换到其他应用程序中去创建零部件清单，或者部件图。因为它们已经被包含在设计方案文件中。

一个典型的设计方案包括扉页，目录表，原理图页面，以及不同类型清单的页面。另外，设计方案也包含了所用元件的外观符号布置页面。所有这些部分都被放置在设计方案中各自独立的页面中。一般情况下可以使用程序中提供的方案模板，也可以以该模板为基础，对其进行修改，从而建立属于自己的一个标准方案。

运行 PCschematic 软件，打开软件已存在的方案 DEMO4. PRO，如图 8-13 所示。

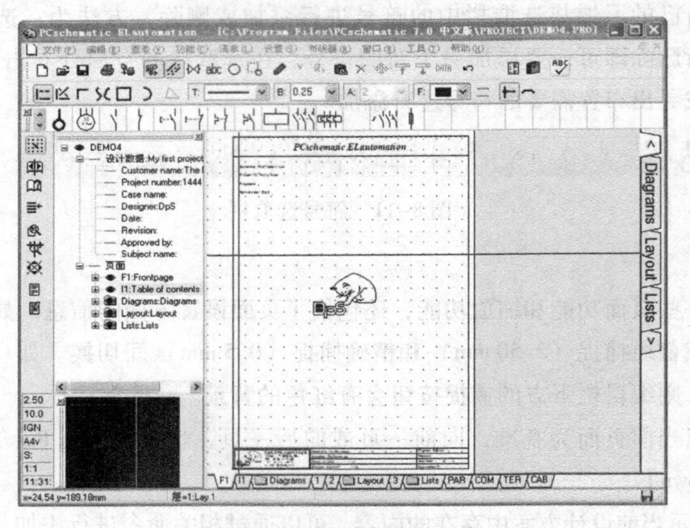

图 8-13　DEMO4 设计方案

DEMO4 设计方案中已经存在了扉页、目录表、原理图页面、清单页面、装配图页面等。其中页码为 1、2、3 中分别已设计了电气主电路、控制电路和装配图，删除这三页中的内容，然后执行“清单→更新全部清单”命令，消除原 DEMO4 方案中存在的信息，最后进行保存，如命名为“我的模板 . PRO”，即可得到一个标准方案。

上述讲解的方案建立是利用软件中已存在的模板进行修改，比较容易实现。除此之外，也可按照程序命令来制作一个标准方案。

要创建一个新的标准设计方案，单击“新建文件”按钮。此时进入空白设计方案，如图 8-14 所示。单击“确认”按钮弹出设置对话框，如图 8-15 所示。在这里可以决定在设计方案中使用哪些设计方案数据区域。可以删除不需要的数据区域，也可以创建新的数据区域。再单击“页面数据”标签，如图 8-16 所示，做相似的调整后单击“确认”按钮。此时该数据方案中只有一个页面，根据需要插入相应的其他页面。

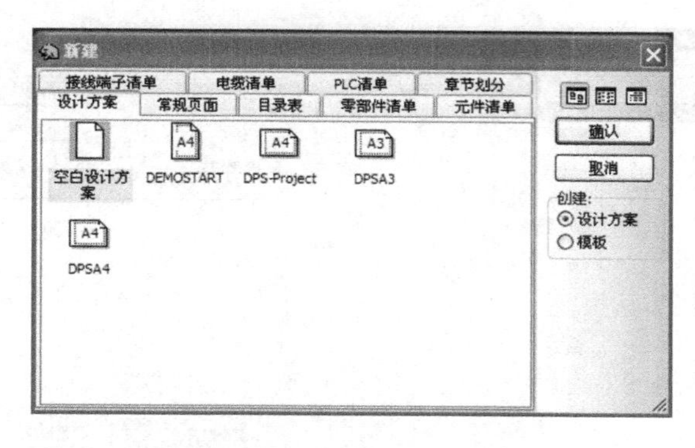

图 8-14 “新建”对话框

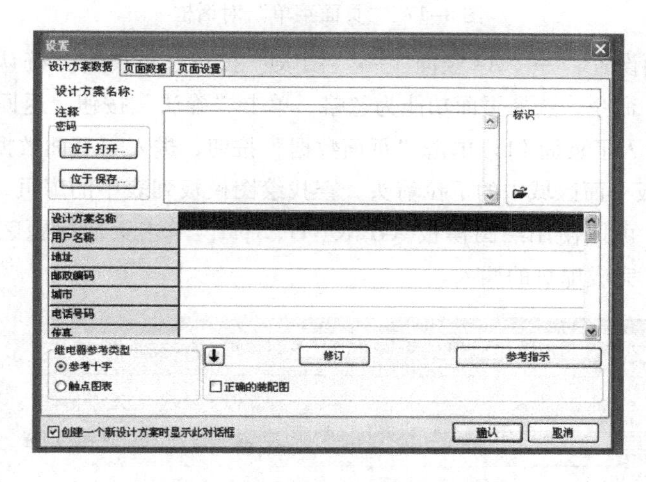

图 8-15 设计方案数据设置对话框

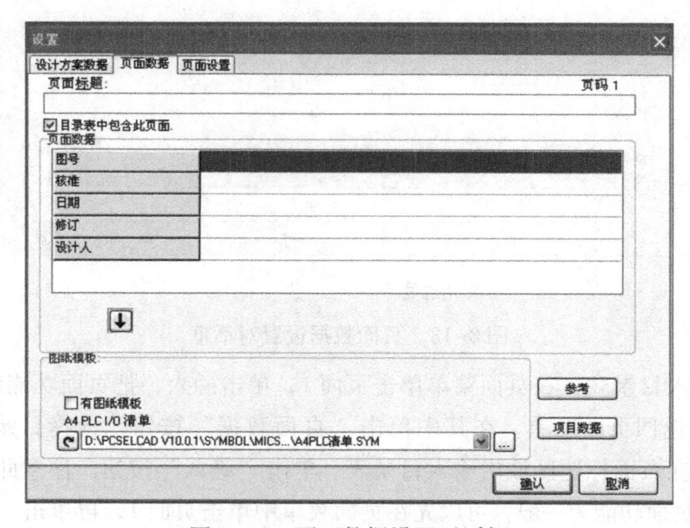

图 8-16 页面数据设置对话框

可以先插入设计方案的扉页。单击“页面菜单”按钮，进入“页面菜单”对话框，如图 8-17 所示。

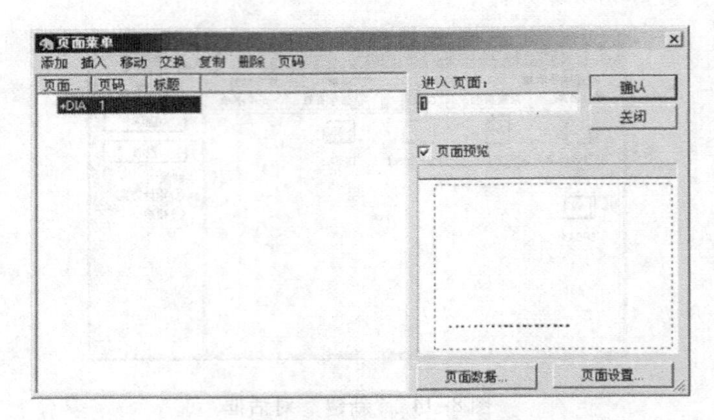

图 8-17 “页面菜单”对话框

依次单击“页面设置”→“A4 竖向”→“图表”按钮，再单击“确认”按钮。在页面菜单中，单击“插入”命令，选择页面功能为忽略。单击“确认”按钮。返回“页面菜单”对话框，可以看到已经插入了页面 F1。单击“页面数据”按钮，进入“页面数据”对话框。单击图 8-18 所示有绘图模板下面区域中的下拉箭头，查找绘图模板列表中的扉页，单击它。如果还没有创建自己的扉页，可以使用绘图模板 A4FRONTP. SYM。单击页面标题区域，输入“扉页”。单击“确认”按钮，完成扉页的插入。

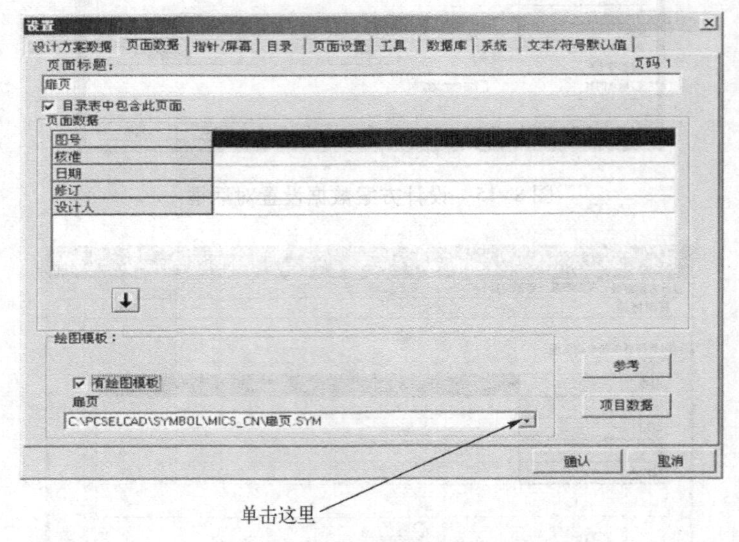

图 8-18 页面数据设置对话框

类似方法可插入目录表：在页面菜单单击页面 1，单击插入，把页面功能设置为目录表，单击“确认”按钮。返回页面菜单。在其中单击“页面数据”按钮，选择目录表绘图模板（或 A4INDEX. SYM），在页面标题区域内输入目录表。单击“确认”按钮。注意此页面的名称为 I1。

因为页面 1 的页面功能为一般，可以先在页面菜单中单击页面 1，再单击“页面设置”按钮，在其中选择页面尺寸为 A3（或 A4，根据需要选择），单击“确认”按钮。单击“页面数据”按钮，选择设计方案图的绘图模板，或者使用已有的模板 A3DPSA4. SYM。在页面标题区域内点击，输入合适的标题，单击“确认”按钮。返回页面菜单，可以插入或复制出下一个页面。

通过添加所需的页面后，为了便于以后的页面识别，可以对页面菜单中的数据进行修改，把每个页面的页码和标题进行编辑，以便识别。具体的方法是选中需要修改的页面，选中页码功能进行编辑；对标题的修改可以打开对应的页面数据对话框进行修改，如图 8-19 所示。最后保存该设计方案以便于以后绘图时使用。

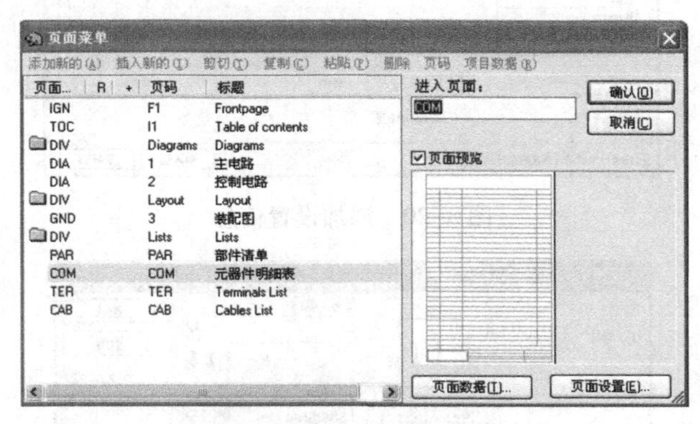

图 8-19　修改后的页面菜单

2. 创建一个电气控制方案

创建一个电气控制方案包括如下 5 个步骤：

第 1 步：创建一个主电路图，布置绘图模板，恰当地排列符号和文本。

第 2 步：创建一个控制回路图，在设计方案和页面中输入数据，布置导线符号，使用数据库及保存设计方案。

第 3 步：导线编号。

第 4 步：布置元件。

第 5 步：制作信息清单，并更新清单。

下面以绘制一个正反转控制电路为例来讲解如何创建一个自动化方案。

1）画主电路图

打开如上一节所述已创建好的设计方案，可以单击位于程序工具栏的“打开文件”按钮或使用快捷键【Ctrl + O】。打开 PROJECT 文件夹，然后双击所选择的设计方案文件即可。

打开后选中设置命令，可以对其中的基本信息进行完善，如图 8-20 所示。

在添加完基本信息后，开始进行主电路的绘制工作。根据上一节做好的设计方案可知，页码为 1 的页面为主电路，打开该页码进行主电路的绘制。

首先进行电源和元器件的放置。在开始时，应先把电源线绘制好，选中程序工具栏中的线和绘图笔按钮，进行电源线的绘制。在工作页面的左上角单击，弹出图 8-21 所示的对话框。信号名称为 L1，在结束点时取消绘图笔状态，弹出相同的对话框，单击“确认”按钮即可。同样方法可绘制出电源线 L2、L3 和零线 N，需要注意电源线之间的间距要合适。

在放置元器件之前，为了保证和后面的清单数据一致，可添加符号，符号一般直接从数据库中选择所需要的进行添加。按下键盘上的【D】键即可打开数据库，界面如图 8-22 所示。

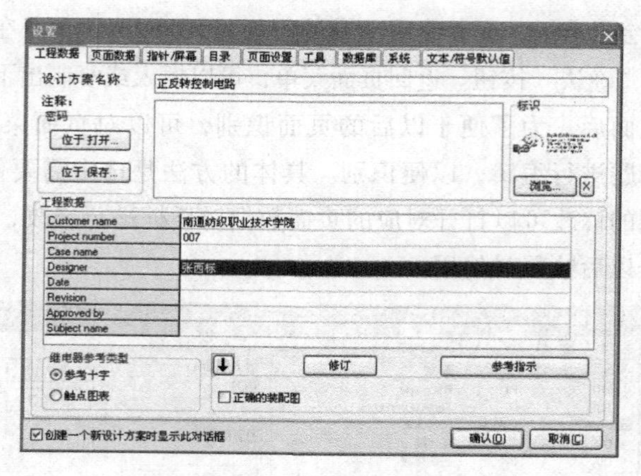

图 8-20　添加设置信息

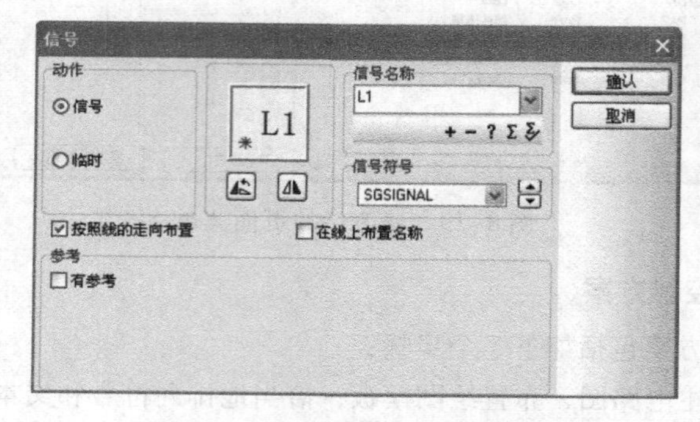

图 8-21　线的信号设置对话框

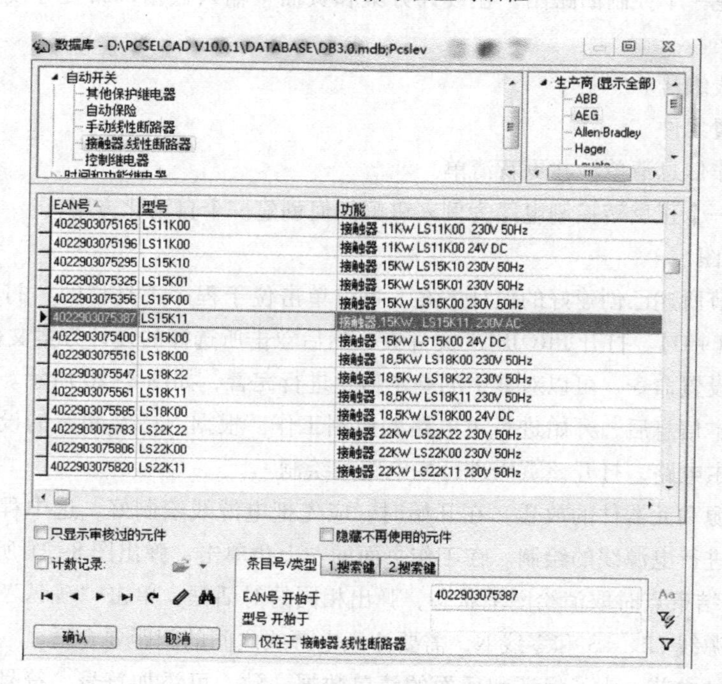

图 8-22　数据库对话框

从数据库中选择型号为 LS15K11 的交流接触器，如图 8-23 所示。其中包含了一个常规接触器所具有的电气符号：一个线圈、一个主触头、一个辅助常开触头和一个辅助常闭触头。主电路中需要用到主触头，选中主触头的电气符号，在图纸页面的合适位置单击即可放置，在弹出图 8-24 所示的“元件数据”对话框中填写好该接触器的名称（如 KM1 或 KM2 等）即可放置完毕。

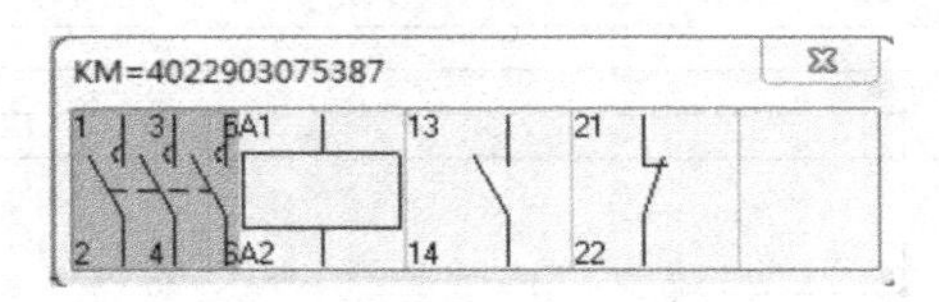

图 8-23　交流接触器电气符号

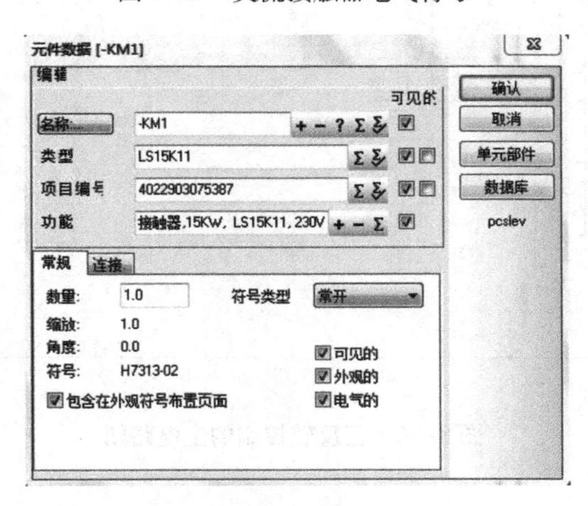

图 8-24　“元件数据”对话框

其他的元器件放置以此类推，所有电气符号如上所述方法放置完毕后，完成的主电路元器件放置情况如图 8-25 所示。

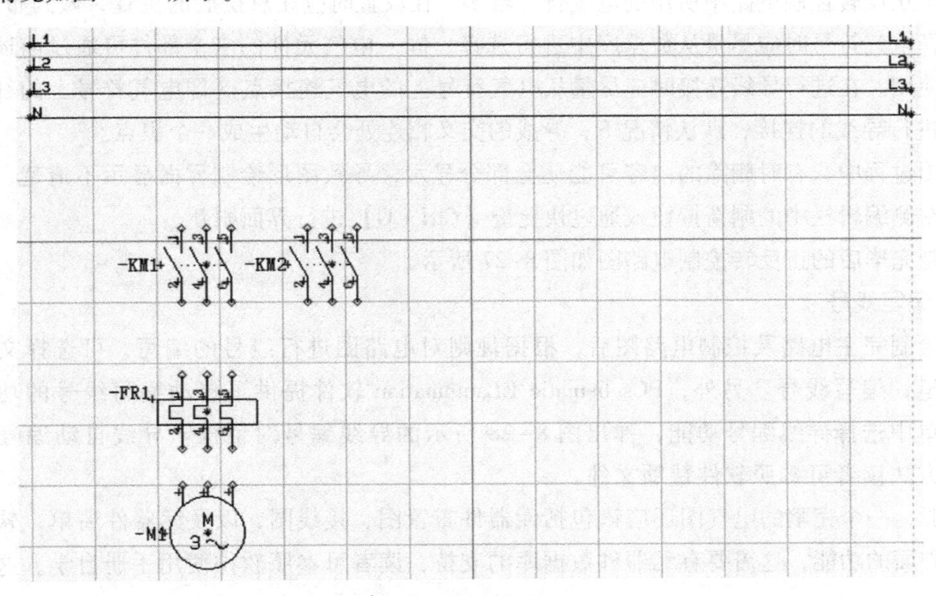

图 8-25　主电路元器件放置图

电气元器件放置完毕后，可进行符号间的线路连接。选中线和绘图笔按钮，在电气符号的电气连接点上单击，然后移动到线的结束点上单击，完成该段线路的连接，所有线路全部连接好后如图 8-26 所示。

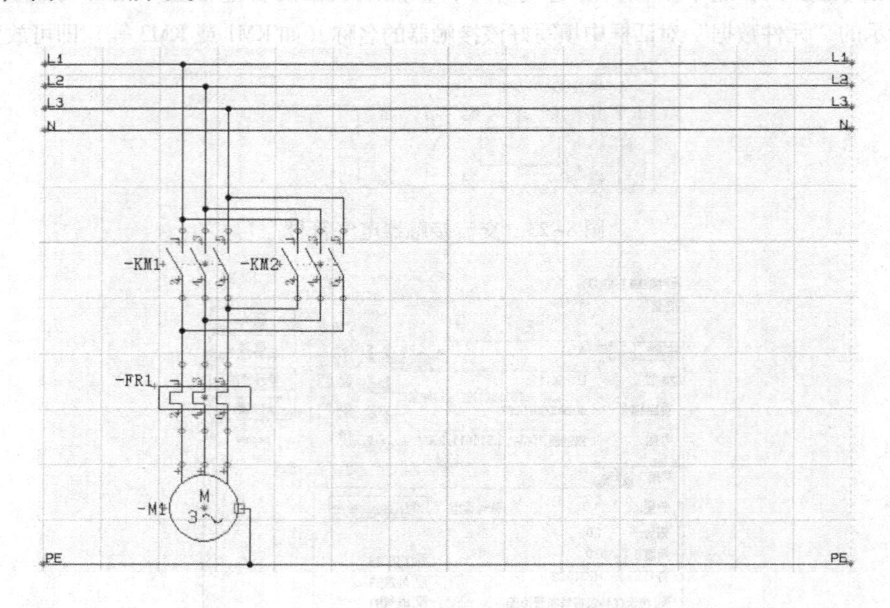

图 8-26　正反转控制的主电路图

2）控制电路的绘制

在完成主电路的绘制后，开始进行控制电路的绘制。根据前面所完成的电气设计方案，选中页码 2 的图纸来绘制控制电路图。在控制电路图中同样需要绘制电源线，方法和步骤如前所述。

由于正反转控制电路中所用的电气符号较多，在放置时应注意摆放的位置，做到布局合理。同时选择电气符号时应尽量从数据库中进行选择，同一电气元件的多个部件可通过前述方法进行选择使用。在进行导线连接时应尽量从电气符号上的电气连接点（即电气符号上的红色菱形部分）进行导线的连接，默认情况下，导线的交叉相连处会自动生成一个黑点。

绘图过程中，有时删除的内容可能还会部分显示，导致图形绘制界面显示不清楚，此时可以通过左侧编辑栏中的刷新按钮或通过快捷键【Ctrl + G】进行界面刷新。

绘制完毕后的正反转控制电路图如图 8-27 所示。

3）编写线号

在绘制完主电路及控制电路图后，根据规则对电路图进行线号的编写，可选择文本按钮和绘图笔，编写线号。另外，PCschematic ELautomation 软件提供了自动编写线号的功能，在功能菜单中选择导线编号功能，弹出图 8-28 所示的导线编号对话框。导线自动编号功能具体使用方法读者可参照软件帮助文件。

一般，一个完整的电气图还应该包括元器件布置图、接线图，以及元器件清单，软件也提供了这方面的功能，这需要有元器件数据库的支持，读者可参照软件使用手册自学，这里不再阐述。

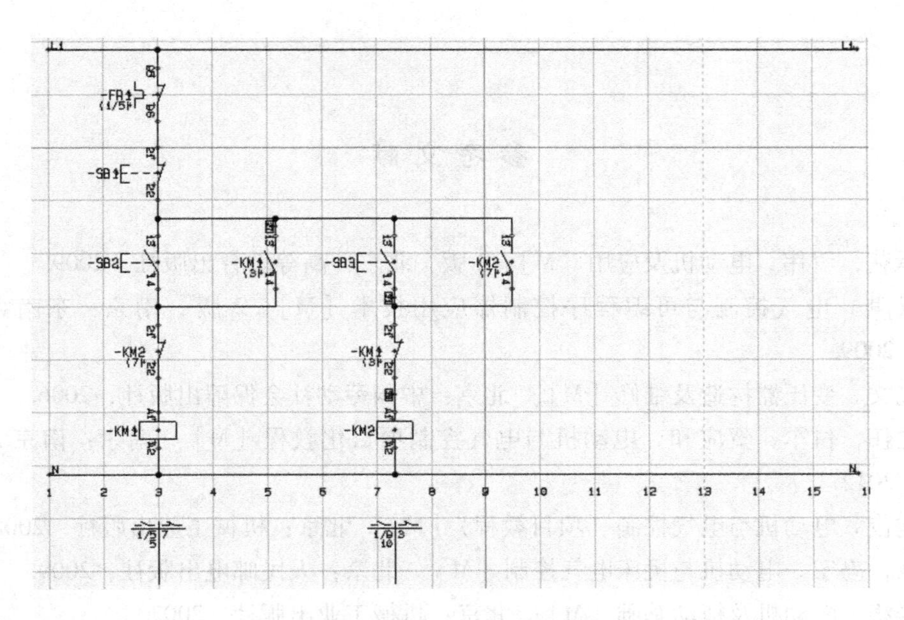

图 8-27　正反转控制的控制电路图

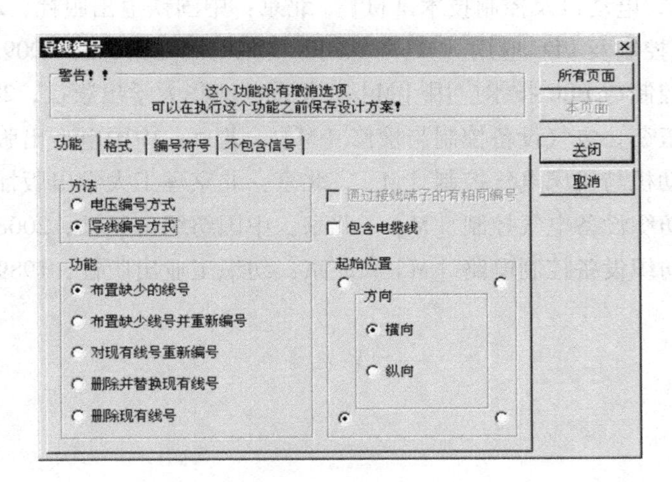

图 8-28　“导线编号”对话框

参考文献

[1] 赵承荻，罗伟．电动机及应用［M］．2 版．北京：高等教育出版社，2009.

[2] 郁汉琪．电气控制与可编程序控制器应用技术［M］．2 版．南京：东南大学出版社，2009.

[3] 龙飞文．变压器构造及维修［M］．北京：中国劳动社会保障出版社，2006.

[4] 唐立伟，付军，贺应和．电动机与电气控制项目化教程［M］．南京：南京大学出版社，2012.

[5] 徐建俊．电动机与电气控制（项目教程）［M］．北京：机械工业出版社，2008.

[6] 吴灏，冯宁．电动机与机床电气控制［M］．北京：人民邮电出版社，2009.

[7] 邵群涛．电动机及拖动基础［M］．北京：机械工业出版社，2002.

[8] 张永花，杨强．电动机及控制技术［M］．北京：中国铁道出版社，2010.

[9] 华满香．电气控制及 PLC 应用［M］．北京：北京大学出版社，2009.

[10] 徐超．电气控制与 PLC 技术应用［M］．北京：清华大学出版社，2009.

[11] 李树元，孟玉茹．电气设备控制与检修［M］．北京：中国电力出版社，2009.

[12] 王建明．电动机与机床电气控制［M］．北京：北京理工大学出版社，2009.

[13] 张伟林．棉纺织设备电气控制［M］．北京：中国纺织出版社，2008.

[14] 单象福．棉纺织设备控制电路［M］．北京：纺织工业出版社，1989.